Erfolgsstrategien
für Automobilzulieferer

Springer
*Berlin
Heidelberg
New York
Hongkong
London
Mailand
Paris
Tokio*

Rainer Kurek

Erfolgsstrategien für Automobilzulieferer

Wirksames Management
in einem dynamischen Umfeld

Mit einem Geleitwort von Lothar Späth

Mit 56 Abbildungen

ISBN 3-540-20885-2 Springer-Verlag Berlin Heidelberg New York

Bibliografische Information Der Deutschen Bibliothek
Die Deutsche Bibliothek verzeichnet diese Publikation in der Deutschen Nationalbibliografie; detaillierte bibliografische Daten sind im Internet über <http://dnb.ddb.de> abrufbar.

Dieses Werk ist urheberrechtlich geschützt. Die dadurch begründeten Rechte, insbesondere die der Übersetzung, des Nachdrucks, des Vortrags, der Entnahme von Abbildungen und Tabellen, der Funksendung, der Mikroverfilmung oder der Vervielfältigung auf anderen Wegen und der Speicherung in Datenverarbeitungsanlagen, bleiben, auch bei nur auszugsweiser Verwertung, vorbehalten. Eine Vervielfältigung dieses Werkes oder von Teilen dieses Werkes ist auch im Einzelfall nur in den Grenzen der gesetzlichen Bestimmungen des Urheberrechtsgesetzes der Bundesrepublik Deutschland vom 9. September 1965 in der jeweils geltenden Fassung zulässig. Sie ist grundsätzlich vergütungspflichtig. Zuwiderhandlungen unterliegen den Strafbestimmungen des Urheberrechtsgesetzes.

Springer-Verlag ist ein Unternehmen von Springer Science+Business Media

springer.de

© Springer-Verlag Berlin Heidelberg 2004
Printed in Germany

Die Wiedergabe von Gebrauchsnamen, Handelsnamen, Warenbezeichnungen usw. in diesem Werk berechtigt auch ohne besondere Kennzeichnung nicht zu der Annahme, dass solche Namen im Sinne der Warenzeichen- und Markenschutz-Gesetzgebung als frei zu betrachten wären und daher von jedermann benutzt werden dürften.

Umschlaggestaltung: Erich Kirchner, Heidelberg

SPIN 12020690   43/3111-5 4 3 2   - Gedruckt auf säurefreiem Papier

Geleitwort

Das wichtigste vorweg: Die Zulieferer der Automobilindustrie und alle anderen branchennahen Unternehmen haben mit dem vorliegenden Buch von Rainer Kurek einen Managementleitfaden der anderen Art - unterlegt mit einer hervorragenden Branchenanalyse.

Mein Wissen über die Automobilbranche ist dem des Autors gewiss unterlegen. Um so mehr war ich beeindruckt, mit welcher Leichtigkeit sich dieses Buch lesen und verstehen lässt. Mit seiner punktgenauen Analyse aktueller Probleme dieser Branche legt Rainer Kurek den Finger in die Wunde. Denn von vielen Missständen ist nicht nur die Zulieferindustrie, sondern mit ihr die gesamte Wirtschaft in Deutschland erfasst. Oder anders formuliert: Die Schwäche der deutschen Wirtschaft hat die Automobilbranche nicht verschont und Anlass zu strukturellen Umbrüchen gegeben. Um ein Auto zu kaufen, ging man früher zum Vertragshändler, hinter dem wiederum der Hersteller, der den PKW entwickelt und produziert hat, stand. Für die Assekuranz gab es den speziellen Versicherer und für die Finanzierung wurde bei der Hausbank angefragt. Diese Leistungskette gibt es so nicht mehr. Heute liefern oftmals die Zulieferer große Teile des Autos fertig beim Hersteller ab, nachdem sie diese auch entwickelt haben. Das Leasing übernimmt die herstellereigene Autobank. Service und Versicherung bekommt man beim Händler vor der Haustür. Eine Vereinfachung, die mir als Kunde besonders gefällt.

Es ist klar, der Anpassungsdruck auf die meist mittelständischen Zulieferunternehmen wächst. Nordamerika, Westeuropa und Japan sind von Überkapazitäten gezeichnet. Die Globalisierung setzt Unternehmen unter enormen Kostendruck, unter dem vor allem das Hochlohnland Deutschland zu leiden hat. Der Markt konsolidiert sich. Das zeigt sich durch zunehmende Verlagerungen ins Ausland, Werksschließungen, Zusammenlegungen und Arbeitsplatzabbau. Betroffen ist die gesamte Wertschöpfungskette von Zulieferern über Hersteller bis zu den Händlern.

Deutschland kämpft einen harten Kampf als Produktionsstandort, obwohl seine Zukunft eigentlich in den Dienstleistungen liegt. Die Automobilzulieferer, die meistens selbst Abteilungen für F&E betreiben, befinden sich in einem Wettlauf um Innovationen, die immer kürzere Verfallszeiten haben. Trotzdem muss sich Deutschland ein Stück weit seine Wettbewerbsfähigkeit als Produktionsstandort erhalten. Und die ist auch vom Lohnniveau abhängig. Was wir daher brauchen, ist zweierlei: Flexible tarifliche Löhne und vor allem zuverlässige gesetzliche Rahmenbedingungen, die ein gesundes Investitionsklima für den Innovationswettbewerb schaffen. Nur das kann Wohlstand und Beschäftigung sichern.

Kurzfristig bleibt für die meisten Hersteller jedoch nur die Abwälzung der Kosten auf den Kunden durch höhere Preise. Aber die zahlt der Kunde nur für entsprechende Qualität. Allerdings darf dieser Qualitätsanspruch nicht dazu führen, dass der deutsche Ingenieur sich zu sehr in Details verliebt, für die der Kunde nicht bereit ist, Geld auszugeben. Rainer Kurek fordert deshalb zu recht, dass die richtige Qualität zum richtigen Preis angeboten werden muss. Was nützen dem Autofahrer raffinierteste Optik, Haptik und engste Spaltmaße, wenn das Auto an der nächsten Ecke wegen Elektronikproblemen stehen bleibt. Was zählt, ist Qualität in ihrer ureigensten Form. Im Ringen um Marktanteile und Margen wird es in Zukunft vor allem um die Loyalität des Kunden gehen, eine der größten unternehmerischen Herausforderungen. Die und noch eine Reihe weiterer durch den dynamischen Veränderungsprozess bedingte branchenspezifische Probleme arbeitet Rainer Kurek sauber heraus.

Das vorliegende Buch beinhaltet Erkenntnisse aus der Praxis, die für alle Dienstleister im Rahmen der gesamten Automobilindustrie interessant sein dürften. Die Darstellung vom Ist- und Sollzustand ermöglicht eine Analyse der Schwachstellen im Unternehmen und führt die Lösung anhand konkreter Fallbeispiele und praxisorientierter Werkzeuge dem Leser vor Augen. Der *Management-Navigator*, der sich von Kapitel zu Kapitel ergänzt, macht es leicht, die konkreten Handlungsempfehlungen nachzuvollziehen und schließlich in einem ganzheitlichen Konzept zu überblicken. Die bloße Aneinanderreihung von Tipps, die der Komplexität der konkreten Wirklichkeit niemals Stand halten können, werden Sie in diesem Buch vergeblich suchen. Die vom Autor beschriebenen Prozesse und Schwierigkeiten decken sich häufig auch mit meinen Erfahrungen als Unternehmer. Rainer Kurek versteht es, diese mit wenigen prägnanten Worten immer wieder auf den Punkt zu bringen.

Prof. Dr. h.c. Lothar Späth,
Ministerpräsident a.D.

Inhaltsverzeichnis

Geleitwort von Prof. Dr. h.c. Lothar Späth V

Prolog 1

1 Aktuelle Marktsituation und Herausforderungen 9

    1.1 Entwicklungsdienstleister – Paradigma für den Umbruch 9

    1.2 Ausgangslage und Managementaufgaben 16

        1.2.1 Modellvielfalt und Komplexitätserhöhung 17

        1.2.2 Zunehmender Innovationsdruck 20

        1.2.3 Kaskade der Aufgabendelegation 21

        1.2.4 Strategische Partner 22

        1.2.5 Vernetzung von Zulieferern 22

        1.2.6 Strategischer Rahmen für das Einzelunternehmen 23

2 Am Anfang steht die Planung 27

    2.1 Die Janusplanung 29

        2.1.1 Fundierte Planungsprozesse gewinnen an Bedeutung 30

        2.1.2 Vertrieb und Betrieb: Zwei unterschiedliche Sichtweisen ... 30

        2.1.3 Operative Umsetzung 32

        2.1.4 Finale Verknüpfung von Vertriebs- und Betriebsplanung 36

        2.1.5 Planung, Leistung und erfolgsabhängige Vergütung 37

    2.2 Der Management-Navigator I 39

        2.2.1 Markt 40

        2.2.2 Unternehmenspolitik und strategische Planung 41

        2.2.3 Operative Janusplanung 42

        2.2.4 Zielvereinbarung und erfolgsabhängige Vergütung (eaV) ... 42

3 Structure follows Strategy 45
3.1 Das Projekthaus 46
3.2 Kompetenzen und Verantwortlichkeiten 50
3.3 Machtkämpfe und Doppelunterstellungen 53
3.4 Entwicklungsdienstleister als Prozessintegratoren 55
3.5 Integrierter Fahrzeugentstehungsprozess 58
3.6 Der Management-Navigator II 63
3.6.1 Markt 63
3.6.2 Organisationsstruktur 65
3.6.3 Funktionendiagramm 66
3.6.4 Funktionsbeschreibung 67

4 Von der Planung zur Zielrealisierung 71
4.1 Studie zu mehr Effizienz in der Fahrzeugentstehung 73
4.2 Kundennutzen 78
4.3 Gesamtfahrzeugfähigkeit 83
4.3.1 Technische Gesamtfahrzeugfähigkeit am Beispiel des *Kurek GT 6* 86
4.3.2 Projektphilosophie 87
4.3.3 Projektsteckbrief 87
4.3.4 Karosseriekompetenz 88
4.3.5 Fahrwerkskompetenz 89
4.3.6 Motorenkompetenz 89
4.3.7 Weitere Kompetenzen 90
4.3.8 Supply Chain Management und Prozessmanagement 91
4.4 Der Management-Navigator III 93
4.4.1 Markt 94
4.4.2 Human Capital 96
4.4.3 Mitarbeiterpotenzial 98
4.4.4 Individuelle Mitarbeiterergebnisse 101

5 Prozessorientiertes Projektmanagement 103

5.1 Industrielles Projektmanagement 104
5.1.1 Projektdefinition 108
5.1.2 Projektplanung 109
5.1.3 Projektsteuerung 113
5.1.4 Projektabschluss 115
5.1.5 Fazit 117

5.2 Automotives Prozessmanagement 118
5.2.1 Rohbau 121
5.2.2 Produktentwicklung 123
5.2.3 Werkzeugengineering 125
5.2.4 Anlagenbau 126

5.3 Der Management-Navigator IV 128
5.3.1 Markt 129
5.3.2 Projektmanagement 130
5.3.3 Prozessmanagement 131
5.3.4 Unternehmenscontrolling 132

6 Globalisierung und ihre Grenzen 139

6.1 Ambivalente Stimmen zu den »Emerging Regions« 140

6.2 Option China? 143

6.3 Option Brasilien? 149

6.4 Resümee 153

7 Technologische Perspektiven 159

7.1 Künftige Erfolgspotenziale nach Gälweiler 159

7.2 Automobiltechnik – quo vadis? 165

7.3 Auto der Zukunft 171
7.3.1 Karosserierohbau 177
7.3.2 Lackierung 179
7.3.3 Fußgängerschutz 180
7.3.4 Beleuchtung 181
7.3.5 Innenraum 182

7.3.6 Ausstattung 184
7.3.7 Fahrwerk 186
7.3.8 Lenkung 188
7.3.9 Motor 189
7.3.10 Getriebe 191
7.3.11 Elektrik 193
7.3.12 Elektronik 195

7.4 Conclusio 198

Epilog von Dr. Elke Kiss-Preußinger 203

Fallstudien 207

Fallstudie Kundennutzen: »KE-Partner« 208
Durchführung der PIMS-Analyse 209
Vervollständigung des Erhebungsformulars 212
Musterlösung: Vervollständigtes Erhebungsformular 215

Fallstudie Projektmanagement:
»Entwicklung eines Konzeptfahrzeuges« 217
Vervollständigung des Kalkulationsschemas 219
Musterlösung: Vervollständigtes Kalkulationsschema 220
Vervollständigung des Arbeitsterminplans und des Kapazitätsplans 221
Musterlösung: Vervollständigter Arbeitsterminplan und Kapazitätsplan 222
Erstellung einer Organisationsstruktur 223
Musterlösung: Mögliche Organisationsstruktur 224

Anmerkungen 225

Abbildungsverzeichnis 231

Tabellenverzeichnis 235

Zitierte und ergänzende Literatur 237

Autor 241

Erste Stimmen zum Buch 243

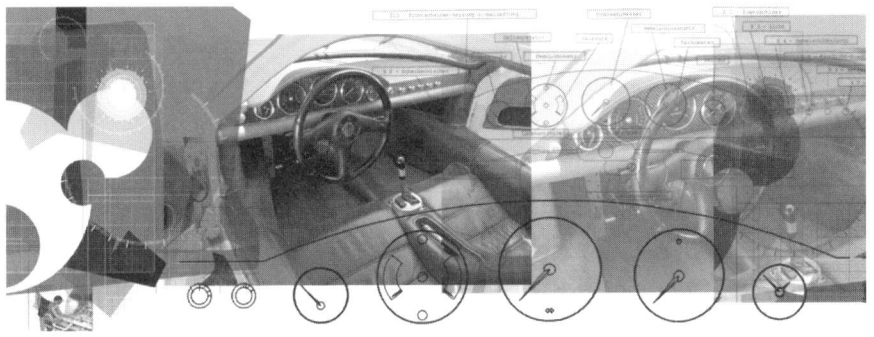

Prolog

>»Das Auto ist erfunden worden,
> um den Freiheitsgrad des Menschen zu vergrößern,
> aber nicht,
> um den Menschen in den Wahnsinn zu treiben.«
>
> Enzo Ferrari

Das vorliegende Buch entstand in den Wintermonaten des Jahres 2004, in einer Zeit, die vermutlich später einmal als Ausgangspunkt für die *dritte Revolution* in der Automobilindustrie bezeichnet werden wird. Bis 2015, so prognostizieren aktuelle Studien, werden von den derzeit zwölf unabhängigen Automobilkonzernen voraussichtlich nur noch neun bis zehn eigenständig sein. Gleichzeitig wird sich weltweit die Zahl der Zulieferer von heute 5.500 auf etwa 2.800 reduzieren. Diese Entwicklung ist in vielerlei Hinsicht gravierend, da die Branche bis heute einen der bedeutsamsten Wirtschaftszweige unserer modernen Industrie darstellt.

Deshalb richtet sich dieses Wirtschaftsfachbuch zuallererst an die zahlreichen Automobilzulieferer, die von den Konsequenzen aus den aktuellen Marktveränderungen am stärksten betroffen sein werden. Globalisierung und Unternehmensfusionen, gesättigte Märkte und Modelloffensiven sowie eine zunehmende technische und organisatorische Komplexität charakterisieren die Herausforderungen der Automobilzulieferer zu Beginn dieses 21. Jahrhunderts. Die Automobilindustrie ist gekennzeichnet von einem Wettlauf um Innovationen, der an vielen Stellen den wahren Kundennutzen und das ganzheitliche technische Verständnis für das Produkt *»Automobil«* aus dem Fokus verliert. Das Buch analysiert die Konsequenzen aus den dynamischen Entwicklungen des Marktes und gibt konkrete Antworten darauf, wie die aktuellen Herausforderungen von den Automobilzulieferern gemeistert werden können.

»Erfolgsstrategien für Automobilzulieferer« wurde in erster Linie von einem Enthusiasten geschrieben, der sein Leben dem Automobil gewidmet hat und guten Gewissens als *»Autonarr«* bezeichnet werden kann. Als Autor dieses Buches habe ich aber auch aus der Perspektive eines aktiven Industriemanagers geschrieben, der in seiner Funktion als Geschäftsführer eines Dienstleisters der Automobilindustrie bereits heute direkt von den tiefgreifenden Marktumbrüchen betroffen ist. Dieser Sachverhalt erscheint mir besonders erwähnenswert, da sich dieses Wirtschaftsfachbuch ganz bewusst und sehr klar von einer vielfach äußerst theoretisch geprägten Managementliteratur differenzieren soll.

Natürlich verbinde ich in meinen Ausführungen – analog zu meinem Buch *»Gewinner von morgen handeln heute«* – langjähriges Erfahrungswissen in der Branche mit solidem Methoden-Know-how; der inhaltliche Fokus des Buches liegt aber zweifellos in konkret umsetzbaren branchenspezifischen Handlungsempfehlungen. Da ich es schlichtweg für unmöglich halte, allgemeingültige Mechanismen, Methoden und Managementinstrumente für alle Branchen gleichermaßen wirksam nutzbar zu machen, konzentriere ich mich in meinen Ausführungen ausschließlich auf Werkzeuge, die ich im Rahmen meiner Tätigkeiten in der Automobilindustrie selbst erproben und erfolgreich anwenden konnte.

Gerade in wirtschaftlich schwierigen Umbruchzeiten erscheint es mir wesentlich, substanzielle und nutzbringende Handlungsempfehlungen zu geben und keine virtuellen oder abstrakten Managementmodelle ohne jeglichen Realitätsbezug zu entwickeln. Im Gegensatz zu vielen anderen Managementbüchern findet der Leser in »*Erfolgsstrategien für Automobilzulieferer*« keine Aneinanderreihung verschiedenster Managementwerkzeuge, sondern nur ein einziges: *den Management-Navigator.*

Dieses Buch soll kein Sammelsurium aus mehr oder weniger verknüpften Einzelbetrachtungen sein, sondern eine Darstellung »*aus einem Guss*«. Wirklicher Nutzen entsteht für den Leser erst, wenn er die Abhängigkeiten verschiedener Handlungsfelder im Markt und in den Unternehmen erkennt und ganzheitlich versteht. Komplexe Sachverhalte in einen nachvollziehbaren Gesamtzusammenhang einzuordnen und mit möglichst einfachen Worten präzise zu beschreiben, war das primäre Ziel bei der Erstellung dieses Buches.

Das Konzept des vorliegenden Buches beruht auf Fakten der Branche, die analysiert, geordnet und teilweise unter neuen Aspekten zusammengefügt und bewertet wurden. Das Synthetisieren von Fakten unter neuen Aspekten führt unwillkürlich zu einer kreativen Logik, die nicht abstrahiert, sondern an konkreten Beispielen beschrieben wird. Nachfolgende Abbildung 1 zeigt das Konzept zu »*Erfolgsstrategien für Automobilzulieferer*«, aus dem der ganzheitliche Ansatz meiner Ausführungen hervorgeht.

Das Buch gliedert sich grob in zwei Teile: Der erste Teil (Kapitel 2-5) beschreibt die aktuellen Anforderungen an Automobilzulieferer und gibt ihnen konkrete Handlungsempfehlungen zu den kurz- und mittelfristigen Herausforderungen. Im zweiten Teil (Kapitel 6 und 7) werden die langfristigen Herausforderungen der Automobilbranche thematisiert und ebenfalls mit detaillierten Handlungsempfehlungen hinterlegt. Die ursprünglichen Fragestellungen, die zu diesem Konzept führten, sind zum besseren Verständnis ergänzend angeführt.

	Prolog	Theoretische Managementmodelle und praktikable Lösungen, Ziel, Aufbau und Inhalt des Buches	
	Kapitel 1	„Aktuelle Marktsituation und Herausforderungen" Entwicklungsdienstleister – Paradigma für den Umbruch Ausgangslage und Managementaufgaben	
Kurz- und mittelfristig		**Aktuelle Anforderungen**	**Konkrete Handlungsempfehlungen**
Was muss ein Automobilzulieferer strategisch leisten, um künftig erfolgreich zu sein?	**Kapitel 2**	„Am Anfang steht die Planung" Strategische Kernaufgaben und Unternehmensplanung; Janusplanung (Betrieb / Vertrieb)	Unternehmenspolitik Konkrete Ziele (eaV) Management-Navigator I
	Kapitel 3	„Structure follows strategy" Integrierte Produktentstehung; Prozessgestaltung	Organisationsstruktur Funktionendiagramme Management-Navigator II
Welche operativen Anpassungsleistungen müssen Automobilzulieferer erbringen, um die strategischen Aufgaben zu meistern?	**Kapitel 4**	„Von der Planung zur Zielrealisierung" 30%-Studie; Gesamtfahrzeugfähigkeit	Human Capital Mitarbeiterpotenzial Management-Navigator III
	Kapitel 5	„Prozessorientiertes Projektmanagement" Industrielles Projektmanagement; Automotives Prozessmanagement	Messbare Ergebnisse Unternehmenscontrolling Management-Navigator IV
Langfristig (> 5 Jahre)		**Künftige Herausforderungen**	**Konkrete Handlungsempfehlungen**
Welche Perspektiven und Chancen ergeben sich für Automobilzulieferer aus den aktuellen Trends?	**Kapitel 6**	„Globalisierung und ihre Grenzen" Ambivalente Stimmen; Option China? Option Brasilien?	Vision und Realität Chancen und Risiken Harvard Business Model
	Kapitel 7	„Technologische Perspektiven" Kundenbedürfnisse; Automobiltechnik – quo vadis?	Gälweiler-Modell Künftige Leistungsmerkmale Strategieentwicklung
	Epilog	»Erfolgsstrategien für Automobilzulieferer« - eine praktische und fundierte Orientierungshilfe für wirksames Management in der Automobilzulieferindustrie	

Abb. 1. Konzept zum Buch und Inhalte

Der inhaltliche Aufbau des Buches resultiert im wesentlichen aus den Erkenntnissen einer wissenschaftlich fundierten Studie zum Thema »Automobilentwicklung in Deutschland – wie sicher in die Zukunft?«, die Ende des Jahres 2002 von mir initiiert und schließlich im Dezember 2003 als Gemeinschaftswerk des Fraunhofer Instituts IAO und PROMIND, einem Unternehmen der MVI Group, herausgegeben wurde. »Erfolgsstrategien für Automobilzulieferer« wurde aus der Praxis heraus für die Praxis geschrieben und ist primär als Orientierungshilfe für all jene Automobilzulieferer zu verstehen, die funktionierende Strukturen, Systeme und Prozesse den geänderten strategischen Marktanforderungen anpassen müssen. Praxisorientierte Werkzeuge, authentische Fallstudien und praktische Beispiele untermauern die Arbeitshypothesen und Handlungsempfehlungen meiner Ausführungen.

Die methodische Analyse der aktuellen Marktsituation in der Automobilbranche sowie die detaillierte Benennung künftiger Anforderungen, die den deutschen Automobilstandort langfristig sichern, betrifft weit mehr Menschen, als die 750.000 Direktbeschäftigten bei Automobilherstellern und Zulieferern in Deutschland. Deshalb verzichte ich in meinen Ausführungen bewusst auf eine nebulöse Fachsprache, da ich es für wichtig halte, dass meine Argumentation auch für Branchenfremde nachvollziehbar und plausibel ist.

Um die besprochenen Grundsätze, Aufgaben und Werkzeuge dieses Buches in einen ganzheitlichen Zusammenhang zu bringen, habe ich mich dazu entschieden, mit dem bereits erwähnten Management-Navigator ein einziges Managementwerkzeug vorzustellen, das es ermöglicht, Stärken und Schwächen eines Unternehmens zu analysieren, Verbesserungspotenziale zu erkennen und Anpassungsleistungen vorzunehmen. Der Management-Navigator führt als »roter Faden« durch den ersten Teil des Buches, indem er kapitelweise die behandelten Inhalte nachbereitet und sukzessive in einen Gesamtkontext bringt. Die strukturierte Nachbereitung der bereits erörterten Inhalte mag zunächst banal erscheinen, sie wird jedoch spätestens dann zum Mehrwert, wenn am Ende des fünften Kapitels das gesamte Wirkungsgefüge eines Unternehmens erörtert wurde. Nachfolgende Abbildung 2 zeigt den Weg von der Unternehmenspolitik hin zu konkreten, messbaren Ergebnissen in einem Unternehmen, das zunehmend schwierigeren Markteinflüssen ausgesetzt ist:

6 Prolog

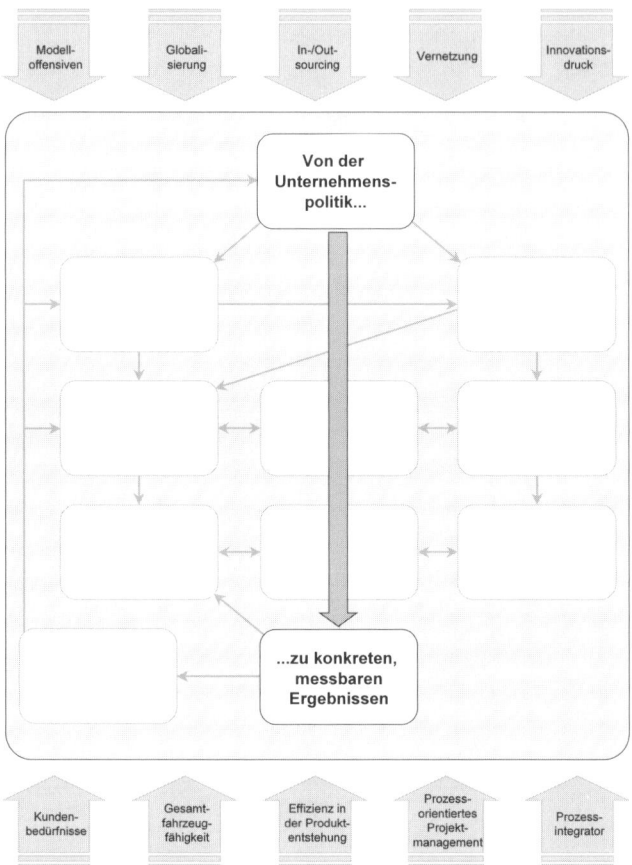

Abb. 2. Der Management-Navigator: von der Unternehmenspolitik zu konkreten, messbaren Ergebnissen

Die tiefgreifenden Umstrukturierungen in der internationalen Automobilindustrie erfordern von den Automobilzulieferern klare Entscheidungen bezüglich der Weiterentwicklung ihrer Unternehmen, Verbesserungen der Leistungsfähigkeit in defizitären Bereichen sowie klare Führungskonzepte. Ziel dieses Buches ist es, einen konkreten Beitrag zu leisten, damit die Veränderungen der Automobilindustrie uns nicht »*in den Wahnsinn*« treiben, sondern die Erkenntnis geben, welche großen Chancen sich für die Zukunft der Automobilzulieferer ergeben.

Mein Dank gilt allen, die zur Entstehung dieses Buches beigetragen haben. Insbesondere aber gilt er meiner persönlichen Assistentin und MVI-Marketingverantwortlichen Constanze von Nell-Breuning, die nicht nur das Manuskript in seinen vielfältigen Arbeitsständen mit mir entwickelte, sondern vor allem meine Formulierungen klarer und Argumente schärfer machte. Ohne ihre hohe Leistungsfähigkeit und ihren unermüdlichen Einsatz, der weit über die normale Arbeitszeit hinausging, wäre dieses Buch in der vorliegenden Form nicht entstanden. Ihre fundierten betriebswirtschaftlichen Kenntnisse halfen mir dabei, meine Arbeitshypothesen zu überprüfen und manche Handlungsempfehlung präziser zu formulieren. Darüber hinaus bedanke ich mich bei Dr. Elke, Arpad und Julius Kiss für ihr langjähriges Vertrauen, das sie mir als Führungskraft ihrer Gesellschaften bisher entgegengebracht haben. Ihre Erfahrungen in der Branche, zahlreiche Verbesserungsvorschläge zum Manuskript sowie ein stets freundschaftliches Verhältnis sorgten dafür, dass dieses Buch in relativ kurzer Zeit entstehen und veröffentlicht werden konnte. Mein Dank gilt auch meinen Kolleginnen und Kollegen bei der MVI Group, insbesondere meinem langjährigen Mitarbeiter Herrn Niels Hampel, sowie den Studentinnen und Studenten meiner Vorlesungen an der Fachhochschule Steyr, die mich in vielen anregenden Diskussionen dabei unterstützten, meine Hypothesen immer wieder zu überdenken. Frau Ulrike Heppel, Geschäftsführerin der Werbeagentur *Twogehter* danke ich für die Erstellung der Grafiken an jedem Kapitelanfang sowie für die Grafik des Management-Navigators in der Umschlagseite. Ich bedanke mich ausdrücklich bei Frau Dr. Martina Bihn vom Springer-Verlag, bei Frau Barbara Ebert, bei Frau Carmen von Nell-Breuning, bei Frau Ulrike Stendel und Herrn Reinhard Wagner für die sorgfältige Durchsicht des Manuskriptes und die zahlreichen Verbesserungsvorschläge. Nicht zuletzt gilt mein besonderer Dank natürlich auch meiner Familie, die mich zu jedem Zeitpunkt in vollem Umfang unterstützte und ohne die es dieses Buch ebenfalls nicht gäbe.

Rainer Kurek
29. Februar 2004

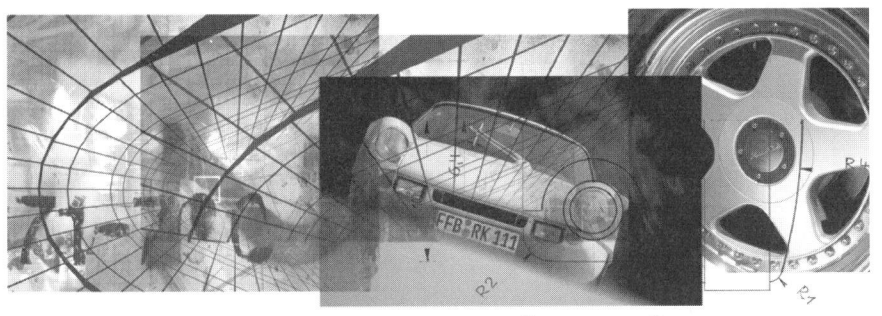

1 Aktuelle Marktsituation und Herausforderungen

1.1 Entwicklungsdienstleister – Paradigma für den Umbruch

Die Automobilindustrie ist mit weltweit mehr als 8,8 Millionen Beschäftigten bei Herstellern und Zulieferern nach wie vor *die* Schlüsselindustrie mit Vorreiterfunktion für viele andere Branchen. Doch das »*Zugpferd*« lahmt: Die Automobilindustrie befindet sich in einer tiefgreifenden Umbruchphase.[1] Nach Henry Fords erster Fließbandproduktion und Toyotas »*Lean Production*« (schlanke Produktion) sprechen Insider von der dritten Revolution in der internationalen Automobilindustrie.[2] Da alleine in Deutschland jeder siebte Arbeitsplatz und jeder vierte Euro aus Steuereinnahmen vom Automobil abhängen, ist die Verunsicherung bezüglich der bevorstehenden Veränderungen groß. Eine Steigerung der Produktivität in Fertigung und Logistik *(»Just in time«)* sowie Prozessoptimierungen *(»Kaizen«)* reichen nicht mehr aus, um im weltweiten Vergleich Produkte erfolgreich platzieren zu können.[3] Wer in Zukunft die internationale Wettbewerbsfähigkeit seiner Produkte gewährleisten will, muss sich mehr denn je auf die wahren Kundenbedürfnisse konzentrieren und zudem die Effizienz in allen Unternehmensprozessen verbessern. Die erforderliche Effizienzsteigerung bezieht sich auf die Faktoren Zeit *(Time to Market)* und Geld *(Budgets)*, da die heute verfügbaren Ressourcen nicht mehr ausreichen, um eine stetig größer werdende Modell- und Variantenvielfalt beherrschen zu können.[4] Gleichzeitig gilt es in vielen Produktfeldern, neue Technologien vorzubereiten und erfolgreich im Markt zu positionieren (steigender Einsatz von Elektronik und Software, alternative Antriebe, konsequente Leichtbaukonzepte, Infotainment, aktiver und passiver Fußgängerschutz, usw.). Selbstverständlich ist es bei der Einführung neuer Technologien entscheidend, Qualitätseinbußen oder Rückrufaktionen zu vermeiden und den potenziellen Käufern Produkte zum zugesagten und richtigen Zeitpunkt anzubieten *(Time to Customer)*.

Folgen dieser Entwicklungen sind unter anderem eine deutlich wahrnehmbare Verlagerung von Aufgaben der Automobilhersteller auf ihre strategischen Partner, eine zunehmende Konzentration der Automobilkonzerne auf ihre eigenen Kernkompetenzen sowie eine veränderte Form der Zusammenarbeit zwischen Herstellern und Zulieferern in übergreifenden Allianzen und Netzwerken. Neue Wertschöpfungsketten und geänderte Spielregeln in der Zusammenarbeit betreffen die gesamte Zulieferpyramide und werden zu den zentralen Herausforderungen, die die Branche in den nächsten Jahren bewältigen muss.[5]

In den nachfolgenden Ausführungen wird am Beispiel der Entwicklungsdienstleister dokumentiert, mit welchen neuen strategischen Aufgaben Automobilzulieferer konfrontiert werden und wie sich die aktuellen Marktveränderungen auswirken. Die Entwicklungsdienstleister stehen als Paradigma für den Umbruch, da sie durch ihre direkte Anbindung an die Automobilhersteller bereits heute von den Marktveränderungen betroffen sind.[6]

In der Automobilindustrie stehen Entwicklungsdienstleister seit jeher in der zweiten Reihe. Dies ist im Allgemeinen für beratende Unternehmen nicht unüblich und hängt mit den Marketingstrategien der Automobilhersteller zusammen. Aus der Geschichte der Automobilhersteller sind die

Entwicklungsdienstleister schon lange nicht mehr wegzudenken. Beide verbindet eine erfolgreiche und sehr abwechslungsreiche Vergangenheit.

Vor der ersten Ölkrise in den Jahren 1973 und 1974 boomte die Weltautomobilproduktion und der Bedarf an Ressourcen in der Automobilentwicklung nahm stetig zu. Um Kapazitätsspitzen in arbeitsintensiven Entwicklungsphasen abdecken zu können, begannen die großen Automobilhersteller vermehrt externe Ingenieure zuzukaufen, die in die laufende Projektarbeit integriert wurden. Heute bezeichnet man diese Dienstleistung etwas abwertend als »*Bodyleasing*« und meint damit den Personalverleih von qualifizierten Mitarbeitern für bestimmte Aufgaben. Bis heute existiert dieses Geschäftsmodell, das von verschiedenen Unternehmen mehr oder weniger erfolgreich betrieben wird.

Als in den späten 70er Jahren die Anzahl der Fahrzeugmodelle zunahm und neben Limousinen und Sportwagen erste Coupés, Kombis und andere Fahrzeugvarianten entwickelt wurden, stieg auch der Bedarf an Entwicklungsingenieuren. Die Anzahl an Projekten wurde größer, die Ressourcen der Automobilhersteller wuchsen jedoch nicht in ausreichendem Maße mit. Um diese Kapazitätslücke zu schließen, entwickelte sich ein neues Geschäftsmodell zwischen Automobilhersteller und Entwicklungsdienstleister: Erste kleinere Entwicklungsaufgaben wurden vergeben, die nicht mehr beim Automobilhersteller vor Ort, sondern in eigenen Räumlichkeiten des Entwicklungsdienstleisters bearbeitet wurden. Unter der Regie der Automobilhersteller werden in dieser Konstellation bis heute Bauteile für die verschiedenen Module eines Fahrzeugs entwickelt. Entwicklungsdienstleister leisten in Abhängigkeit des Anforderungsprofils ihrer Kunden Unterstützung in der Karosserieentwicklung, bei der Konstruktion von Fahrwerkskomponenten, im Antriebsbereich oder bei Elektroaufgaben. So haben sich die Entwicklungsdienstleister vom reinen Personalverleih zur verlängerten Werkbank des OEMs (Original Equipment Manufacturer = Automobilhersteller) weiterentwickelt, der in den Projekten als Entwicklungspartner fungiert.

In den 80er Jahren – die Fahrzeugvarianten nahmen weiter zu (Cabrios, Roadster, ...) – versuchten Automobilhersteller und Entwicklungsdienstleister, dieses Geschäftsmodell zu perfektionieren und den OEMs neben der Konstruktionsunterstützung auch andere Leistungen im Entwicklungsprozess anzubieten. So begannen die Entwicklungsdienstleister, ergänzend zur Konstruktion (das heißt, die Ideen der Automobilhersteller zu Papier zu bringen) auch in der Berechnung von Bauteilen ihren Beitrag zu leisten. Durch die fortschreitende Digitalisierung der Daten war es nun möglich, bestimmte Fahrsituationen am Computer zu simulieren und Berechnungsergebnisse zu erzielen, die den realen Fahrbetrieb sehr genau abbildeten. Einige Entwicklungsdienstleister richteten darüber hinaus eigene Werkstätten ein, um Prototypenteile für die Automobilhersteller zu fertigen und unter verschiedenen Bedingungen zu erproben. In Klimakammern werden Temperaturwechselprüfungen durchgeführt *(heiß wie in der Sahara und kalt wie in Alaska)*, in speziellen Behältern Salznebel (Winter) auf dieselben Bauteile gesprüht, um abschließend in Vibrationstests die Schwingungen und Stöße von zigtausend gefahrenen Kilometern zu simulieren. Die Ergebnisse werden vorschriftsmäßig dokumentiert und für Zulassungen im öffentlichen Straßenverkehr *(»Homologation«)* genutzt. So haben sich die Entwicklungsdienstleister von der verlängerten Werkbank zum integralen Entwicklungspartner qualifiziert, der in verschiedenen Modulen eines Fahrzeugs über weitreichende Kompetenzen verfügt. Diese Kompetenzen führten zu einer ersten wahrnehmbaren Differenzierung in der Branche der Entwicklungsdienstleister. Während sich ein Großteil der Unternehmen zunächst dafür entschied, in dem härter werdenden Wettbewerb den Personalverleih auszubauen, wählte ein kleiner Teil der Unternehmen andere Optionen: Optimierung der Kompetenzen in der gesamten Prozesskette von der Konstruktion bis zur Fahrzeugerprobung in verschiedenen Modulen (Karosserie, Fahrwerk, ...) bzw. Spezialisierung in einem fachlich abgegrenzten Kompetenzfeld (z.B. Motorenentwicklung).

Die 90er Jahre standen ganz im Zeichen einer zunehmenden Globalisierung. Die Konzentrationsbewegungen der Automobilhersteller nahmen zu, so dass bereits 2003 nur mehr 12 selbständige Automobilkonzerne am Markt agierten. 1964 waren es noch 52 unabhängige Marktteilnehmer gewesen, 1997 noch 16 und bis 2015 werden es nach aktuellen Studien vermutlich nur noch neun bis zehn sein.[7]

Immer größer werdende Automobilkonzerne verfolgen das Ziel, Synergien der Unternehmensgruppe optimal zu nutzen, indem sie Entwicklungs-Know-how markenübergreifend nutzen *(»Crossbrand strategies«)*. Die Engineering-Partner wurden deshalb aufgefordert, ausländische Dependancen zu errichten und das erworbene Wissen auch internationalen Projekten zur Verfügung zu stellen. Es ist Aufgabe der Entwicklungsdienstleister, das mit dem OEM-Mutterhaus gesammelte Erfahrungswissen in die Entwicklungsprojekte der Tochterunternehmen einzubringen. Plattformstrategien und Modularisierungen, die in den 90er Jahren verstärkt auch markenübergreifend zur Anwendung kamen, standen nun im Fokus der Entwicklungstätigkeit. Von den Entwicklungsdienstleistern wurden Standorte im Ausland errichtet, um dem Kundenwunsch zu entsprechen und ebenfalls zum *»Global Player«* zu werden.

Eine exponentielle Zunahme an neuen Modellen und Derivaten (Varianten des Basismodells: z.B. Off-Roads, Pickups, Sport Utility Vehicles (SUVs), Grand Tourisme-Fahrzeuge (GTs)) zur Abdeckung individuellster Kundenbedürfnisse erhöhte in den 90er Jahren die Komplexität des Geschäfts und der Engineering-Markt boomte. Das Ziel der Automobilhersteller, möglichst viele Marktsegmente abzudecken, bescherte der Branche Wachstumsmöglichkeiten wie nie zuvor. Entwicklungsdienstleister schrieben großartige Erfolgsstories – zum Teil auch an der Börse – und die Branche hatte ihren vorläufigen Höhepunkt erreicht.

Ende der 90er Jahre wendete sich plötzlich das Blatt. Es kam zu gravierenden Veränderungen im Automobilmarkt, die das Geschäft der Entwicklungsdienstleister bis heute nachhaltig prägen und die weit größere Auswirkungen haben als alle bisherigen (vor allem konjunkturell bedingten) Markteinflüsse. Auslöser dieser Veränderungen ist eine zunehmende Sättigung in den europäischen, nordamerikanischen und japanischen

Märkten. Während der PKW-Bestand im Jahr 1980 in Deutschland bei 25,9 Mio. lag, stieg er bis ins Jahr 1990 auf 35,5 Mio., im Jahr 2002 waren es schon 44,4 Mio. PKWs. Im Schnitt besitzt also mindestens jeder zweite Bundesbürger einen PKW. Nach einer Schätzung des Kraftfahrtbundesamtes gibt es zur Zeit etwa 50 Millionen Führerscheinbesitzer in Deutschland. Durchschnittlich verfügt demzufolge fast jeder deutsche Führerscheinbesitzer – unabhängig von Alter und Einkommen – über seinen eigenen PKW. Man spricht von einer reifen Branche.

Das Bewusstsein der Automobilhersteller, vor einer Sättigung der Stammmärkte zu stehen, das Nicht-Erreichen des Break-Evens bei verschiedenen Modellen sowie weitere Zyklen der Wettbewerbskonzentration unter verschärften Bedingungen führen zu einem enormen Druck im Markt. Um die Situation zu entschärfen, versuchen die Hersteller, immer wieder neue Marktnischen aufzuspüren und zu besetzen, weil sie so noch flexibler auf individuelle Kundenbedürfnisse eingehen können. Diese Rahmenbedingungen wirken sich heute auf die gesamte Struktur der Automobilindustrie aus.

Um das technische und wirtschaftliche Risiko bei neuen Fahrzeugprojekten zu reduzieren, werden von den Automobilherstellern Entwicklungsleistungen zunehmend auf Bauteilzulieferer übertragen. Diese müssen ihre Entwicklungskosten über die gelieferten Module selbst amortisieren. Das heißt, je mehr Fahrzeuge eines Modells verkauft werden, umso größer ist die Chance des Zulieferers, seine Entwicklungsaufwände zu amortisieren. Wenn wenige Fahrzeuge eines Modells verkauft werden, trägt der Lieferant einen Teil des unternehmerischen Risikos und kann unter Umständen seine Aufwände nicht mehr amortisieren. In der Automobilindustrie spricht man bei dieser Risikoteilung (risk sharing) von *»pay on production«*. Da die Automobilhersteller ihre Produktpaletten weiter ergänzen werden und die alten, auf große Stückzahlen angelegten Entwicklungs- und Fertigungskonzepte sich zusehends reduzieren, wird dieser eingeschlagene Weg die Zukunft der Automobilindustrie bestimmen.

Aufgrund der zunehmenden Verlagerung des technischen und wirtschaftlichen Risikos vom Automobilhersteller auf große Systemlieferanten, die ganze Baugruppen liefern und sich als *strategische Partner* der OEMs etablieren, verändert sich sukzessive die Rolle des Entwicklungsdienstleisters. Vielfach entwickeln bereits heute Automobilhersteller und Systemlieferanten gemeinsam die Autos von morgen. Die Systemlieferanten bauen eigene Entwicklungskapazitäten auf, weiten ihre Kernkompetenzen konsequent aus und übernehmen somit Aufgaben der klassischen Entwicklungsdienstleister. Wo ihnen Ressourcen fehlen, beauftragen sie zwar Entwicklungsdienstleister – allerdings nur mehr mit Standardaufgaben, da ihr Kern-Know-how im Haus weiterentwickelt und langfristig gesichert werden soll. Die Tätigkeitsfelder für die Entwicklungsdienstleister nehmen kontinuierlich ab.

Gleichzeitig verfolgen die Automobilhersteller konsequente Insourcingstrategien, um Abhängigkeiten von Entwicklungsdienstleistern und Systemlieferanten wieder zu reduzieren und eigene Kernkompetenzen (wie das Design eines Fahrzeugs, die Motorenentwicklung, das Fahrverhalten oder die Elektronik) nicht zu gefährden. Für die klassische Entwicklungsdienstleistung bleibt da kaum eine Chance auf Wachstum.

Abgesehen von einigen wenigen sehr großen Engineeringunternehmen, die nicht nur Fahrzeuge entwickeln, sondern auch Nischenfahrzeuge produzieren können, wird es also für klassische Entwicklungsdienstleister zunehmend schwieriger, erfolgreich im Markt zu bestehen.

Von den Veränderungen in den industriellen Strukturen der Automobilbranche sind nicht nur die klassischen Entwicklungsdienstleister betroffen, sondern alle Zulieferunternehmen. Eine Bündelung der Beschaffungsmengen der OEMs auf eine geringere Anzahl strategischer Systemlieferanten hat auch bei den Zulieferern ein gnadenloses Ausscheidungsturnier zur Folge. Um Komplexität zu reduzieren und Kostensenkungen in den einzelnen Komponenten eines Fahrzeugs zu realisieren, stimmen die Automobilhersteller ihre hauseigenen Kernkompetenzen gezielt mit den Kernkompetenzen qualifizierter strategischer Partner ab. Die Folge ist, dass einige wenige Zulieferer als strategische Partner an der Seite der Hersteller weiter wachsen, der Großteil der Zulieferer jedoch ums nackte Überleben kämpfen muss.

Die Zyklen dieser Wettbewerbskonzentration werden künftig in immer kürzeren Abständen erfolgen. Obwohl die nachgelagerten Komponenten- und Teilehersteller, die die Systemlieferanten heute beliefern, bislang relativ unberührt von allen Markttrends geblieben sind, da sie oftmals in keiner direkten Geschäftsbeziehung zu den Automobilherstellern stehen, werden die Auswirkungen dieser Entwicklung auch sie treffen.

Die klassischen Entwicklungsdienstleistungsunternehmen befinden sich bereits in diesem Ausscheidungsturnier und sehen sich schon heute mit den Herausforderungen konfrontiert, die in absehbarer Zeit alle Automobilzulieferer betreffen werden. Globalisierung und gesättigte Märkte, Insourcing und Outsourcing, Modelloffensiven und Wettlauf um Innovationen – vor diesem turbulenten Hintergrund müssen sich die Zulieferer den größten Aufgaben in der Geschichte der Automobilindustrie stellen. Mehr denn je ist deshalb gutes und richtiges Management gefordert, Unternehmen sicher durch das dynamische und risikoreiche Marktumfeld zu navigieren sowie sinnvolle und wirksame Maßnahmen zu ergreifen, die das Überleben langfristig sichern.

1.2 Ausgangslage und Managementaufgaben

Die begrenzten Ressourcen an Kapital und qualifizierten Mitarbeitern für eine immer raschere Folge von neuen Modellen stellt alle Unternehmen der Branche vor eine große Herausforderung – die Automobilhersteller ebenso wie deren Zulieferer. Die Unternehmen müssen heute wesentlich schneller als in der Vergangenheit auf die gestiegenen Anforderungen des Marktes reagieren. Die Erarbeitung einer auf den Markt zugeschnittenen Unternehmensstrategie und einer daraus resultierenden Unternehmensplanung (Kapitel 2) stellt eine wesentliche Grundlage dar, um die neuen Herausforderungen erfolgreich bewältigen zu können.

Ein ganzheitliches Verständnis für die dynamischen Veränderungen im Markt ist entscheidend und deshalb muss das Management eines Unternehmens zunächst folgende Frage beantworten: Wo steht mein Unternehmen heute und welche Auswirkungen ergeben sich aus den Marktveränderungen für mein Unternehmen? Um diese Frage richtig beantworten zu können, muss die aktuelle Marktsituation sorgfältig analysiert werden, die wiederum Rückschlüsse für die eigene strategische und operative Unternehmensentwicklung ermöglicht.

In gesättigten Industriestrukturen laufen Veränderungen in den meisten Branchen nach einem vergleichbaren und immer wiederkehrenden Muster ab. Um die aktuelle Marktsituation in der Automobilindustrie besser verstehen und interpretieren zu können, ist es deshalb naheliegend, typische Verhaltensweisen in anderen, bereits gesättigten Märkten zu studieren und charakteristische Merkmale des Veränderungsprozesses auf die Automobilindustrie zu übertragen.[8] Eine Gegenüberstellung typischer Verhaltensmuster verschiedener reifer Branchen mit den laufenden Veränderungen in der Automobilindustrie zeigt eindeutig, dass die Automobilbranche mitten in einer tiefgreifenden Umstrukturierung steckt, von der die gesamte Lieferpyramide betroffen sein wird. Konkret stellt sich diese Umstrukturierung wie folgt dar:

1.2.1 Modellvielfalt und Komplexitätserhöhung

Mit dem Ziel, potenziellen Neuwagenkunden bei der Wahl ihrer Fahrzeuge zusätzliche Kaufanreize bieten zu können, haben sich die meisten Automobilhersteller dazu entschieden, ihre bestehenden Modellpaletten konsequent zu erweitern (Oberklasse, Mittelklasse, Kleinwagen, ...) und gleichzeitig die Anzahl der Modellvarianten zu erhöhen (Derivate wie Roadster, Cabrio, Pickup, SUV, ...). Einerseits kann die Erweiterung der Produktpalette zu erfolgreichen Neupositionierungen im Markt führen, andererseits bewirkt die Angebotsausweitung aber auch einen Engpass an verfügbaren Ressourcen für eine steigende Anzahl an Projekten. Die Konsequenz der Automobilhersteller ist eine zunehmende Integration ihrer Zulieferer in den Produktentstehungsprozess. Immer mehr Aufgaben werden in die Lieferpyramide delegiert. So ist eine heterogene »*Multiprojektlandschaft*« entstanden, die eine deutliche Zunahme der Komplexität in der Produktentwicklung und Produktion zur Folge hat.[9]

Nachfolgende Grafik 3 zeigt am Beispiel der Ford Motor Company die Entwicklung vom reinen Serienproduzenten zum internationalen Konzern, der über sein Leistungsspektrum die verschiedensten individuellen Kundenbedürfnisse berücksichtigt. Am 31. Oktober 1925 erreichte die Tagesproduktion des T-Modells eine Rekordmarke von 9109 produzierten Fahrzeugen, jedes gleich – eins wie das andere. Heute bietet der Konzern mit seinen sieben Tochtergesellschaften mehr als 60 verschiedene Fahrzeugmodelle mit jeweils mehreren Modellvarianten an. Trotz einer erheblich höheren Tagesproduktion gleicht kaum ein Fahrzeug dem anderen. Jedes Automobil wird nach speziellen Kundenwünschen gefertigt.

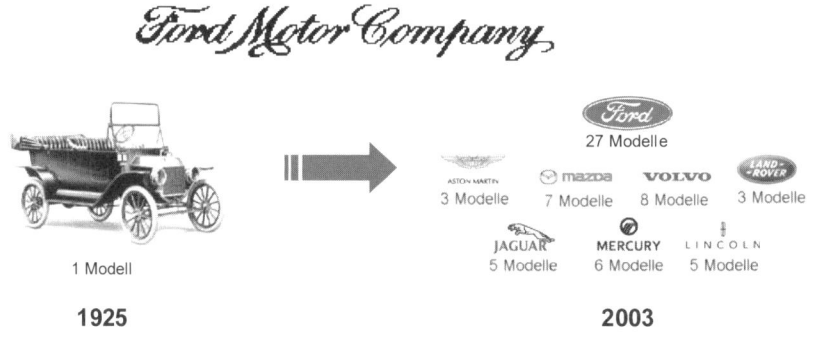

Abb. 3. Vom T-Modell zum Konzern mit 64 Modellen

Gerade von großvolumigen Serienprodukten wie dem Volkswagen Golf, der Mercedes C-Klasse oder der 3er-Reihe des BMW Konzerns fordert der Kunde immer mehr Individualität. Nur noch selten werden heute zwei Autos gefertigt, die exakt gleich sind. Beim Golf beispielsweise kann sich der Kunde sein Fahrzeug aus mehr als einer Million Spezifikationen individuell zusammenstellen. Der Wandel vom Verkäufer- zum Käufermarkt ist weit fortgeschritten, vielleicht sogar schon vollzogen.[10]

Die Bedürfnisse des Käufermarktes verändern sich immer schneller. In der Vergangenheit war diese Entwicklung am deutlichsten in der IT-Branche festzustellen. Inzwischen muss sich aber auch die Automobilindustrie verstärkt dieser Herausforderung stellen: Während früher eine Fahrzeuggeneration über einen relativ langen Zeitraum angeboten wurde und nur geringfügige Veränderungen (»*Facelifts*«: Produktaufwertungen) die Modelle modernisierten, wird heute in der Regel nur zwei Jahre nach der Markteinführung eines Modells ein Nachfolger mit vielen wesentlichen Neuerungen und Verbesserungen präsentiert. Der Markt ist schnelllebiger geworden.

Derzeit liegen bei den Kunden »*Sport Utility Vehicles*« (Geländewagen, SUVs genannt) im Trend. Und so haben sich quasi alle großen Hersteller darum bemüht, diesem Kundenwunsch in kürzester Zeit zu entsprechen und einen SUV in ihre Produktreihen zu integrieren. Dass dieser Trend bald durch einen neuen ersetzt werden wird, ist abzusehen. Sind einmal Kundenbedürfnisse erkannt, so müssen diese schnell erfüllt werden *(»Time to Customer«)*. Sind sie erfüllt, beginnt der Wettlauf um Marktanteile von neuem. Wird ein Trend zu spät wahrgenommen, so besteht die Gefahr, dass andere Anbieter die Nachfrage bereits gesättigt haben, bevor das eigene Angebot auf den Markt kommt. Nachfolgende Grafik 4 verdeutlicht, dass neue Produkte heute schneller entwickelt und angeboten werden und die Produktlebenszeit kürzer wird. Zur Vereinfachung der Grafik wird für Vergangenheit und Gegenwart von denselben Stückzahlen für ein Modell ausgegangen.

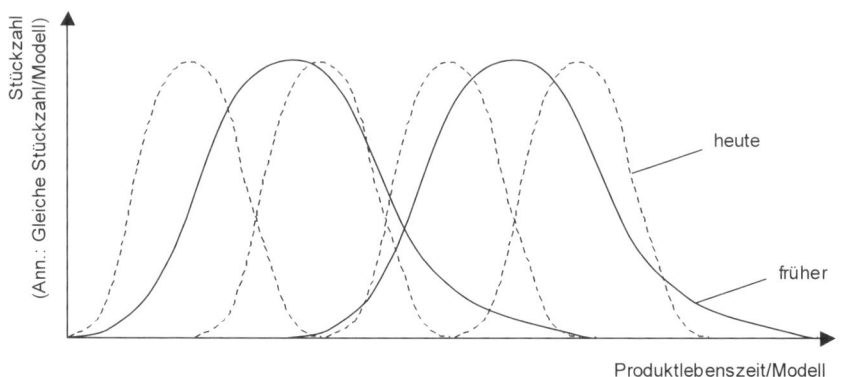

Abb. 4. Produktlebenszyklen früher und heute bei derselben Stückzahl/Modell

1.2.2 Zunehmender Innovationsdruck

Die zunehmende Suche nach Produkten in neuen Marktnischen zur Abdeckung individueller Kundenbedürfnisse mündet unwillkürlich in einem verstärkten Verdrängungswettbewerb in den verschiedenen Marktsegmenten. Eine wahrnehmbare Differenzierung neuer Produktinhalte gegenüber bereits bestehenden Marktleistungen ist deshalb viel bedeutsamer als früher. Die Verbesserung der Innovationsleistung bei neuen Produkten stellt heute die Basis für eine erfolgreiche Produktpositionierung im Markt dar. Um dem Endkunden wettbewerbsfähige und nach Möglichkeit überragende Produktinhalte bieten zu können, ist das Anforderungsprofil an die proaktive Kreativität der Zulieferer deutlich gestiegen. Die gesamte Lieferpyramide ist diesem Innovationsdruck ausgeliefert.

Innovative Leistungsmerkmale, die der Kunde nur als selbstverständlich wahrnimmt, helfen nicht. Signifikante und vom Kunden in besonderem Maße wahrgenommene Leistungsmerkmale beeinflussen die Kaufentscheidung, nicht eine größere Anzahl an verschiedensten Produktfeatures. Die wahren Kundenbedürfnisse zu erkennen und darauf entsprechend zu reagieren, ist zu einem bedeutenden Erfolgsfaktor im internationalen Wettbewerb geworden.

1.2.3 Kaskade der Aufgabendelegation

Neben der Fähigkeit, Marktbedürfnisse zu erkennen und diesen durch innovative Lösungen zu entsprechen, ist es heute entscheidend, die Fahrzeuge zum richtigen und zugesagten Zeitpunkt auf den Markt zu bringen (*»Time to Market«*). Dieser Zeitdruck bewirkt eine Verstärkung von Plattformstrategien und Modularisierungskonzepten der Hersteller sowie eine zunehmende Verlagerung von Arbeitsumfängen an qualifizierte externe Partner. Die nachfolgende Grafik 5 veranschaulicht die Aufgabendelegation vom Automobilhersteller bis hin zum Teilezulieferer bei der Entwicklung und Produktion eines Automobils. Die dargestellte Kaskade der Aufgabendelegation ist eine unmittelbare Folge der *»Multiprojektlandschaft«*, in die sich die Automobilindustrie hineinbewegt hat.

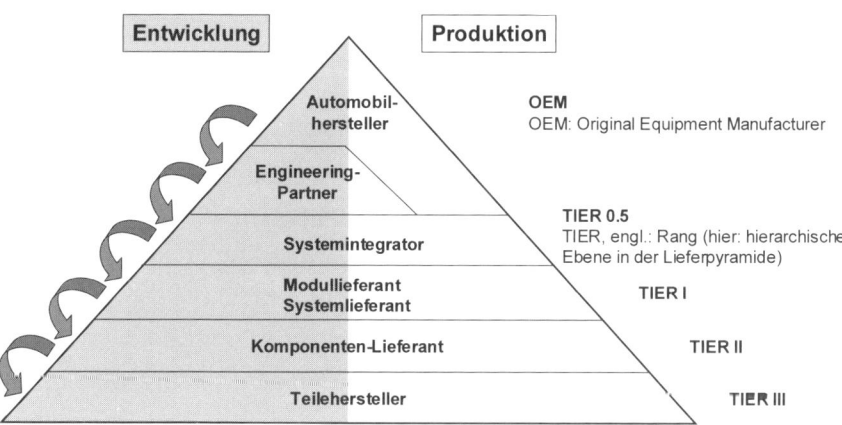

Abb. 5. Kaskade der Aufgabendelegation in Entwicklung und Produktion

1.2.4 Strategische Partner

Die Automobilhersteller delegieren zunehmend größere und komplexere Arbeitsumfänge an ihre Zulieferer. Dabei bündeln sie die Beschaffungsmengen auf eine begrenzte Anzahl von Partnerfirmen. Eine Erhöhung der Komplexität durch zusätzlichen Koordinationsaufwand mit neuen Lieferanten gilt es zu vermeiden. Im Vordergrund steht die Produktivitätssteigerung bei bestehenden Zulieferern durch die Nutzung von Synergieeffekten (»economies of scale«) und die Fokussierung auf strategische Partnerschaften. Die Festlegung auf wenige, qualifizierte Zulieferer erfolgt über eine zielorientierte Verzahnung hauseigener OEM-Kompetenzen mit jenen der externen Partner.

Darüber hinaus vereinfacht sich durch eine geringere Anzahl an Partnern die Kommunikation, was den Informationsfluss erheblich verbessert. Die Reaktionsfähigkeit in der Projektarbeit nimmt zu und die Entscheidungsabläufe verkürzen sich. Neue Formen der Zusammenarbeit können entwickelt werden, die einer angestrebten Effizienz- und Effektivitätssteigerung dienen.

1.2.5 Vernetzung von Zulieferern

Obwohl die Aufgaben der Zulieferer durch eine größere Anzahl an Projekten und die stärkere Aufgabendelegation generell zunehmen, verschärft sich die Wettbewerbssituation unter den Lieferanten. Auslöser für diese scheinbar widersprüchliche Entwicklung ist der beschriebene Selektionsprozess der Automobilhersteller, die gezielt nach strategischen Partnern suchen. Jene Unternehmen, die es schaffen, sich zum strategischen Partner der Hersteller zu qualifizieren, werden weiter wachsen. Die anderen Marktteilnehmer werden nicht überlebensnotwendige Geschäftsfelder abgeben und ihre Position in der Lieferpyramide verlieren. Der Branchenpulsschlag wird dadurch beschleunigt.

Lieferketten beginnen sich zu formieren: Vom Einzelteilhersteller über den Komponentenlieferanten bis hin zum Systemintegrator bilden sich neue Teams. Anders als in der Vergangenheit treten immer seltener unabhängige Lieferanten gegeneinander an, sondern vermehrt definierte Lieferketten. Diese Lieferketten bilden vernetzte Strukturen ab, wobei die Verflechtungsintensität (Vernetzungsgrad: Kooperation, Beteiligung, ...) vor allem von zueinander passenden Kernkompetenzen abhängt. Ob eine Lieferkette vom Automobilhersteller nominiert und gebildet wird, oder ob sich eine Lieferkette projektspezifisch autark formiert, ist hier von untergeordneter Bedeutung.

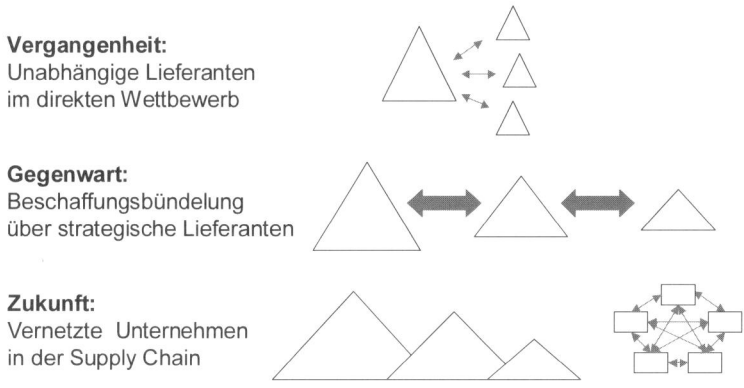

Abb. 6. Unabhängige Lieferanten werden zu strategischen Partnern in definierten Supply Chains

1.2.6 Strategischer Rahmen für das Einzelunternehmen

Um als Einzelunternehmen im Inter-Company-Business (unternehmensübergreifende Geschäftsbeziehungen) erfolgreich bestehen und integraler Bestandteil einer Supply Chain werden zu können, ist es für das Einzelunternehmen zwingend erforderlich, Intra-Company-Prozesse (unternehmensinterne Abläufe) zu beherrschen. Eine zentrale Frage für alle Zulieferer und Entwicklungsdienstleister lautet deshalb: Welche Prozesse müssen beherrscht werden, um überhaupt strategischer Partner in einer Lieferkette (Supply Chain) sein zu können? Welche Rolle soll das eigene Unternehmen in den Lieferketten künftig einnehmen?

Nachdem die Konsequenzen aus den Marktanforderungen für die strategische Ausrichtung des eigenen Unternehmens erkannt und analysiert wurden, gilt es, die richtigen strategischen Ziele abzuleiten und konkrete Maßnahmen für die eigene Unternehmensentwicklung zu formulieren. Betrachtet wird dabei zum einen die angestrebte Positionierung innerhalb einer Lieferkette, zum anderen die Entscheidung, in welchen Geschäftsbereichen das Unternehmen unter den neuen, verschärften Wettbewerbsbedingungen tätig sein wird. Die Konzentration auf bestehende Fähigkeiten ist naheliegend, aber nicht entscheidend. Vielmehr ist die Frage nach den künftigen Betätigungsfeldern *aus Kundensicht* zu beantworten, und zwar unter Berücksichtigung des gesamten Marktumfeldes (Mitbewerber, Gesetze, Gesellschaft, ...) und seiner absehbaren Entwicklung. Nach der Erarbeitung klarer und konkreter strategischer Ziele, die sowohl heutige Ertragspotenziale, als auch neue, künftige Ertragspotenziale berücksichtigen, stellt sich die Frage nach den strukturellen Voraussetzungen des Unternehmens. Die eindeutige Formulierung strategischer Geschäftsfelder heute und in Zukunft muss die Frage beantworten können, welche organisatorischen Rahmenbedingungen bestehen bzw. geschaffen werden müssen, um im Markt langfristig erfolgreich zu sein. Optimale Schnittstellen zum Kunden sowie marktorientierte Anpassungsleistungen im gesamten Leistungsspektrum des Unternehmens müssen im Fokus aller strukturellen Anpassungsleistungen stehen, die als Schwerpunkt des dritten Kapitels erörtert werden.

Der Erfolg eines Unternehmens hängt in erster Linie von der Nutzung seiner besonderen Stärken ab, also in der Regel jener Fähigkeiten, die ein Unternehmen bereits besitzt. Das in Abbildung 7 dargestellte Modell beschreibt das Spannungsfeld von strategischen Zielen, Struktur und Fähigkeiten, das vom Management beherrscht werden muss. Die strategischen Ziele und die Struktur eines Unternehmens sind wesentliche Kriterien, um zu entscheiden, welche Fähigkeiten künftig zu erweitern bzw. zu entwickeln sind. Das Management, das die Verantwortung für die strategischen Ziele und somit den Markterfolg eines Unternehmens trägt, ist selbstverständlich auch für die Realisierung einer marktorientierten Struktur im Unternehmen verantwortlich. Die Unternehmensstruktur kann nur in Abhängigkeit der strategischen Ziele und Fähigkeiten entwickelt werden. Die Größe des Unternehmens ist dabei nicht entscheidend, sondern vielmehr die Attraktivität der Leistungen für den Markt. Schlüsselelement aller Betrachtungen ist die richtige Einschätzung der eigenen Fähigkeiten in einem sorgfältig analysierten und somit bekannten Marktumfeld.

Dieser ganzheitliche Denkansatz im Management ist erforderlich, um eine belastbare Grundlage für die operative Planung des Unternehmens zu haben.

Abb. 7. Management im Spannungsfeld von strategischen Zielen, Struktur und Fähigkeiten

2 Am Anfang steht die Planung

Gutes und richtiges Management, das ein Unternehmen sicher und erfolgreich durch ein dynamisches und risikoreiches Marktumfeld navigiert, beginnt mit einer professionellen Planung.

Jedes erfolgreiche Unternehmen stützt seine Planungsüberlegungen auf eine langfristig angelegte Unternehmenspolitik und eine klare sowie verständliche Business Mission. Die strategische Planung basiert wiederum auf der Unternehmenspolitik und beinhaltet den Erhalt und den Aufbau von heutigen und künftigen Ertragspotenzialen, im wesentlichen unter Berücksichtigung von Marktanteilszielen, Kundenzufriedenheit und Innovation. Aus der strategischen Planung stammen die Leitplanken für eine kurzfristigere, operative Planung und Budgetierung. Die Aufgabe der operativen Planung ist es, die Unternehmensziele und benötigten Ressourcen auf kurzfristige Perioden (= Quartal bis ein Jahr) und letztendlich auf einzelne ergebnisverantwortliche Einheiten und Mitarbeiter herunterzubrechen. Diese grundlegende Überlegung liefert die Prämissen für die Implementierung eines Planungssystems.

Die Herausforderungen, die sich aus der im ersten Kapitel beschriebenen Marktsituation ergeben, führen zu folgenden Erkenntnissen, die Automobilzulieferer vor ihrer operativen Unternehmensplanung beachten sollten:

☐ Die Konsequenzen, die die Umstrukturierung der gesättigten Automobilbranche für das eigene Unternehmen hat, müssen erkannt und detailliert analysiert werden.

☐ Der Kundennutzen, den das eigene Unternehmen heute und künftig stiften soll, ist zu ermitteln, um die Wettbewerbsposition zielgerichtet optimieren zu können (vgl. Kapitel 4.2.).

☐ Die eigene Innovationsfähigkeit als Kernfaktor für eine erfolgreiche Positionierung in einer Lieferkette ist hinsichtlich des Produktes und/oder der Dienstleistung zu bewerten, um konkrete operative Ziele ableiten zu können.

☐ Die Formierung neuer Lieferketten bewirkt eine zunehmende Bedeutung von Schnittstellenbeherrschung – sowohl im eigenen Unternehmen als auch in Lieferketten. Eine entsprechende Ausweitung der erforderlichen Kompetenzen ist frühzeitig vorzusehen und planerisch zu berücksichtigen.

In folgender Abbildung 8 sind die wesentlichen strategischen Kernaufgaben zusammengefasst, die es im Vorfeld der operativen Planung zu bearbeiten gilt:

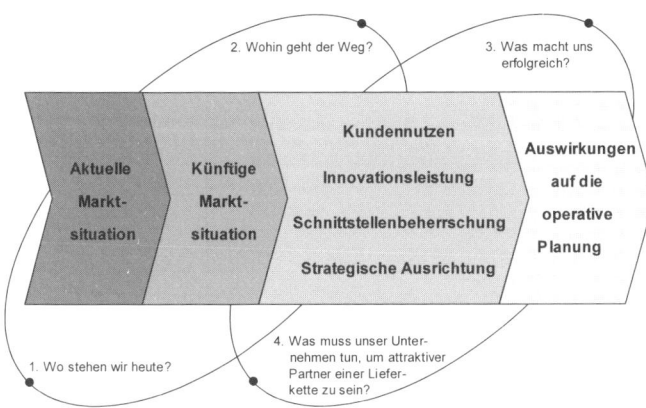

Abb. 8. Strategische Kernaufgaben vor der operativen Planung

Eine gute Unternehmensplanung unter Berücksichtigung der strukturellen Rahmenbedingungen eines Unternehmens ist aufgrund der beschriebenen Marktveränderungen bedeutsamer denn je. Wenn es darum geht, zwischen den führenden Mitarbeitern eines Unternehmens ein gemeinsames Verständnis bezüglich der Unternehmensausrichtung zu entwickeln, das es ermöglicht, kommende Aufgaben besser und schneller angehen zu können, ist eine verlässliche strategische Planung von fundamentaler Bedeutung. Ohne eine belastbare strategische Planung ist eine detaillierte operative Planung nicht sinnvoll.

Der nachfolgend beschriebene operative Planungsansatz stellt eine gute Grundlage dar, um erforderliche Anpassungsleistungen in Unternehmen schnell erbringen und wirksam umsetzen zu können. Die operative Janusplanung basiert auf der Beantwortung der strategischen Fragestellungen, die in Abbildung 8 zusammengefasst wurden.

2.1 Die Janusplanung

Ein Kopf mit zwei, manchmal auch vier Gesichtern – so wurde der römische Gott Janus dargestellt. Die Menschen verehrten ihn als Schutzgott der

Ein- und Ausgänge, von Anfang und Ende. Janus blickt gleichzeitig nach mehreren Seiten, vereint also verschiedene Perspektiven in seiner Wahrnehmung. Eine derartige Fähigkeit ist insbesondere bei den operativen Planungsprozessen eines Unternehmens von zentraler Bedeutung.

2.1.1 Fundierte Planungsprozesse gewinnen an Bedeutung

Die Strukturen in der Automobilindustrie verändern sich aufgrund der geänderten Marktanforderungen mit zunehmender Geschwindigkeit, das Kundenverhalten ist auf allen Ebenen der Lieferpyramide schwer einzuschätzen, durch die Globalisierung verstärken sich Konjunktur- und Währungsrisiken im internationalen Wettbewerb. Die Rahmenbedingungen und deren Konsequenzen muss man kennen, um einer fundierten Unternehmensplanung die richtigen strategischen Prämissen zugrunde legen zu können. Häufig führt fehlende Marktkenntnis gepaart mit mangelnden Managementfähigkeiten in der strategischen Planung dazu, dass man von zu sehr vereinfachten oder gar falschen Voraussetzungen in der operativen Planung ausgeht. Die Folge: eine hohe Unsicherheit, die bei der Planung von konkreten Vertriebszielen beginnt und sich in den Betriebszielen, vor allem im Kapital- und Ressourcenbedarf, niederschlägt. Es fehlt eine stabile und sichere Basis für richtige Entscheidungen des Managements. Eine ungenaue Unternehmensplanung führt in letzter Konsequenz zu gravierenden Problemen in der Leistungserbringung und wirtschaftlichen Verlusten. Das abgestimmte Zusammenspiel von Vertriebs- und Betriebsplanung ist nicht einfach, aber es ist unabdingbar für den Erfolg eines Unternehmens.[11]

2.1.2 Vertrieb und Betrieb: Zwei unterschiedliche Sichtweisen

Der Vertrieb hat die vordergründige Aufgabe, Aufträge zu akquirieren. Dabei muss er sich natürlich nicht nur um die Pflege der bestehenden Kunden bemühen, sondern auch für die Gewinnung von neuen Kunden sorgen.

Dies geht häufig mit hohem Aufwand und enormen Zugeständnissen einher, vor allem in Branchen mit hohem Kostendruck und scharfem Wettbewerb, wie wir ihn in der Automobilindustrie vorfinden.

Gleichzeitig ist es die Aufgabe des Betriebes, die Aufträge zur Zufriedenheit der Kunden und ergebniswirksam für das eigene Unternehmen abzuwickeln. Dazu benötigt das Unternehmen Personalressourcen ausreichender Qualität und Quantität, Infrastruktur und Systeme, Kapital und Managementkapazität. All diese Faktoren bedeuten Kosten, die maßgeblich bestimmen, welche Vertriebsleistung zur Deckung der Kosten und Erzielung eines positiven Unternehmensergebnisses erbracht werden muss.

Fast jedes Unternehmen geht in seinen Planungsprozessen mit den zunehmenden Unsicherheiten aufgrund der Marktveränderungen anders um. Selbst wenn Planungs- und Entscheidungsprozesse penibel eingehalten werden, wenn versucht wird, Mehrfachziele wie Wachstum, Innovation, Kosten, Risiko und Zeit mit noch so ausgeklügelten Modellen unter einen Hut zu bekommen – kurze Zeit später sieht alles wieder anders aus. Oft kommt es dann zu Aussagen des Vertriebes wie »*Der Betrieb braucht nur das herzustellen, was wir verkaufen. Wir wissen, was der Kunde braucht*« oder zu Aussagen des Betriebes wie »*Der Vertrieb kann nicht verkaufen, und wenn er es doch schafft, dann verspricht er dem Kunden alles und wir müssen am Ende dafür gerade stehen.*«

Die vielen Unsicherheitsfaktoren in der operativen Planung und fehlende Systeme, die die tatsächliche Vertriebsleistung mit der tatsächlichen Betriebsleistung intelligent verknüpfen sowie eine mangelnde Gesprächskultur zwischen Vertrieb und Betrieb führen vielfach zu gravierenden Reibungsverlusten, zu mangelndem Verständnis für die Arbeit der jeweils anderen Partei, zu Bereichsdenken und in letzter Konsequenz zu reduziertem Unternehmenserfolg sowie zu Verlusten von Marktanteilen und Wettbewerbsfähigkeit. Da die Rahmenbedingungen des Vertriebes (Sicht nach außen in den Markt) und des Betriebes (Sicht nach innen in das Unternehmen) grundsätzlich andere sind, sollten die Vertriebs- und Betriebsplanung im ersten Schritt unabhängig voneinander erfolgen. Eine vorläufige Trennung von Vertriebs- und Betriebsplanung bewirkt eine weit höhere Genauigkeit und mehr Transparenz in den wesentlichen Prozessen eines Unternehmens.

Die Planung in einem Unternehmen hat unter diesen Aspekten also – analog zum Schutzgott Janus – zwei Gesichter: Die Planung der Vertriebsleistung und die Planung der Betriebsleistung. Diese beiden Sichtweisen – eine externe und eine interne – gilt es zum Abschluss des Planungsprozesses wieder gezielt zu vereinen. Nur so kann ein reibungsloses Zusammenspiel im operativen Geschäft sichergestellt werden.

Nachfolgende Grafik 9 verdeutlicht die sequenzielle Abfolge von der Business Mission bis zur operativen Janusplanung.

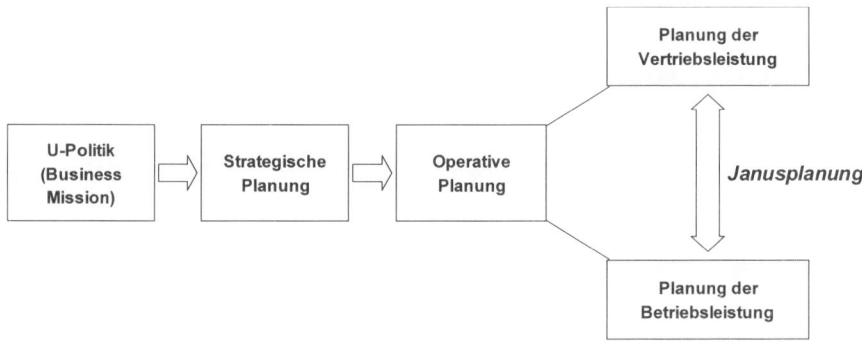

Abb. 9. Von der Business Mission zur Janusplanung

2.1.3 Operative Umsetzung

Ausgehend von den definierten Unternehmenszielen sind Schlüsselkunden und Schlüsselmärkte (unter Berücksichtigung von Kriterien wie strategischer Bedeutung, Rentabilität, Komplexität, Produktivität) für einen vereinbarten Planungszeitraum exakt und zweifelsfrei zu bestimmen. In die

Beantwortung dieser Segmentierungsfrage wird oftmals zu wenig Zeit investiert, obwohl in späterer Folge viele Anstrengungen und Investitionen gerade davon abhängen. Als erste Prämisse bei der Vertriebsplanung sollte stets die Maximierung der Kundenorientierung gelten. *»Es ist nicht das Unternehmen, das die Löhne zahlt – es übergibt nur das Geld. Es ist das Produkt, das die Kunden kaufen, welches die Löhne zahlt.«* (Henry Ford)

Der Kunde muss im Zentrum der Vertriebsplanung stehen. Das bedeutet nicht Kundenzufriedenheit und Kundenbetreuung im weiteren Sinne, sondern die konkrete Festlegung von definierten Kunden und Akquisitionsmaßnahmen für den vereinbarten Planungszeitraum.

Sind die Schlüsselkunden und Schlüsselmärkte festgelegt, wendet man sich der Marktpotenzialplanung zu. Eine plausible Abschätzung des erreichbaren Auftragspotenzials für die vereinbarte Planungsperiode in vorab definierten Märkten mit festgelegten Kunden ist die wesentliche Grundlage einer fundierten Vertriebsplanung. Insbesondere in der Marktpotenzialabschätzung sind deshalb konkrete Kundenkontakte sowie weitreichende Kenntnisse über vorhandene Mitbewerber unbedingt erforderlich. Leider wird die Abschätzung des Marktpotenzials oftmals nur oberflächlich über den Daumen gepeilt – und dies meist auch noch schlecht. Aus diesem Grund ist es ratsam, gerade den Prozess der Marktpotenzialanalyse nur mit Mitarbeitern durchzuführen, die über detaillierte und konkrete Marktkenntnisse verfügen. Die Summe aller Erfahrungswerte der beteiligten Mitarbeiter liefert schließlich einen ausreichend belastbaren Wert eines theoretisch erreichbaren Auftragvolumens.

Aus den Erkenntnissen der Marktpotenzialanalyse kann nun ein Vertriebstarget für das eigene Unternehmen definiert werden. Dieses Vertriebstarget muss quantitativ im Sinne eines realistisch erzielbaren Auftrageingangs (AE) – dem AE erster Ordnung – erfasst werden. In der Praxis ist dieser AE erster Ordnung – das zeigen die Erfahrungen – in den meisten Fällen nur selten zu erreichen *(»rosarote Brille«)*. Deshalb sollte dieser Wert um einen Sicherheitsfaktor reduziert werden. In welcher Höhe dies geschieht, muss jedes Unternehmen selbst entscheiden. Natürlich sollte auch kein *»überkritischer«* Sicherheitsfaktor gewählt werden, sondern ein für das spezifische Marktsegment realistischer Wert. Das Ergebnis muss in jedem Fall ein sicher erreichbares Vertriebstarget sein: der AE zweiter Ordnung.

Im Sinne von wirksamem Management sind Vertriebsziele aber nicht nur quantitativ, sondern auch qualitativ zu vereinbaren. Durch individuelle Zielvereinbarungen muss das Vertriebstarget mit konkreten Akquisitionsinhalten hinterlegt werden. Diese Inhalte müssen schriftlich formuliert werden. Dabei gilt es auch zu vereinbaren, *wie* die Vertriebsverantwortlichen die gesteckten Vertriebsziele erreichen wollen und können. Bezogen auf die Vertriebsleistung kann das nur heißen, dass die wesentlichen Akquisitionsmaßnahmen für den Planungszeitraum vereinbart werden: angefangen bei der Definition der Aufgaben eines Mitarbeiters in einem ihm zugeordneten Marktsegment bis hin zur Zuordnung konkreter Kundenkontakte und Ansprechpartner innerhalb des Unternehmens (Kundenkontaktsystem). Die Messbarkeit der Vertriebsziele muss gewährleistet sein, die Rahmenbedingungen zur Leistungserbringung (Ressourcen, Investitionen, ...) müssen in einem Zielvereinbarungsprozess mit den verantwortlichen Mitarbeitern klar und verständlich vereinbart werden: quantitativ *und* qualitativ.

In den bisherigen Betrachtungen wurde die Planung der Vertriebsleistung unabhängig von der Leistungserstellung im Betrieb vorgenommen. Parallel zur Vertriebsplanung erfolgt deshalb eine klassische Betriebsplanung, die ausgehend von dem zu erreichenden Unternehmensergebnis, in der Regel als EBIT (Earnings before Interests and Taxes) definiert, über Personalkosten, Wareneinsatz und Gemeinkosten die erforderliche Betriebsleistung (Umsatz) für den Planungszeitraum festlegt. Den EBIT als quantitativen Zielerreichungswert vorzugeben hat sich längst etabliert. Die Vorteile: Bei dessen Zustandekommen kann das Management viele Positionen direkt steuern; viele Werte sind nicht durch regional differierende Steuer- und Zinssätze verfälscht. Daher eignet sich der Zielwert auch als Vergleichswert für dezentrale ergebnisverantwortliche Unternehmenseinheiten an international unterschiedlichen Standorten.

Um den erforderlichen EBIT zu erreichen, ist die Betriebsleistung ebenfalls qualitativ zu planen. Es ist zu definieren, wie dieser Zielwert aus Sicht der für die Betriebsleistung verantwortlichen Mitarbeiter zustande kommt. Darüber hinaus ist festzulegen, welche Methoden und Werkzeuge Führungskräfte im Betrieb einsetzen, um über die Qualität von Projektmanagement, über Controllingsysteme sowie über Prozess- und Führungskompetenz die Ziele erreichen zu können. Auch an dieser Stelle findet mit den verantwortlichen Mitarbeitern ein Zielvereinbarungsprozess statt, indem alle erforderlichen Kriterien zur Zielerreichung vereinbart und Ziele sowohl quantitativ als auch qualitativ festgelegt werden.

Planung der Vertriebsleistung	Planung der Betriebsleistung
• Lokalisieren von Schlüsselkunden und Schlüsselmärkten	• Unabhängige Umsatzplanung ausgehend vom EBIT, der die erforderliche Gesamtleistung festlegt
• Abschätzung des Marktpotenzials (AE 1. Ordnung)	• Erweiterung der Planungsinhalte (interne Projekte, Systemstandardisierung etc.)
• Vertriebsplanung (AE 2. Ordnung)	
• Festlegung der quantitativen und qualitativen Vertriebsziele	• Ermittlung der quantitativen und qualitativen Betriebsziele (EBIT)

Abb. 10. Janusplanung in Vertrieb und Betrieb

Natürlich muss die Betriebsplanung denselben Zeitraum erfassen wie die Vertriebsplanung. Vom operativen Geschäft unabhängige Ressourcen und Kapazitäten, die für weitreichende Innovationen, interne Projekte (Systemstandardisierung, Marketing, ...) und außerordentliche Investitionen zu planen sind, werden in der Betriebsplanung selbstverständlich berücksichtigt. Die nachfolgende Grafik 11 veranschaulicht die Systematik der Janusplanung.

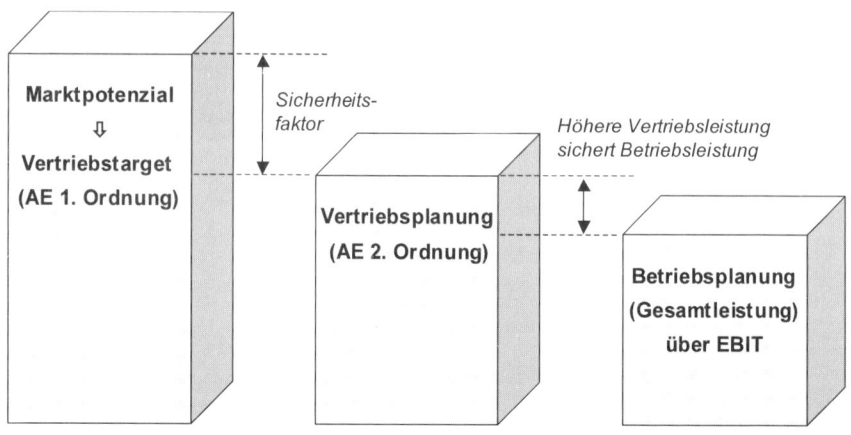

Abb. 11. Marktpotenzialanalyse, Vertriebs- und Betriebsplanung

2.1.4 Finale Verknüpfung von Vertriebs- und Betriebsplanung

Nun ist es gelungen, in zwei unabhängigen Prozessen die Vertriebsleistung und die Betriebsleistung eines Unternehmens zu planen. Der finale und entscheidende Schritt ist die Verknüpfung der beiden Planungen. Dabei müssen vor allem zwei Dinge sichergestellt werden: zum einen eine ausreichende Transparenz für das Verständnis hinsichtlich der Arbeit und Leistungspotenziale dieser beiden Organisationseinheiten, zum anderen ein gleichwertiges und gerechtes Vergütungssystem, über das beide Organisationseinheiten am Unternehmenserfolg beteiligt werden.

In nachfolgender Grafik 12 ist der regelmäßige Informationsaustausch bei der Zusammenführung von Vertriebs- und Betriebsplanung schematisiert. Die Zusammenführung beider Planungen ist Aufgabe des Managements, das in regelmäßigen Meetings den Abstimmungsprozess führt.

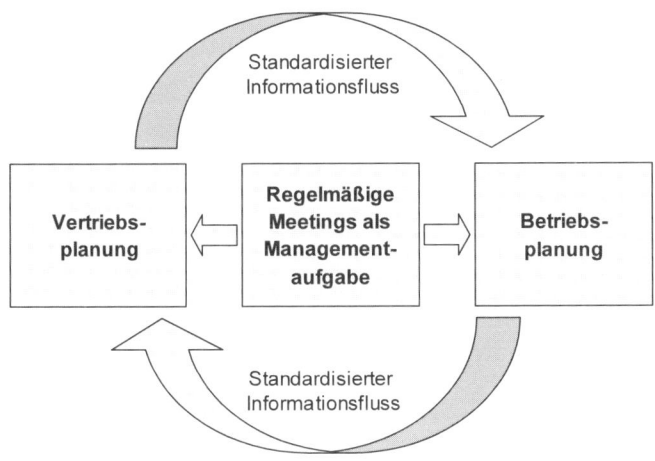

Abb. 12. Die Zusammenführung von Vertriebs- und Betriebsplanung: Abstimmungsprozess mit dem Management

2.1.5 Planung, Leistung und erfolgsabhängige Vergütung

Nur durch die Vereinbarung quantitativer und qualitativer Ziele bis hinein in den persönlichen Arbeitsbereich des Einzelnen ist es möglich, Beurteilungen der erbrachten Leistung bzw. der Zielwerterreichung durchzuführen. Aufgrund der unterschiedlichen Aufgabenstellung ist davon abzuraten, standardisierte Zielvereinbarungen auf einheitlichen Formularen für Vertrieb und Betrieb vorzunehmen. Wichtig ist, dass sich die Führungskräfte von Vertrieb und Betrieb ausreichend Zeit für Zielvereinbarungsrunden mit dem Management nehmen und den gesteckten Zielen in der Realisierung die entsprechende Bedeutung einraumen. Aufgrund dieses mit allen Verantwortlichen geführten Zielvereinbarungsprozesses lassen sich nun über eine erfolgsabhängige Vergütung (eaV) die Anstrengungen beider Organisationseinheiten unabhängig voneinander honorieren. Als Verhältnis von quantitativer zu qualitativer Zielerreichung bei der eaV erscheint eine Gewichtung von zwei zu eins sinnvoll. Wie viel Prozent das nun vom Auftragseingang (Umsatz) oder vom EBIT ausmacht, ist von jedem Unternehmen selbst zu entscheiden und in der Regel abhängig von der wirtschaftlichen Situation des Unternehmens. Für Führungskräfte in Vertrieb und Betrieb sollte der erfolgsabhängige Vergütungsanteil mindestens ein Drittel des erreichbaren Gesamteinkommens betragen.

Beide Organisationseinheiten haben unterschiedliche Aufgaben, Rahmenbedingungen und Planungsinhalte. Letztendlich haben sie aber das gleiche Ziel, nämlich mit dem Unternehmen erfolgreich im Markt zu bestehen und somit zum langfristigen Erfolg beizutragen. Die nachfolgende Grafik 13 verdeutlicht, dass erfolgsabhängige Vergütungsmodelle im direkten Kontext zur Planung und zur tatsächlichen Leistung stehen müssen und für Vertrieb und Betrieb unterschiedliche Ziele beinhalten.

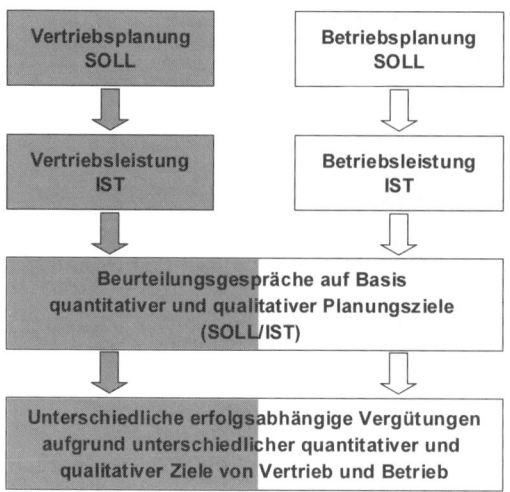

Abb. 13. Von der Zielvereinbarung zur erfolgsabhängigen Vergütung

Die Erfahrung zeigt, dass bei einigen Automobilzulieferern bereits Tendenzen zu einer konsequenten Trennung von Vertriebs- und Betriebsplanung bestehen. Nun ist es sicher richtig, dass man den beschriebenen Planungsprozess nicht in allen Unternehmen in der gleichen Ausprägung implementieren kann. Das vorgestellte Planungssystem setzt eine gewisse

Unternehmensgröße, vorzugsweise mit mehreren ergebnisverantwortlichen Einheiten voraus – die Systematik jedoch ist für alle Unternehmen gleich.

Besonders in der Automobilindustrie, die sehr investmentintensiv ist und daher Planungen von hoher Genauigkeit erfordert, ist eine professionelle Vorgehensweise im Planungsprozess unabdingbar, um ein Unternehmen sicher durch das risikoreiche Marktumfeld navigieren zu können. Insbesondere für Unternehmen, die mit unregelmäßigen Projektaufträgen konfrontiert sind, ist diese Form der Planung sinnvoll. Der Blick in beide Richtungen – Vertrieb und Betrieb – und die Integration beider Sichtweisen stellt die operative Planung auf stabile Füße. Die Fähigkeit des römischen Schutzgottes Janus sollte man sich natürlich auch bei der Realisierung der Planungsziele und im Controlling zu eigen machen. Denn nur der beständige Blick nach außen und innen, auf Vertrieb und Betrieb, auf Ist und Soll garantiert größtmögliche Effizienz in der Geschäftsentwicklung und damit den Erfolg eines Unternehmens.

2.2 Der Management-Navigator I

Ziel des vorliegenden Buches ist es, Mechanismen, Methoden und Instrumente des Managements vorzustellen, die in der industriellen Praxis bereits erfolgreich erprobt wurden und deshalb unmittelbar in der Praxis eingesetzt werden können. Praktiker der Automobilindustrie benötigen für die aktuellen Herausforderungen der Branche rasch umsetzbare, belastbare und vor allen Dingen funktionierende Werkzeuge und Systeme, die es ermöglichen, die neuen strategischen Herausforderungen optimal und mit nachhaltigem Erfolg zu meistern. Es wird in diesem Buch deshalb bewusst auf eine umfangreiche Aneinanderreihung von mehr oder weniger wirksamen Managementwerkzeugen verzichtet, die eine häufig sehr theoretisch geprägte Managementliteratur kennzeichnet.

Es ist notwendig, Abhängigkeiten in den verschiedenen Handlungsfeldern eines Unternehmens zu kennen. Deshalb werden die in diesem Buch vorgestellten Handlungsfelder in einen kausalen Gesamtzusammenhang gebracht, so dass ein ganzheitlicher Blick entstehen kann. Dazu werden am Ende jedes Kapitels die wesentlichen Handlungsempfehlungen in einem kurzen Fazit zusammengefasst und daraus ein *Management-Navigator* entwickelt, der zugleich Orientierungshilfe im Buch und praxisorientiertes Managementinstrument ist. Der Management-Navigator hilft, Schwachstellen und Fehlerquellen in Unternehmen zu identifizieren und richtige Gegenmaßnahmen einzuleiten. Da Defizite in den einzelnen Handlungsfeldern in der Regel die gesamte Leistungsfähigkeit eines Unternehmens beeinträchtigen, ist es erforderlich, defizitäre Bereiche konkret benennen zu können, um die richtigen Gegenmaßnahmen ergreifen zu können. Der Management-Navigator hilft dabei, Stärken und Schwächen eines Unternehmens zu analysieren und Verbesserungspotenziale offen zu legen. Die strukturierte und sukzessive Nachbereitung der behandelten Inhalte des Buches ist die Basis für eine erfolgsorientierte Maßnahmenumsetzung im eigenen Unternehmen, da es die Kernfelder für eine erfolgreiche Unternehmensentwicklung zusammenfasst.[12]

2.2.1 Markt

Die Automobilindustrie befindet sich in einer tiefgreifenden Umbruchphase. Die Märkte Nordamerikas, Westeuropas und Japans sind gesättigt. Die Automobilhersteller stehen unter einem enormen Druck, der zu folgenden, im ersten Kapitel beschriebenen Auswirkungen führt:

☐ Die Zukunft wird auch weiterhin von Modelloffensiven geprägt sein.

☐ Die Globalisierung nimmt weiter zu.

☐ Die Komplexität in allen Prozessen und Strukturen erhöht sich.

☐ Der Innovationsdruck steigt.

☐ Die Vernetzung der Zulieferer nimmt zu.

☐ Die Kaskade der Aufgabendelegation verändert sich.

☐ Die Automobilhersteller suchen verstärkt nach wenigen, qualifizierten strategischen Partnern.

☐ Die Kernkompetenzen der Automobilhersteller hingegen werden ingesourced.

Neue Wertschöpfungsketten und geänderte Spielregeln in der Zusammenarbeit betreffen die gesamte Zulieferpyramide und werden zu den zentralen Herausforderungen, die die Unternehmen in den nächsten Jahren bestehen müssen. Um Konsequenzen für das eigene Unternehmen richtig einschätzen zu können, muss das Management den Markt sorgfältig analysieren und das Zusammenspiel von strategischen Zielen, bestehenden und künftigen Fähigkeiten sowie strukturellen Voraussetzungen im Unternehmen beherrschen. Die Festlegung der Unternehmenspolitik und die Ableitung der strategischen Planung setzt dies voraus.

2.2.2 Unternehmenspolitik und strategische Planung

Ausgehend von der Marktsituation ist eine Unternehmenspolitik zu konzipieren und zu gestalten, die eine langfristige Überlebensfähigkeit des Unternehmens sicherstellt. Die Identität des Unternehmens heute und in Zukunft muss eindeutig beschrieben sein, um die Business Mission klar und allgemein verständlich formulieren zu können. Die Identität des Unternehmens und die Business Mission sind die Leitplanken der strategischen Planung. Nur mit diesen Leitplanken ist das Management überhaupt in der Lage, die im zweiten Kapitel beschriebenen strategischen Kernaufgaben im Vorfeld der Unternehmensplanung konsequent wahrzunehmen. Die strategische Planung des Unternehmens sollte im wesentlichen folgende Faktoren berücksichtigen:

☐ Kundennutzen und Attraktivität der eigenen Leistungen im Markt;

☐ heutige und künftige Ertragspotenziale (Stärkenoptimierung);

☐ Schnittstellenbeherrschung im Kundenverhältnis;

- Innovationsleistung;
- Effektivität und Effizienz in der Unternehmensentwicklung.

2.2.3 Operative Janusplanung

Nachdem im Rahmen der strategischen Planung die Unternehmensziele festgelegt wurden, gilt es in der operativen Planung, Ziele für eine Planungsperiode quantitativ und qualitativ zu definieren und mit konkreten Maßnahmen zur Zielerreichung zu hinterlegen. Die Janusplanung ist ein geeignetes Instrument, um die unterschiedlichen Sichtweisen des Vertriebes und des Betriebes gezielt miteinander zu verknüpfen.

Folgende Schritte sollten bei der operativen Janusplanung eingehalten werden:

- Marktpotenzialanalyse (AE 1. Ordnung);
- Festlegung der Vertriebstargets (AE 2. Ordnung);
- Definition der Betriebsziele;
- Zusammenführung von Vertriebs- und Betriebsplanung.

2.2.4 Zielvereinbarung und erfolgsabhängige Vergütung (eaV)

Die Ermittlung und Festlegung der quantitativen und qualitativen Ziele von Vertrieb und Betrieb erfolgen im Rahmen der Janusplanung und müssen gezielt aufeinander abgestimmt und in Zusammenarbeit mit dem Management vereinbart werden. Diese schriftlich formulierten Ziele dienen dazu, das Gesamtunternehmen sinnvoll und wirksam in eine gemeinsame Richtung zu entwickeln. Deshalb können die Ziele von Vertrieb und Betrieb, heruntergebrochen bis zu einzelnen konkreten Mitarbeitern, stets nur im Gesamtkontext betrachtet werden. Die Ziele sind in Form von zu erreichenden Resultaten (Endergebnissen) zu formulieren – und zwar klar und unmissverständlich. So werden Unternehmensziele zu personenbezogenen Zielen von einzelnen Mitarbeitern, die aufeinander abgestimmt eine homogene Geschäftsentwicklung ermöglichen.

Zur Sicherstellung der Zielerreichung des Einzelnen ist es sinnvoll, Mitarbeiter an der Geschäftsentwicklung und am Unternehmenserfolg zu beteiligen. Zielvereinbarungen schaffen die Grundlage für eine Gegenüberstellung von Zielen und Leistungen (vgl. Kapitel 4). Da es bei der erfolgsabhängigen Vergütung um die individuelle Bewertung von Ergebnissen eines einzelnen Mitarbeiters für das gesamte Unternehmen geht, muss die erfolgsabhängige Vergütung im direkten Kontext zu den Zielvereinbarungen stehen. Die erfolgsabhängige Vergütung bezieht sich ausschließlich auf vereinbarte Ziele, die quantitativ und/oder qualitativ messbar sind. Diese Leistungskomponente sollte mindestens ein Drittel des erreichbaren Gesamteinkommens betragen, da sie sonst kaum wirksam ist.

In der nachfolgenden Abbildung 14 sind die behandelten Inhalte aus Kapitel 1 und 2 zusammengefasst. Die Abbildung zeigt wesentliche Kriterien des Marktdrucks, die heute auf den Automobilzulieferer einwirken. Aufgrund der aktuellen Herausforderungen sind in vielen Unternehmen der Automobilbranche unternehmenspolitische Anpassungsleistungen und Grundsatzentscheidungen in der Business Mission unausweichlich geworden, die sich auf die strategische und daraus resultierend auf die operative Unternehmensplanung auswirken. Die vorgestellte Janusplanung wirkt sich wiederum auf die individuellen Zielvereinbarungen mit einzelnen Mitarbeitern und somit auch auf deren erfolgsabhängige Vergütungskomponente aus.

Die Pfeilrichtung in Abbildung 14 ist also nicht streng mathematisch als »*daraus folgt*« zu lesen, sondern vielmehr als »*hat Auswirkung auf*« zu verstehen. Die Pfeile zeigen direkte (z.B. strategische Planung ⇨ operative Janusplanung) und indirekte (z.B. strategische Planung ⇨ erfolgsabhängige Vergütung) Abhängigkeiten der besprochenen Handlungsfelder auf und bringen sie in einen kausalen Gesamtzusammenhang.

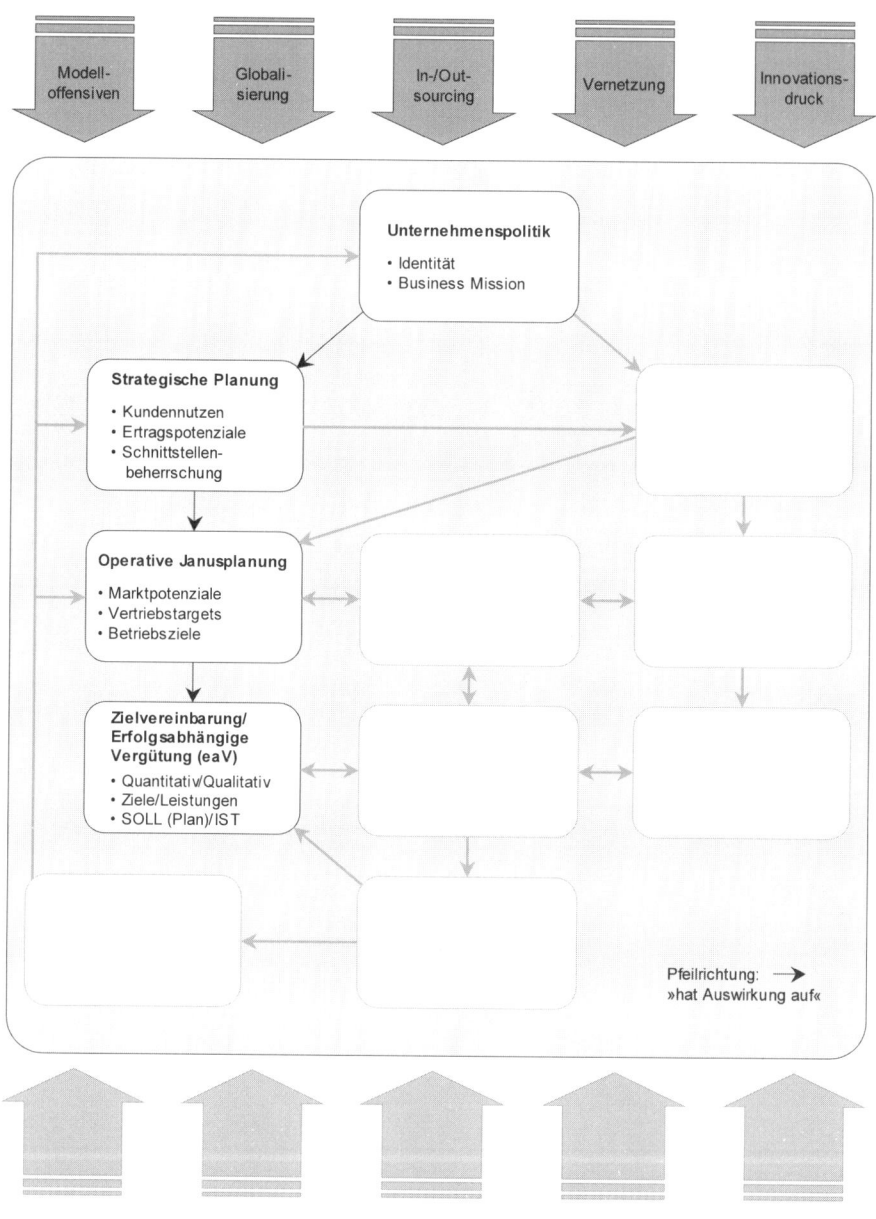

Abb. 14. Die in Kapitel 2 erörterten Handlungsfelder im Wirkungsgefüge des Management-Navigators

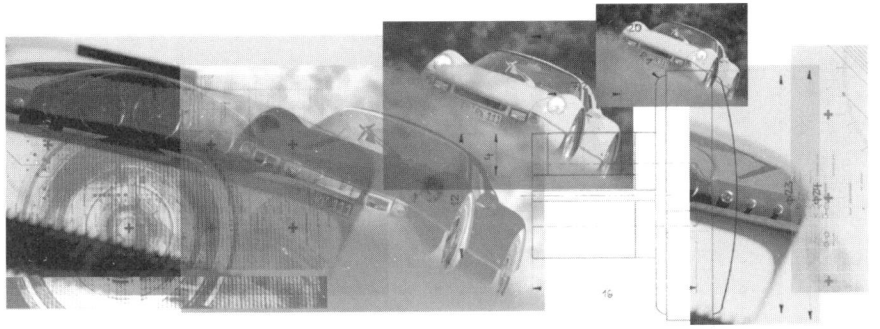

3 Structure follows Strategy

Nach einer professionellen und belastbaren Unternehmensplanung, die sich zuallererst am Markt und erst dann am eigenen Unternehmen orientiert, stellt sich die Frage nach effektiven und effizienten Strukturen,[13] die zur Zielerreichung erforderlich sind. Das im zweiten Kapitel beschriebene Zusammenspiel der Unternehmensplanung (heruntergebrochen bis auf konkrete operative Ziele jedes Mitarbeiters), vorhandenen und erforderlichen Fähigkeiten sowie entsprechenden Strukturen bildet die Grundlage für den langfristigen Unternehmenserfolg. Peter F. Druckers Managementgrundsatz »*Structure follows Strategy*« folgend, werden deshalb in diesem dritten Kapitel Organisationsfragen behandelt, die sich aus den veränderten strategischen Prämissen und Herausforderungen in der Automobilindustrie für das Einzelunternehmen ergeben (Modelloffensiven, Innovationsdruck, usw.).

Ausgehend von klassischen (Stab-) Linienorganisationen entwickelten viele Unternehmen der Automobilindustrie in den letzten Jahren schrittweise Matrixorganisationen, indem sie interdisziplinäre Projektteams aus verschiedenen Fachbereichen bildeten. Marktnähe und hohe Mitarbeiteridentifikation in den Projekten veranlassten Führungskräfte dazu, ihre Unternehmen umzustrukturieren und neue Organisationskonzepte zu realisieren. Der aktuelle Trend zeigt nun in eine neue Richtung: reine Projektorganisationen, wie sie beispielsweise die sogenannten *Projekthäuser* darstellen, scheinen den heutigen Marktanforderungen am ehesten gerecht zu werden. Im Fokus der nachfolgenden Strukturfragen stehen deshalb nicht theoretische Organisationsmodelle mit ihren jeweiligen Vor- und Nachteilen, sondern vielmehr grundsätzliche Herausforderungen in der interaktiven und unternehmensübergreifenden Projektarbeit verschiedener Partner, wie sie heute in der Praxis überwiegend vorzufinden ist.

3.1 Das Projekthaus

Ein Design- oder Projekthaus, wie es in Abbildung 15 dargestellt ist, wird heute bereits für großvolumige Entwicklungsprojekte installiert. Ziel des Projekthauses ist eine projektorientierte Verzahnung der Kernkompetenzen des Automobilherstellers mit dem spezifischen Know-how seiner Zulieferer in einer gemeinsamen Infrastruktur, die entweder physisch vorliegt (in Form eines gemeinsamen Projektgebäudes) oder virtuell für die Projektlaufzeit eingerichtet wird. Die Vorteile einer damit verbundenen stärkeren Integration aller Partner in den Entwicklungsprozess liegen auf der Hand:

☐ Die Konzentration auf das Projekt wird erhöht, die Reaktionsfähigkeit in den laufenden Projekten nimmt zu und die Entscheidungsqualität verbessert sich durch die Zusammenarbeit im Projekthaus.

☐ Das Innovationspotenzial der Zulieferer kann durch die organisatorische Nähe der Mitarbeiter im Projekt besser berücksichtigt werden.

☐ Fehlende Ressourcen der OEMs können durch die Integration von qualifizierten externen Entwicklungspartnern in den Produktentstehungsprozess sehr einfach kompensiert werden.

☐ Die Kernkompetenzen des Automobilherstellers können für die Laufzeit des Projektes zielorientiert mit den verschiedenen Fähigkeiten der ausgewählten Zulieferer verzahnt werden.

Abbildung 15 zeigt beispielhaft die grundsätzliche Struktur eines Projekthauses, in dem der Automobilhersteller in Zusammenarbeit mit seinem strategischen Partner die technische Entwicklung für ein umfangreiches Projekt (über *n* Module) betreibt. Der strategische Partner (ob Entwicklungsdienstleister oder Bauteil-/Systemlieferant ist vorerst von untergeordneter Bedeutung) übernimmt die Verantwortung für unterstützende Querschnittsfunktionen wie das (Produkt-) Datenmanagement (PDM), Qualitätsmanagement (QM), Kosten, Termine und Logistik. Darüber hinaus trägt er die Verantwortung für das Supply Chain Management (SCM), indem er *n* Teile-/ Komponentenlieferanten in den verschiedenen Modulen des Projektes koordiniert.

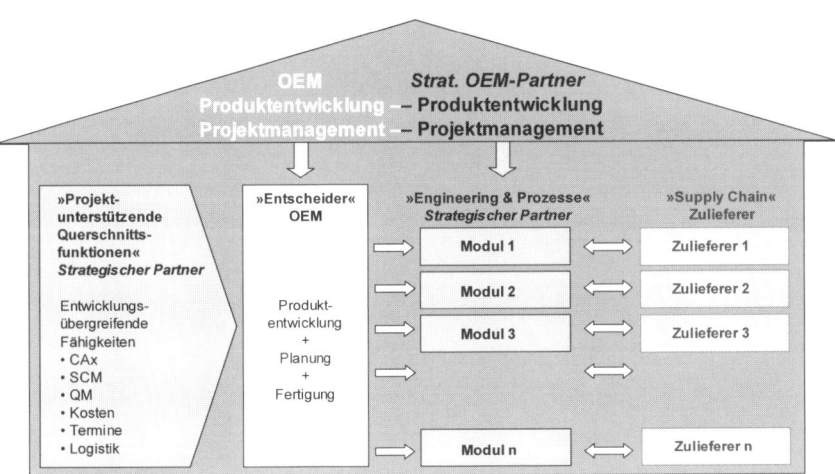

Abb. 15. Beispiel eines Projekthauses

Obgleich bekannt ist, dass sich durch ein solches Projekthaus die Reaktionsfähigkeit im Projekt deutlich erhöht, die Konzentration auf das Produkt zunimmt und erhebliche Verbesserungen in der Entscheidungsqualität zu erwarten sind, wird das Potenzial des Projekthauses bisher noch zu wenig konsequent genutzt. In der Praxis mangelt es an der disziplinierten Umsetzung der ursprünglichen Projekthausphilosophie.

Da räumliche Distanz den Informationsaustausch erschwert und eine regelmäßige Abstimmung nicht nur zwischen den Projektpartnern, sondern teilweise auch zwischen verschiedenen Tochterunternehmen der Automobilkonzerne (wie z.B. Audi, Bentley, Bugatti, Lamborghini, Seat, Skoda) und den Mutterhäusern (wie z.B. VW) erforderlich ist, bleibt unklar, weshalb der Projekthausgedanke nicht wie geplant, sondern nur ansatzweise umgesetzt wird. Ein durchgängiges Daten- und Informationsmanagement, wie es in nachfolgender Grafik 16 abgebildet ist, wird heute nur unzureichend realisiert. Unterschiedliche Produktdaten-Verwaltungssysteme der beteiligten Entwicklungspartner, fehlende Bereitschaft zur Systemintegration sowie mangelhafte Geheimhaltungsbarrieren *(»Firewalls«)* charakterisieren die aktuelle Situation und führen zu erheblichen Effizienzverlusten in der Projektarbeit.

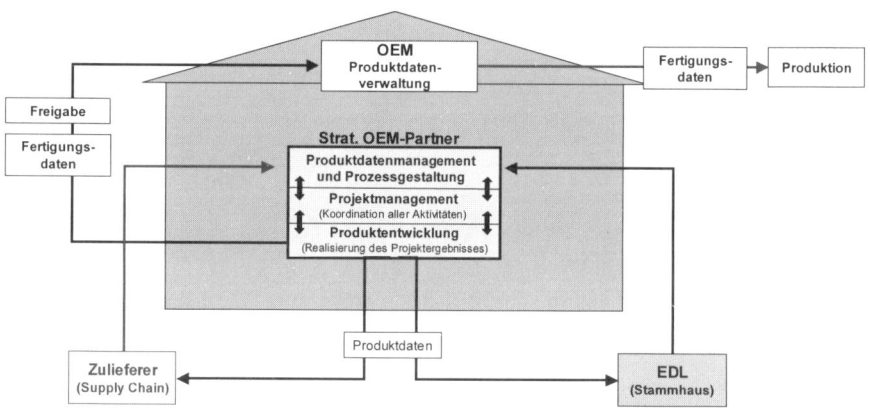

OEM: Original Equipment Manufacturer, EDL: Entwicklungsdienstleister

Abb. 16. Daten- und Informationsmanagement im Projekthaus

Es stellt sich also unwillkürlich die Frage, weshalb das Projekthaus als wirkungsvoll eingeschätztes Instrument in der Produktentwicklung bislang nur in Ausnahmefällen in der nötigen Konsequenz realisiert wurde. Viele

Projekthauskonzepte, die bereits Anfang der 90er Jahre entwickelt wurden, fanden nur selten den Weg in die operative Praxis. Obgleich der Projekthausgedanke in allen größeren Fahrzeugentwicklungen zumindest in der Akquisitionsphase immer wieder intensiv diskutiert und analysiert wird, verlieren die Beteiligten das Vorhaben spätestens zum Start des Projektes wieder aus den Augen.

Häufig scheitert die Umsetzung eines Projekthauses daran, dass man Spezialisten, die aufgrund ihres Qualifikationsprofils fachliche Alleinstellungsmerkmale in ihren Unternehmen besitzen, nicht für die gesamte Laufzeit eines Projektes verpflichten kann. Um dieses Problem zu vermeiden, erscheint es sinnvoll, Spezialisten wie etwa Berechnungsingenieure nur in der Konzept- und Konstruktionsphase einzubinden oder Spezialisten der Komponenten- und Systemerprobung erst in der Testphase zu integrieren. Dieses Vorgehen widerspricht nicht dem Grundgedanken des Simultaneous Engineerings (SE), sondern setzt die bestehenden Ressourcen lediglich rationeller und intelligenter ein. In manchen Projekten ist eine Tendenz erkennbar, »*Kernteams*« zu bilden und in Abhängigkeit des Projektfortschritts die erforderlichen Spezialisten zeitlich befristet in das Projekt einzubinden. Das jeweilige Kernteam begleitet – im Gegensatz zu den Spezialisten – das Projekt über die gesamte Laufzeit.

Darüber hinaus ist es von entscheidender Bedeutung, Gesamt- und Teilprojektleiter mit starken Persönlichkeitsprofilen zu nominieren und mit eindeutigen Kompetenzen auszustatten. Diese Kompetenzen beziehen sich nicht nur auf den Entwicklungsprozess selbst, sondern auch auf die übergeordnete Ressourcensteuerung im Projekt und somit auf die Koordination des gesamten Projekthauses. Klar geregelte Aufgaben, Kompetenzen und Verantwortlichkeiten im Projekt helfen, eine physische oder zumindest virtuelle Vernetzung auch tatsächlich sicherzustellen.

Letztlich ist darauf zu achten, die Mitarbeiter in den nominierten Kernteams der Projekte von allen anderen Aufgaben freizustellen *(»Think about in what business you are really in«, Peter F. Drucker)*. Projektmitarbeiter der Kernteams sollten somit keine Linienaufgaben oder sonstigen

Funktionen im Unternehmen einnehmen, um eine Priorisierung des Projektes zu gewährleisten. Eine starke Projektorientierung mit interdisziplinär zusammengesetzten Kernteams, losgelöst von starren Strukturen ist letztendlich nur durch eine klare und unmittelbare Konzentration auf das Projekt selbst zu erreichen.[14] Selbstverständlich ist in den Projektkalkulationen auch ausreichend Zeit für einen zielorientierten Informationsaustausch vorzusehen.

3.2 Kompetenzen und Verantwortlichkeiten

Um Gesamt- und Teilprojektleiter mit den entsprechenden Kompetenzen ausstatten zu können, ist es erforderlich, Aufgaben und Spielregeln zwischen Automobilherstellern und Zulieferern eindeutig zu vereinbaren.

Aus Sicht der Zulieferer tun sich die Automobilhersteller mit der Übergabe von Verantwortung noch außerordentlich schwer, lassen nicht wirklich los und sehen durch die Verlagerung von Arbeitsumfängen an qualifizierte externe Partner eine Gefährdung ihrer eigenen Arbeitsbereiche. Deshalb sehen sich strategische Zulieferer oftmals nicht in der Lage, die von den OEMs geforderte Generalunternehmer-Fähigkeit (GU) zielgerichtet und konsequent zu entwickeln und umzusetzen. Im Gegenzug suchen die Automobilhersteller gerade diese Fähigkeiten im Markt. Sie vermissen »echte Generalunternehmer«, denen sie bedenkenlos die Verantwortung für komplette Entwicklungsmodule übertragen können. Wesentliche Fähigkeiten wie beispielsweise die Beherrschung von »Eskalationsmanagement« basieren vielfach auf fundiertem Erfahrungswissen, das den Zulieferern bislang noch fehlt.

Da langfristig angelegte strategische Partnerschaften im Markt bisher eher selten zu finden sind, ist eine kontinuierliche Qualifizierung der Zulieferer bestenfalls in kleinen Schritten zu erreichen. Nach wie vor sind die Projekte stark OEM-geführt – mit der Konsequenz, dass nur wenig Spielraum für die Kreativität der Zulieferer bleibt.

Zwar wird seitens der Automobilhersteller stets gefordert, das Innovationspotenzial der Lieferpyramide in das Projekt zu integrieren, doch die erforderliche Anpassung der entsprechenden Strukturen und Kompetenzen wird noch zu wenig umgesetzt. Kunden-/Lieferantenverhältnisse, die jeweils nur für die Laufzeit eines Projektes vereinbart werden, lassen kaum Zeit und Raum zur Realisierung strategischer Effizienzpotenziale. Die Zulieferer sollten deshalb unbedingt darauf achten, dass spätestens bei Projektstart, besser noch in der Angebotsphase, in einer konzentrierten Klausur mit dem OEM Aufgaben, Kompetenzen und Verantwortlichkeiten festgelegt und schriftlich fixiert werden.

Ein ebenso einfaches wie wirkungsvolles Instrument zur klaren Abgrenzung von Aufgaben, Kompetenzen und Verantwortlichkeiten (AKV) ist das sogenannte Funktionendiagramm.[15] Dieses einfache Instrument vermeidet wirkungsvoll Doppelspurigkeiten oder fehlende Zuständigkeiten in der Projektarbeit. Es ist äußerst einfach in der Handhabung und stärkt das Verständnis für das Zusammenwirken von verschiedenen Beteiligten im Rahmen einer gemeinsamen Aufgabe. Eine frühzeitige Erarbeitung des Funktionendiagramms (im Idealfall bereits in der Angebotsphase) und entsprechende Diskussionen im Vorfeld eines Projektes stärken die Identifikation jedes einzelnen Mitarbeiters mit seiner Aufgabe und vermeiden spätere Friktionen. Abb. 17 zeigt das Funktionendiagramm für ein fiktives Konstruktionsprojekt eines Zulieferers.

Es ist irrelevant, von wem die Erstellung des Funktionendiagramms initiiert und getrieben wird. Entscheidend ist, dass die Spielregeln zum Projektstart mit allen Beteiligten eindeutig vereinbart wurden.

Konstruktionsprojekt Funktionen Aufgaben		Geschäfts-führer	Technische Gesamt-leitung	Teilprojekt-leiter 1	Teilprojekt-leiter 2	Sub-lieferant	Kauf-männische Leitung	Back-Office/Verwaltung	Kunde	Infor-mations-transfer
1.	Konstruktion gesamt	I	E,P			I			Eg	1x / Woche
1.1	Technische Entwicklung		K	P	I	I			P	1x / Woche
1.2	Fertigungsplanung		K	I	P	I			P	1x / Woche
1.3	Sonderprojekte / Mehrleist. (Fuktionsm., RPS, PDM, DMU)		K	I	I	P			P	1x / Woche
2.	Schnittstellenbetreuung (Datentransfer ...)		E,P	I	I	I			Eg	1x / Woche
3.	Techn. Berichtswesen gesamt	I	E,P	M	M	M	I	A	I	1x / Monat
3.1	Intern		E,P	M	M	M	I	A		1x / Monat
3.2	Extern		E,P						I	1x / Monat
4.	Kalkulation / Preisgestaltung	E, P	M				M			bei Bedarf
5.	Angebotserstellung	I	K				P	A		bei Bedarf
6.	CAD- / EDV- Organisation	E	P	M	M		I			
7.	Personal / Ressourceneinsatz	E	M	M	M		P			
8.	Projektcontrolling, Konsequenzen	I	E,P				M	A		1x / Monat
9.	Projekteinkauf (< 50.000 €)		E	P	P	I	I	A		
10.	Projekteinkauf (> 50.000 €)	E	K				P	A		

P: Prozessverantwortung
E: Entscheidung
M: Mitsprache
A: Ausführung
I: Information (Benachrichtigung)
K: Kontrolle
Eg: Grundsatzentscheidung

Abb. 17. Beispiel eines einstufigen Funktionendiagramms

Dieses Werkzeug ist auch deshalb besonders sinnvoll, weil die jeweiligen Funktionendiagramme verschiedener Module eines Projektes wieder zu einem übergeordneten Funktionendiagramm (Gesamtprojekt) zusammengefasst werden können (siehe Abb. 18).

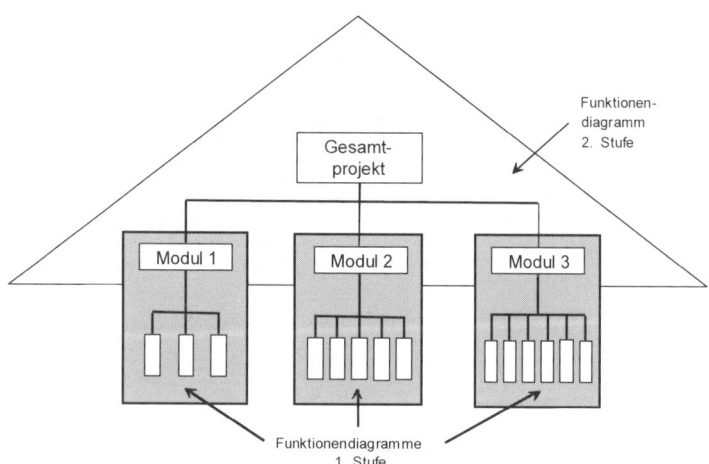

Abb. 18. Das mehrstufige Funktionendiagramm
       Quelle: Management Zentrum St. Gallen

Es ist unbestritten, dass ein gemeinsames Kooperationsverständnis sowie eine klare Regelung der Schnittstellen eine Grundvoraussetzung für langfristig angelegte strategische Partnerschaften ist. Mit Hilfe des Funktionendiagramms ist dieses gemeinsame Verständnis einfach zu erreichen und bildet somit das solide Fundament, auf dem strategische Partnerschaften entwickelt werden können.

3.3 Machtkämpfe und Doppelunterstellungen

Nicht selten kommt es zwischen mächtigen Unternehmensbereichen der Automobilhersteller – wie etwa den Entwicklungs- und Produktionsbereichen – aufgrund unterschiedlicher Zielsetzungen zu kontroversen Auffassungen in der Projekt-Realisierung, was unwillkürlich bereichspolitische Diskussionen und Machtkämpfe hervorruft. Leidtragend ist insbesondere die operative Projektarbeit. Fehlender Konsens zwischen starken Fakultäten des Automobilherstellers führt zu Terminproblemen und qualitativ nachteiligen Kompromisslösungen. Das Sprichwort, wonach ein Kompromiss erst dann vollkommen ist, wenn alle bekommen haben, was sie nicht haben wollten, beschreibt diese Situation treffend.

Reibungsverluste entstehen vor allem durch Schnittstellenprobleme. In den vorherrschenden Matrixorganisationen erschweren Doppelunterstellungen (Linie/Projekt) und ungenügende Vorfahrtsregelungen die Projektarbeit.[16] Vielfach ist in Unternehmen noch immer eine Dominanz der Linie anzutreffen, was in der Regel zu Problemen im Ressourcenmanagement für das Projekt führt. Auch hier hilft das Funktionendiagramm dabei, Aufgaben, Kompetenzen und Verantwortlichkeiten eindeutig zu regeln. Das Funktionendiagramm ist ein Werkzeug, dass sowohl in der unternehmensübergreifenden Zusammenarbeit als auch in der unternehmensinternen Beschreibung von Aufgaben, Kompetenzen und Verantwortlichkeiten von hohem Wert ist.

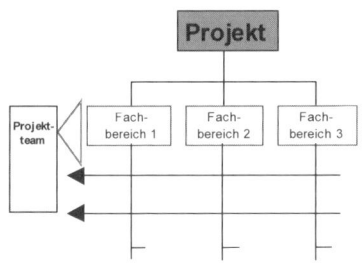

Abb. 19. Matrixorganisation mit Vor- und Nachteilen

Es liegt noch erhebliches Optimierungspotenzial in der Zusammenarbeit zwischen Automobilherstellern und Zulieferern. Eine Doppelung von Fähigkeiten, die sowohl auf Hersteller- wie auch auf Zuliefererseite vorhanden sind, ist selbstverständlich nicht sinnvoll, führt außerdem häufig zu Friktionen und Rechtfertigungen zwischen den Projektpartnern und sollte unbedingt vermieden werden. Automobilhersteller, die heute noch Querschnittsfunktionen wie Qualitätsmanagement, Logistik oder Supply Chain-Steuerung wahrnehmen, sollten die Rollenverteilung mit ihren Zulieferern daher klar definieren. Spezialisten in der Detailarbeit, wie sie bei den Zulieferern häufig zu finden sind, sollten sich auf ihre Kernaufgabe konzentrieren können – nämlich technische Innovationen in das Produkt zu integrieren – und nicht Kompetenzen gegenüber dem Kunden rechtfertigen zu müssen.

Dies setzt voraus, dass Automobilhersteller lernen »*loszulassen*« und ihren strategischen Partnern nicht nur neue, weitreichendere Aufgaben zu geben, sondern sie auch mit den entsprechenden Kompetenzen zu deren Bewältigung auszustatten.

3.4 Entwicklungsdienstleister als Prozessintegratoren

Die Tendenz, künftig Fahrzeuge verstärkt in wenige, klar getrennte Module aufzuteilen und für diese Module verantwortliche Systemlieferanten zu benennen, wird weiter zunehmen. Treiber für diesen Trend ist die daraus resultierende geringere Komplexität für den Automobilhersteller. Der OEM kann auf diese Weise nicht nur die Anzahl seiner direkten Lieferanten reduzieren, sondern auch die Verantwortung für einzelne Systeme und das damit verbundene technische und wirtschaftliche Risiko zum Zulieferer verlagern. Um die Gefahr von Abhängigkeiten von den Zulieferern zu vermeiden und eigene Kernkompetenzen zu schützen, werden die Automobilhersteller jedoch gleichzeitig ihre Insourcing-Strategien weiter intensivieren. Beide Entwicklungen lassen den klassischen Entwicklungsdienstleistern wenig Chancen, künftig in ihrem herkömmlichen Geschäftsfeld zu wachsen.

Abgesehen von den großen sogenannten *»Tier-0,5«*-Systemintegratoren, die Nischenfahrzeuge nicht nur in vollem Umfang entwickeln, sondern diese auch selber produzieren können, wird der Markt für klassische Entwicklungsdienstleister zunehmend kleiner. Eine spürbare Konsolidierung, wie sie im ersten Kapitel bereits ausführlich beschrieben wurde, findet in der Branche bereits statt. Vor allem jene Entwicklungsdienstleister werden bei der Vergabe von größeren Projekten künftig eine Rolle spielen, die über ein klar abgegrenztes fachliches Kompetenzprofil verfügen (z.B. Motorentwicklung) und deshalb in ihren Fachbereichen einen wettbewerbsfähigen Vorsprung haben und halten können. Klare Kompetenzprofile gewinnen somit an Bedeutung.

Um das bedrohlicher werdende Ausscheidungsturnier erfolgreich bestehen zu können, erscheinen für die Entwicklungsdienstleister heute folgende Wege sinnvoll:

(1) entweder sie entwickeln sich zum sogenannten »Tier-0,5«-Systemintegrator

(2) oder sie werden durch eine gezielte Differenzierung in fachlich abgegrenzten Kompetenzfeldern zum Innovationspartner der OEMs

(3) oder sie übernehmen verstärkt Koordinationsaufgaben in der Lieferpyramide.

Sowohl als Spezialist in einem bestimmten Fachgebiet (2) als auch als Koordinator übergreifender Entwicklungsprozesse (3) können die Entwicklungsdienstleister künftig wesentlich dazu beitragen, dass Entwicklungsprojekte effizienter werden. Als »Tier-0,5«-Systemintegrator (1) verantworten sie die Entwicklungsprojekte sowieso.

Der klassische Entwicklungsdienstleister, der über keine spezifischen bzw. herausragenden Kernkompetenzen verfügt, wird sich also verstärkt auf die Integration und Koordination von Modulen konzentrieren müssen, die von den Systemlieferanten entwickelt und verantwortet werden. Da es bislang noch keine standardisierten Schnittstellen zwischen den verschiedenen Modulen eines Fahrzeugs gibt, wird es in Zukunft darauf ankommen, zwischen den verschiedenen Modulen eine klare Trennung im Projekt vorzunehmen und die Schnittstellen exakt zu definieren. Diese Aufgabe kann nur der Automobilhersteller leisten. Die zentrale Herausforderung bei der Umsetzung dieser Aufgabe besteht für die OEMs darin, die Entwicklungsdienstleister in ihrer geänderten Rolle als Koordinatoren effektiv einzusetzen und deren fundiertes Erfahrungswissen ergebnisorientiert zu nutzen.

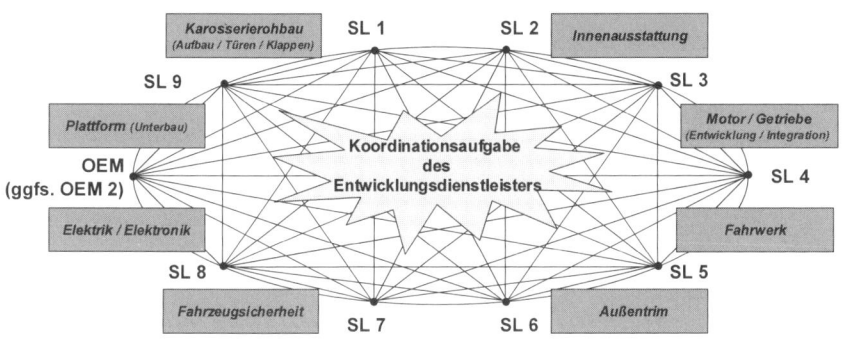

Abb. 20. Koordinationsfunktion des Entwicklungsdienstleisters im Fahrzeugentstehungsprozess

Eine neue Form der Zusammenarbeit zwischen dem Automobilhersteller, dem Entwicklungsdienstleister in seiner veränderten Rolle als Koordinator und den Systemlieferanten ist erforderlich, um Effizienzpotenziale in der Produktentstehung ergebniswirksam realisieren zu können. Eine starke Projektorientierung mit interdisziplinär zusammengesetzten Teams – losgelöst von Hierarchien und frei von starren Strukturen – muss diese Zusammenarbeit prägen. Die Rollen der Beteiligten müssen klar definiert und in Funktionendiagrammen eindeutig beschrieben werden.

»*The integration of all key business processes across the supply chain is what we are calling supply chain management*« (Cooper und Lambert). Diese Definition von Supply Chain Management kann direkt auf die künftige Rolle des koordinierenden Entwicklungsdienstleisters im Rahmen der Produktentstehung übertragen werden. Die Planung und Steuerung des Funktionsflusses, Datenflusses und gegebenenfalls auch Kapitalflusses aus einer Hand ist sinnvoll, um in vernetzten Lieferketten entsprechende Kostensenkungspotenziale erzielen zu können. Dieses neue strategische Geschäftsfeld für Entwicklungsdienstleister erfordert neben fundiertem fachlichen Know-how auch Methoden- und Integrationskompetenz, die gemeinsam mit den Projektpartnern konzipiert, entwickelt und realisiert wird.

3.5 Integrierter Fahrzeugentstehungsprozess

»Simultaneous Engineering« oder *»Lean Product Engineering«* sind im Sprachgebrauch der Branche heute eindeutige Begriffe. Kurioserweise wird der Fahrzeugentstehungsprozess selbst oft noch sehr unterschiedlich definiert. Angelehnt an die Definition des Fahrzeugentwicklungsprozesses des VDA, der die Projektarbeit der Automobilindustrie in die Segmente *»Projektmanagementprozesse«* und *»Technikprozesse«* gliedert, zeigt Abbildung 21 den klassischen Fahrzeugentstehungsprozess in seinen verschiedenen Phasen:

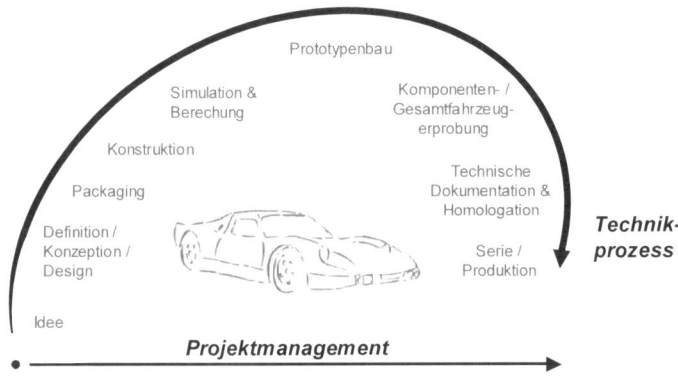

Abb. 21. Klassischer Fahrzeugentstehungsprozess von der Idee bis zur Serie

Projektmanagement findet dabei sowohl in den einzelnen Entwicklungsphasen der Prozesskette (Konstruktion, Prototypenbau, ...) als auch übergreifend von der Idee bis zum Serienstart, das heißt über den gesamten Fahrzeugentstehungsprozess hinweg, statt.

Die zunehmende Anzahl an Fahrzeugprojekten – ausgelöst durch die Modell- und Variantenausweitung der Automobilhersteller zur Individualisierung ihrer Produkte und Besetzung aller Marktsegmente – bedingt auch, dass die Geschwindigkeit in der Entwicklung *(»Time to Market«)* weiterhin zunehmen wird. Die nur begrenzt wachsenden Ressourcen sowie reduzierte Zeit- und Finanzbudgets der Hersteller für jedes Projekt bewirken einen enormen Druck auf den Fahrzeugentstehungsprozess, der folglich erheblich effizienter als bisher gestaltet werden muss.[17]

Eine Optimierung der Zusammenarbeit zwischen Automobilherstellern und Zulieferern setzt voraus, dass die Projektpartner der OEMs frühzeitig in die Produktentstehung integriert werden. Nur eine frühzeitige Nominierung und Integration der Zulieferer ermöglicht eine verzahnte, aufeinander abgestimmte Arbeitsweise und vermeidet eine Doppelung von Kompetenzen, Aufgabenvakuums oder fehlende Zuständigkeiten.

Das gleiche trifft auf die Planung und Fertigung (einschließlich Qualitätswesen) zu, die bereits in einer frühen Produktentstehungsphase in den Prozess eingebunden werden müssen (vgl. Kapitel 5). Beides sind wesentliche Erfolgsfaktoren für eine Effizienzsteigerung. Die bereits in der Anfangsphase eines Projektes frühzeitige Verifizierung und Validierung, ob ein Produkt auch in der angestrebten Form realisiert werden kann, reduziert zeit- und kostenintensive Entwicklungsschleifen und verbessert das Projektergebnis nachhaltig. Die vielfach von Automobilherstellern angestrebte Einsparung von Prototypenbaustufen lässt sich nur erreichen, wenn sich die oben genannten Fakultäten bereits früh in die Produktentstehung einbringen und zu bestimmten Synchronisationspunkten eine Bewertung der Entwicklungsstände im Detail vornehmen. Iterative Paralleluntersuchungen fertigungstechnischer Machbarkeiten durch Planung und Fertigung erhöhen die Prozesssicherheit in der Fahrzeugentstehung und bewirken in frühen Entwicklungsphasen eine höhere Datenqualität, die das Entwicklungsrisiko reduziert.

Auch ein systematisches Änderungsmanagement – etwa auf der Basis von bestimmten Frühindikatoren wie die Reifegradbewertung von Konzepten – setzt voraus, dass die Bereiche Planung und Fertigung (Qualitätswesen) frühzeitig eingebunden werden. Nur so lassen sich Entwicklungsrisiken bewerten und rechtzeitig entsprechende Gegenmaßnahmen vorbereiten. Voraussetzung hierfür ist, dass Vorabentwicklungsstände regelmäßig und konsequent untersucht und aktualisiert werden, damit Techniken wie *»Digital Mock Up«* (DMU: Untersuchungen bezüglich konstruktiver Überschneidungen etc.) prozessübergreifend wirken und alle am Projekt beteiligten Fakultäten auf aktuelle Entwicklungsstände zugreifen können.

Die größten Herausforderungen auf dem Weg zu einer effizienteren Produktentstehung liegen in der Synchronisation aller beteiligten Projektpartner. Um den Produktentstehungsprozess deutlich effizienter als bisher gestalten zu können, ist es zielführend, einen neutralen und unabhängigen Partner in die Projektarbeit einzubinden, der alle am Projekt beteiligten Parteien zu einem optimal funktionierenden Netzwerk zusammenfügt. Dieser Partner, nachfolgend als »*Prozessintegrator*« bezeichnet, muss neben konkretem branchenspezifischem Automotive-Wissen in fachlicher Hinsicht auch über fundiertes methodisches Know-how verfügen, was die Gestaltung und den Ablauf von Produktentstehungsprozessen betrifft (vgl. Kapitel 5). Der Prozessintegrator verfolgt dabei – in Zusammenarbeit mit dem Automobilhersteller, der in der Regel die Zulieferer nominiert – einen »*Best-of-Class*«-*Ansatz*, indem er Spezialisten, die überdurchschnittliche Produktleistungen mit hohem Innovationsgrad in ein Projekt einbringen können, zielorientiert koordiniert. »*Best-of-Class*« bedeutet natürlich auch, dass die ausgewählten Partner neben überdurchschnittlichen Produkt- und Service-Leistungen auch kostenseitig wettbewerbsfähig sind.

Durch die Arbeit des neutralen Prozessintegrators, der die erforderlichen Steuerungs- und Koordinationsaufgaben übernimmt, können sich die System- und Komponentenlieferanten wieder verstärkt auf ihre technischen Kernaufgaben konzentrieren. Prozessintegratoren werden in anderen Branchen – wie etwa dem Bauwesen oder der Luft- und Raumfahrtindustrie – bereits seit Jahren erfolgreich in die Projektarbeit integriert, wo sie auch unter der Bezeichnung »*Allianz-*« oder »*Partnermanager*« fungieren.

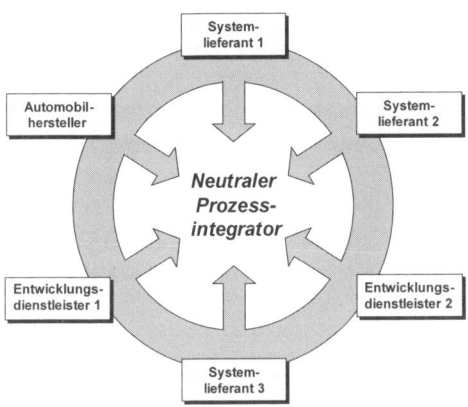

Abb. 22. Koordinationsfunktion des neutralen Prozessintegrators

Ein synchronisiertes Schnittstellenmanagement zwischen allen Partnern ist die Grundvoraussetzung, um eine prozess- und modulübergreifende Zusammenarbeit von verschiedenen Partnern überhaupt zu ermöglichen. *Frontloading* in der Produktentstehung (d.h. die frühzeitige Absicherung von Entwicklungsergebnissen zur Reduzierung des Entwicklungsrisikos) setzt ein professionelles und prozessorientiertes Schnittstellenmanagement voraus.

Projektspezifisch konzipierte Produktentstehungsprozesse funktionieren nur dann, wenn für die verschiedenen Entwicklungsmodule in den einzelnen Entwicklungsphasen alle jeweiligen Reifegrade (Entwicklungsstände) objektiv und wahrheitsgetreu bewertet und kommuniziert werden. Quality Gates, Freigaben und Ampellisten helfen nur unter der Prämisse, dass auch der Langsamste im Fahrzeugentstehungsprozess offen und der Wahrheit entsprechend kommuniziert. Auch hier kann der neutrale Prozessintegrator einen wesentlichen Beitrag leisten, indem er einheitliche Standards für alle Partner in der Produktentstehung definiert und entsprechende Werkzeuge zur Bewertung und Verbesserung der Entwicklungsarbeit zur Verfügung stellt (etwa Systeme für Konfigurationsmanagement, optimiertes Produktdatenmanagement o.a.). Dadurch können sich die Automobilhersteller, Entwicklungsdienstleister, System- und Komponentenlieferanten besser auf ihre technischen Kernaufgaben konzentrieren.

Planung und Fertigung (Qualitätswesen) frühzeitig und deutlich eher als bisher in die Entwicklungsprozesse einzubinden, kann ebenfalls die Aufgabe des neutralen Prozessintegrators sein, nachdem er für alle Module des Fahrzeugs die Fakultäten Produktentwicklung, Planung und Fertigung koordiniert. Informationsflut sowie Informationsbrüche muss der Prozessintegrator wirksam unterbinden. Auch muss er für die entsprechende Software sowie die IT-Kompatibilität im Projektmanagement (vgl. Kapitel 5) sorgen.

Das technische Lastenheft, in dem alle Produktspezifikationen als Entwicklungsziele vereinbart werden, sollte in kooperativer Zusammenarbeit mit den Zulieferern entstehen und eng mit den Bereichen Planung und Fertigung abgestimmt werden, um Risiken im Projekt zu reduzieren. Auch hier kann der neutrale Prozessintegrator die Koordination der Lastenhefterstellung sowie der Vertragsgestaltung zwischen den beteiligten Partnern übernehmen.

Das nachfolgende Bild 23 zeigt das Zusammenspiel von Automobilhersteller, Entwicklungsdienstleister und System-/Komponentenlieferant sowie die Koordinationsfunktion eines neutralen Prozessintegrators.[18]

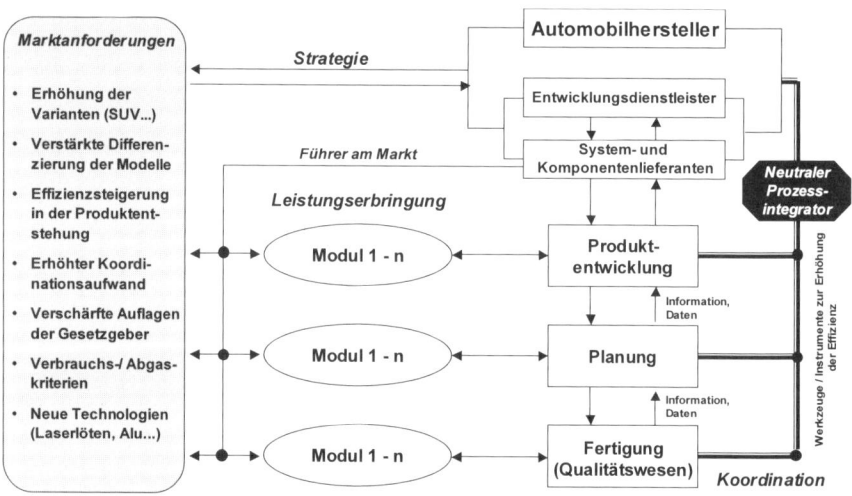

Abb. 23. Steuerungsaufgabe des neutralen Prozessintegrators
In Anlehnung an: Viable System Model von Stafford Beer

Die abgebildete Struktur unterscheidet sich wesentlich von herkömmlichen Aufbauorganisationen, wie sie vielfach Verwendung finden. Sie unterscheidet sich aber auch von typischen, meist horizontal angelegten Ablauforganisationen, sprich Prozessschaubildern.[19] Effizientere Produktentstehungsprozesse setzen neuartige Strukturen voraus, was Peter F. Druckers Managementgrundsatz »*Structure follows Process follows Strategy*« unterstreicht.

3.6 Der Management-Navigator II

Analog zum Abschluss des zweiten Kapitels werden an dieser Stelle die wesentlichen Inhalte dieses dritten Kapitels zusammengefasst und konkrete Handlungsfelder für das Einzelunternehmen im *Management-Navigator* dargestellt. Im Fokus des Management-Navigators II liegt die zusammenfassende Darstellung von kausalen Zusammenhängen der behandelten Handlungsfelder dieses dritten Kapitels. Der Management-Navigator ist eine Orientierungshilfe für Führungskräfte, um Defizite und Fehler im Unternehmen eindeutig identifizieren und deren Ursachen aufspüren zu können. Die strukturierte und sukzessive Nachbereitung der behandelten Inhalte am Ende des Kapitels ist somit die Basis für eine Schwachstellenanalyse im eigenen Unternehmen, da es die Abhängigkeiten der behandelten Unternehmensmodule in einen ganzheitlichen Zusammenhang bringt.

3.6.1 Markt

Die tiefgreifenden Umstrukturierungen in der internationalen Automobilindustrie betreffen heute verstärkt den Fahrzeugentstehungsprozess. Während sich die Branche in den 90er Jahren überwiegend auf Strategien zur Verbesserung der Produktivität und der Fertigungsprozesse konzentrierte, beschäftigt sie sich heute intensiv mit dem Zugewinn an Effektivität und Effizienz in der Produktentstehung (vgl. Kapitel 4).

Die begrenzten Ressourcen an Kapital und Manpower sowie die aus Wettbewerbsgründen immer raschere Folge an neuen Modellen und Varianten und die immer kürzeren Entwicklungszeiten *(»Time to customer«)* bedeuten eine gigantische Herausforderung für alle Unternehmen der Branche – für die Automobilhersteller ebenso wie für ihre Zulieferer.

Der Markt ist geprägt von In- und Outsourcingstrategien, einer Jagd nach Differenzierungsmerkmalen und Innovationen, Fahrzeugen mit immer mehr Leistungsmerkmalen *(»Features«)* und einer zunehmenden Integration von Elektronik und Software sowie hochkomplexen Ablaufprozessen in der Entwicklungskette *(»Engineering Supply Chain«)* – und das bei steigendem Druck auf Zeit und Kosten in einem außerordentlich schwierigen Marktumfeld.

Als im Frühjahr 2002 der Entwicklungschef eines renommierten deutschen Automobilherstellers von seinen Entwicklungs- und Konstruktionspartnern eine 30%ige Effizienzverbesserung für künftige Leistungen forderte, schockte er damit eine ganze Branche. Heute, zwei Jahre später, ist es üblich, dass Zulieferer in der Akquisition von Projekten wirksame Maßnahmen benennen müssen, wie sie ihre Effizienz bezüglich Zeit und Kosten bei gleichzeitig verbesserter Effektivität steigern wollen (vgl. Kapitel 4). Die geforderte Effizienzsteigerung verlangt von den Zulieferunternehmen Anpassungsleistungen im eigenen Produktentstehungsprozess sowie in den bestehenden Organisationsstrukturen.

Ausgehend von diesem Anforderungsprofil werden mehr und mehr unternehmensübergreifende Fahrzeugentstehungsprozesse konzipiert, die eine erhebliche Verbesserung der Effizienz und Effektivität ermöglichen. Folgende Faktoren sind dabei entscheidend:

- professionelles Schnittstellenmanagement mit allen Projektpartnern zur Synchronisation des Fahrzeugentstehungsprozesses;

- Frontloading durch frühzeitige Integration der verschiedenen Projektpartner sowie der Funktionen Planung und Fertigung (Qualitätswesen) im Hinblick auf fertigungstechnische Machbarkeiten;
- konsequentere Nutzung vorhandener Informationstechnologien (z.B. PDM) und systematische Verfolgung des Änderungsmanagements (z.B. Konfigurationsmanagement);
- Einbindung eines neutralen Prozessintegrators.

Anhand dieser Faktoren wird klar, was Organisationsstrukturen künftig leisten müssen, um dem gestiegenen Anforderungsprofil in den Fahrzeugentstehungsprozessen zu genügen.

3.6.2 Organisationsstruktur

Effizientere Produktentstehungsprozesse erfordern von allen Partnern Organisationsstrukturen, die eine unternehmensübergreifende Zusammenarbeit erleichtern bzw. optimieren. Strategische Partnerschaften und kollaborative Netzwerke im Rahmen der gemeinsamen Projektarbeit setzen andere als die bisher bestehenden Organisationsformen voraus; nämlich solche, die die Vorteile einer verzahnteren Zusammenarbeit gewinnbringend und wertsteigernd umsetzen können. Mehr denn je werden Projekte künftig in strategischen Netzwerken abgearbeitet, was vom Einzelunternehmen ein Höchstmaß an Integrationskompetenz erfordert. Die Konzeption neuer, angepasster Organisationsstrukturen ist marktgetrieben und muss deshalb in der Unternehmenspolitik und der strategischen Planung berücksichtigt werden:

- gezielte Entwicklung von strategischen Partnerschaften und Kooperationen;
- konsequente Realisierung von Projekthauskonzepten;
- klare Positionierung in der Lieferpyramide (bzw. Weiterentwicklung: z.B. vom Entwicklungsdienstleister zum Prozessintegrator).

Die Unternehmenspolitik definiert also wiederum die Leitplanken, in deren Grenzen die Unternehmensstruktur entwickelt wird. Die Entwicklung der Organisation muss sich primär an den vom Markt geforderten Prozessen in der Fahrzeugentstehung orientieren und Strukturen schaffen, die es ermöglichen, die Ziele aus der strategischen Planung zu realisieren. Ob funktionale Stab-/ Linienorganisationen, Matrixorganisationen oder divisionale Organisationen entwickelt werden, ist von untergeordneter Bedeutung. Entscheidend ist, dass die Organisationsstruktur des Unternehmens transparent und verständlich ist. Um Doppelspurigkeiten und Schnittstellenprobleme auch innerhalb des Unternehmens zu vermeiden, ist es ratsam, sich wieder jener Funktionendiagramme zu bedienen, die für die unternehmensübergreifende Zusammenarbeit bereits erstellt wurden.

Die Organisationsstruktur wirkt sich direkt auf die operative Planung aus, weil sie die Strukturen vorgibt, für die geplant wird: Das Management, zentrale Dienste, operative Einheiten und Projektmanagement werden in der Organisationsstruktur festgelegt und sind integrale Bestandteile der operativen Unternehmensplanung.

3.6.3 Funktionendiagramm

Das in diesem Kapitel beschriebene Funktionendiagramm, einstufig oder mehrstufig, ist ein geeignetes Werkzeug, um Aufgaben, Kompetenzen und Verantwortlichkeiten unternehmensintern *und* unternehmensübergreifend eindeutig zu regeln, wobei die Dimensionen *»Wer ist wofür verantwortlich?«* (Funktionen) und *»Was muss konkret geleistet werden?«* (Aufgaben) in Verbindung gebracht werden.

Die horizontale Leserichtung des Funktionendiagramms beschreibt eindeutig die Schnittstellen in jedem Aufgabenbereich eines Projektes. Professionelles Schnittstellenmanagement mit allen Projektpartnern wird mit Hilfe des Funktionendiagramms erheblich vereinfacht, was gerade in unternehmensübergreifenden Projekten von zentraler Bedeutung ist. Die vertikale Leserichtung des Funktionendiagramms führt zu einer eindeutigen Funktionsbeschreibung jedes Projektbeteiligten und regelt seine Kompetenzen und Verantwortlichkeiten.

Unternehmensübergreifende Funktionendiagramme, die aus der Notwendigkeit resultieren, Schnittstellen in kollaborativen Projekten eindeutig zu definieren, wirken sich direkt auf die Funktionsbeschreibung des einzelnen Mitarbeiters aus. Da projektbeteiligte Mitarbeiter in der Regel nicht nur bestimmte Aufgaben in einem einzigen unternehmensübergreifenden Projekt wahrnehmen, sondern in verschiedenen (auch unternehmensinternen) Projekten arbeiten, gilt es stets, eine Vielzahl von Funktionendiagrammen in der Funktionsbeschreibung des einzelnen Mitarbeiters zu berücksichtigen. Effiziente strategische Partnerschaften und kollaborative Netzwerke werden erst dann möglich, wenn die Funktionsbeschreibungen einzelner Mitarbeiter im Unternehmen abgestimmt sind und dem Anforderungsprofil des Marktes entsprechen.

Funktionendiagramme verbinden somit unternehmensübergreifende Aufgaben von Mitarbeitern mit konkreten Funktionsbeschreibungen im Einzelunternehmen. Diese konkreten Funktionsbeschreibungen, die sich aus einer Vielzahl von Aufgaben in verschiedenen unternehmensübergreifenden und unternehmensinternen Projekten ergeben, können wiederum zu einem Funktionendiagramm zusammengefasst werden.

3.6.4 Funktionsbeschreibung

Erst die Funktionsbeschreibung als Summe und Ergebnis der verschiedenen Funktionendiagramme (aus mehreren Projekten) ermöglicht eindeutige Zielvereinbarungen, da in diesem alle Aufgaben einer Funktion zusammengefasst werden. Prinzipiell ist eine Funktionsbeschreibung personenneutral zu gestalten, wobei in der Praxis Funktionen häufig in Abhängigkeit der spezifischen Potenziale von Mitarbeitern geschaffen werden (vgl. Kapitel 4). Dies ist grundsätzlich nicht falsch, da die individuellen Potenziale der Mitarbeiter so besser genutzt werden können. Der stärkenkonforme Einsatz von Mitarbeitern sollte stets im Vordergrund stehen, um die Fähigkeiten der Mitarbeiter für den Unternehmenserfolg effektiver ausschöpfen zu können.

Quantitative und qualitative Zielvereinbarungen mit den verschiedenen Funktionsinhabern sind so einerseits Ziele des Unternehmens (durch den Input aus der operativen Planung) und andererseits Ziele von unternehmensübergreifenden Projekten (durch den Input aus den verschiedenen Funktionendiagrammen). Konkrete Ziele, die stets in Ergebnisform zu formulieren sind, müssen beide Komponenten verbinden. Aus den Anforderungen und Zielsetzungen der Funktionsbeschreibung resultiert selbstverständlich auch die erfolgsabhängige Vergütung (eaV), in der die Ziele den konkreten Leistungen gegenübergestellt werden. Auch das Grundgehalt eines Mitarbeiters, das in direktem Zusammenhang mit seiner Kompetenz und seiner Verantwortung steht, ergibt sich aus der Funktionsbeschreibung.

3.6 Der Management-Navigator II 69

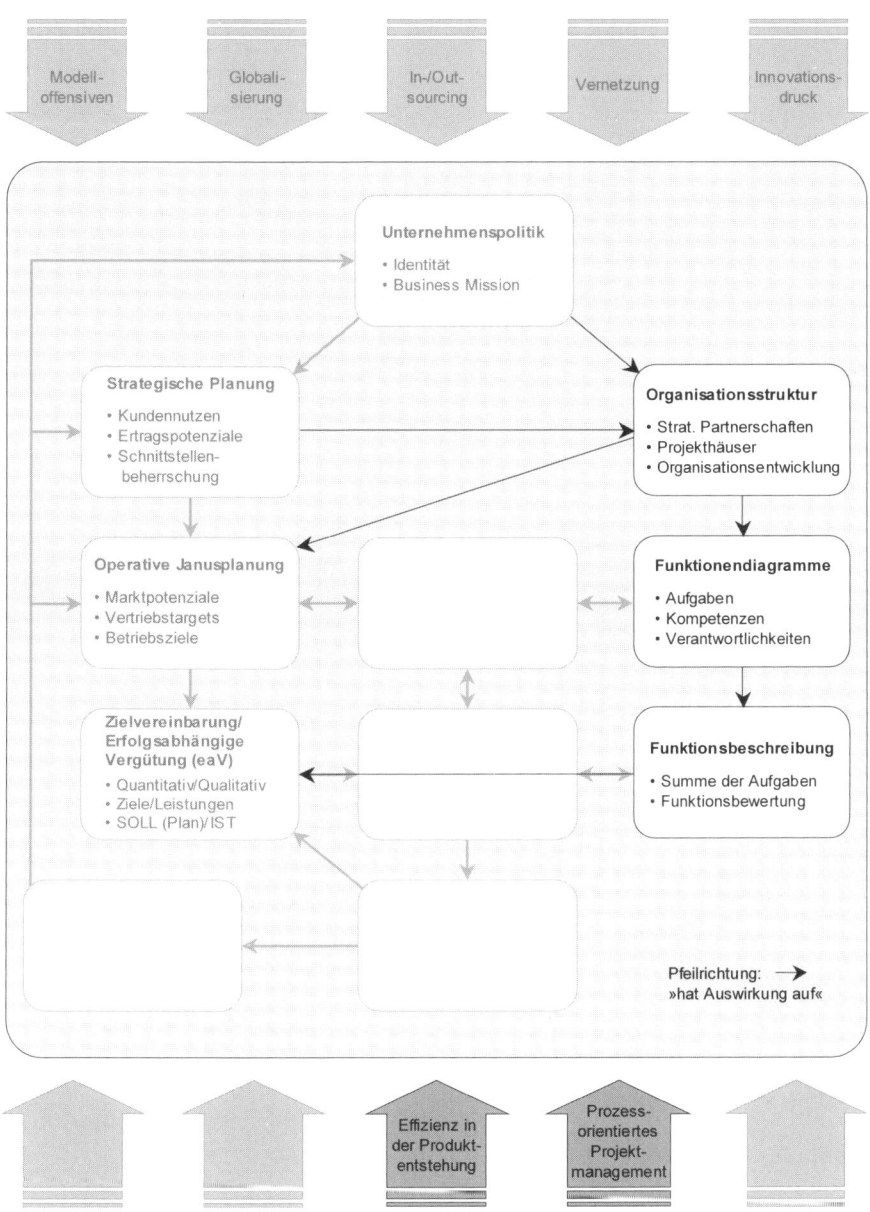

Abb. 24. Die in Kapitel 2 **und 3** erörterten Handlungsfelder im Wirkungsgefüge des Management-Navigators

4 Von der Planung zur Zielrealisierung

Mit der im zweiten Kapitel erörterten (strategischen und operativen) Planung, die aus den Marktanforderungen und der Unternehmenspolitik resultiert, sowie der im dritten Kapitel thematisierten Organisations- und Prozessgestaltung in der Produktentstehung sind wesentliche Kriterien für eine erfolgreiche Unternehmensentwicklung beschrieben. Eine marktgerechte Strategie, effiziente Strukturen und Prozesse sowie eindeutige Ziele sind die Basis aller erfolgreichen Projekte und Unternehmungen. Dieser Grundsatz gilt für jede Branche und jede Unternehmensgröße.

Es muss klar sein, wohin wir als Unternehmen wollen, und wie wir das anvisierte Ziel erreichen können. Unternehmensziele müssen eindeutig und unmissverständlich formuliert sein, um die richtigen Maßnahmen zur Zielerreichung ergreifen zu können. Ziele müssen bekannt sein, um die erforderlichen Mittel – Ressourcen und Werkzeuge – bestimmen zu können, die zur Zielerreichung benötigt werden. Nachdem also eine marktorientierte Strategie festgelegt wurde, Strukturen mit klaren Aufgaben, Kompetenzen und Verantwortlichkeiten vereinbart sowie eindeutige Unternehmensziele definiert wurden, beginnt die entscheidende Phase: die Umsetzung der Ziele in konkrete und messbare Resultate. Der Weg von der Planung zur Realisierung konkreter Ziele stellt die größte Herausforderung dar, da er durch zahlreiche Unwägbarkeiten, Rückschläge und Bedenken gekennzeichnet ist.

Analog zu Kapitel 3 beziehen sich die folgenden Ausführungen erneut auf die Produktentstehung eines Automobils, da in dieser Phase bereits die Weichen gestellt werden, die über den künftigen Erfolg oder Misserfolg eines Automobilzulieferers maßgeblich entscheiden werden.

Die hinlänglich beschriebene Forderung des Marktes nach mehr Effizienz in der Produktentstehung führte in den vergangenen Jahren zu einer Vielzahl von Beratungsprojekten und Weiterbildungsangeboten in der Branche, die oft in sehr theoretischen und schwer verständlichen Management-Modellen mündeten – leider ohne jeden Praxisbezug. Gerade die klassische Beratungsbranche gerät daher zunehmend unter Druck, da branchenfremde »*Spezialisten*« Effizienzsteigerungskonzepte entwickeln, die weit an den Marktbedürfnissen vorbeigehen und deshalb nicht selten in der Schublade landen.

In zahlreichen Kongressen, Symposien und Seminaren wurde das Thema »*Effizienzsteigerung in der Produktentstehung*« bereits beleuchtet und ist zum Gegenstand zahlreicher Veröffentlichungen geworden. Kreative Wortschöpfungen wie »*Automotive-coopetition*« entstehen, das sich aus den englischen Begriffen »*cooperation*« und »*competition*« zusammensetzt. Basierend auf pseudowissenschaftlichen und spieltheoretischen Forschungen beschreibt »*coopetition*« die Situation, in der die Vorteile des Konkurrenzdrucks mit denen der Kooperation verknüpft werden sollen. Ob »*kooperativer Wettbewerb*« oder »*wettbewerbliche Kooperation*« ist nicht wirklich entscheidend – maßgeblich ist, dass die Auseinandersetzung mit der Effizienzsteigerung in der Produktentstehung praxisorientiert erfolgen muss, um richtige Antworten zur konkreten Zielerreichung geben zu können.

Auf der Suche nach wirksamen und praxisorientierten Antworten initiierte Automotive Management Consulting im November 2002 eine wissenschaftlich fundierte Studie zum Thema »*Effizienzsteigerung in der*

Fahrzeugentstehung«, die ein Jahr später unter dem Titel *»Automobilentwicklung in Deutschland – wie sicher in die Zukunft?«* veröffentlicht wurde. Die Studie, die in Zusammenarbeit mit dem Fraunhofer-Institut für Arbeitswissenschaft und Organisation (IAO), PROMIND sowie der Firma hab.projekt.coaching erstellt wurde, liefert klare und praktikable Handlungsempfehlungen zur Effizienzsteigerung, die in der kooperativen Produktentstehung zwischen Automobilherstellern und Zulieferern zu beachten sind. Nachfolgend werden die wesentlichen Erkenntnisse der Studie in Kurzform zusammengefasst.[20]

4.1 Studie zu mehr Effizienz in der Fahrzeugentstehung

Auslöser für die Studie *»Automobilentwicklung in Deutschland – wie sicher in die Zukunft?«* war ein internationaler Kongress im Oktober 2002. Für diesen Kongress organisierte Automotive Management Consulting ein unternehmensübergreifendes Diskussionsforum zum Thema *»30 Prozent mehr Effizienz in der Fahrzeugentstehung – Fiktion oder greifbare Realität?«*, in dem erste Arbeitshypothesen für eine effizientere Aufgaben- und Rollenverteilung in der Zulieferpyramide erarbeitet wurden. Basierend auf diesen Erkenntnissen, die im Anschluss in einer fundierten Vorstudie vertieft und im Kongressband *»Challenges between Competition and Collaboration«* publiziert wurden, entstand schließlich die gemeinsame Studie zu mehr Effizienz in der Produktentstehung.

Um ein belastbares Bild über die Probleme, Herausforderungen und Trends in der Branche zum Thema Produktentstehung zu erhalten, wurden in persönlichen Interviews insgesamt 40 hochrangige Experten (Vorstände, Geschäftsführer, Bereichs- und Entwicklungsleiter) aus der Automobilindustrie befragt. Nachdem vor allem Unternehmen am oberen Ende der Lieferpyramide das aktuelle Geschehen in der Automobilindustrie prägen, konzentrierte sich die Expertenbefragung vornehmlich auf Automobilhersteller (OEM), Entwicklungsdienstleister (EDL) sowie Systemlieferanten

(Tier 1). Diese Unternehmenskategorien arbeiten heute in der Fahrzeugentstehung am intensivsten zusammen. Nur in geringerem Umfang wurden folglich Teile- und Komponentenhersteller in die Untersuchung einbezogen (Tier 2+3).

Folgende Tabelle 1 zeigt die Verteilung der Interviews nach Unternehmenskategorien:

Tabelle 1. Verteilung der Experteninterviews nach Unternehmenskategorien

Kategorie	Anzahl	Verteilung in %
☐ OEM	5	12,5
☐ EDL	15	37,5
☐ Tier 1	10	25,0
☐ Tier 2+3	8	20,0
☐ Andere (Consultant, Hochschule)	2	5,0
	40	**100,0**

Das Optimierungspotenzial in der Fahrzeugentstehung bezüglich Zeit und Kosten (Konzept bis Serienanlauf) schätzten die befragten Experten auf durchschnittlich 27%. Die Arbeitshypothese des ursprünglichen Diskussionsforums im Oktober 2002, die auf der progressiven Forderung des Entwicklungschefs eines deutschen OEMs nach 30% mehr Effizienz in der Produktentstehung basierte, konnte also durch das Ergebnis der Studie bestätigt werden.

Auffällig ist dabei, dass die OEMs das Potenzial mit knapp 22% am geringsten einschätzen. Mit 25 bzw. 26% lagen die Entwicklungsdienstleister und Systemlieferanten etwa gleich auf, während die Tier 2+3 Lieferanten im Schnitt ein Optimierungspotenzial von 33,6% angaben. Dies liegt sicherlich darin begründet, dass die OEMs, Entwicklungsdienstleister und Systemlieferanten ein konkreteres Verständnis bezüglich des Endproduktes und somit auch des vorhandenen Optimierungspotenzials haben als Tier 2- oder Tier 3-Lieferanten, so dass das Ergebnis geringfügig relativiert werden kann. Fest steht allerdings, dass alle hierarchischen Ebenen der Lieferpyramide ein erhebliches Effizienzsteigerungspotenzial erkannten, das realisiert werden muss. Absolut betrachtet lagen die pessimistischsten Prognosen bei 10 bis 15%, die optimistischsten bei 50 bis 60%. Bestätigt wurden diese Interviewergebnisse durch eine breit angelegte Branchenbefragung, an der über 100 weitere Unternehmen teilnahmen, die in Fragebögen schriftliche Aussagen zum Thema beisteuerten.

Sowohl in den Experteninterviews als auch in der schriftlichen Branchenbefragung wurden folgende Themenfelder in den Mittelpunkt der Untersuchung gestellt:

- Organisation,
- Projektmanagement,
- Entwicklungsprozesse,
- Mitarbeiterorientierung,
- Kooperation/Kommunikation und
- Wissensmanagement.

Im Hinblick auf eine effizientere Produktentstehung bezüglich Zeit und Kosten wurde der Themenkomplex »Projektmanagement« von den Befragten als der bedeutendste eingestuft, gefolgt von »Entwicklungsprozesse« und »Kooperation/Kommunikation«. Den Themen »Mitarbeiterorientierung« und »Organisation« gaben die Interviewpartner im Durchschnitt nur eine mittlere Bedeutung. »Wissensmanagement« wurde als vergleichsweise wenig bedeutend eingestuft. Auffallend war die große Streubreite in den Meinungen der befragten Experten bezüglich der Bedeutsamkeit der einzelnen Gestaltungsfelder im Hinblick auf die geforderte Effizienzsteigerung. So schwankten die Aussagen jeweils von sehr wichtig (1) bis nicht wichtig (6).

Rangfolge – sehr wichtig (1), nicht wichtig (6)

1. Projektmanagement (2,5)
2. Entwicklungsprozesse (2,8)
3. Kooperation/Kommunikation (2,8)
4. Mitarbeiterorientierung (3,2)
5. Organisation (3,5)
6. Wissensmanagement (4,0)

Diese Einschätzung zeigt, dass von den Experten gerade in der operativen Umsetzung von Projekten noch erhebliche Verbesserungspotenziale gesehen werden. Obwohl neue Organisationsformen – wie beispielsweise das in Kapitel 3 skizzierte Projekthaus – und optimierte Produktentstehungsprozesse die Automobilindustrie heute prägen, wird das operative Projektmanagement bezüglich einer Effizienzsteigerung in der Produktentstehung noch immer am höchsten eingestuft (vgl. Kapitel 5). Dieses Ergebnis ist vor allem deshalb besonders ernüchternd, da Projektmanagement eine Disziplin ist, die seit Jahrzehnten in der Automobilindustrie eingesetzt, gelehrt und geübt wird.

Bezogen auf die aktuellen Marktanforderungen nannten die Experten im wesentlichen folgende zentrale Herausforderungen in der zukünftigen Fahrzeugentstehung:

□ *Zeitdruck* – Verkürzung der Entwicklungszyklen und reduzierte Projektlaufzeiten (Time to Market/Time to Customer);

□ *Innovationsdruck* – Mehr Differenzierungsmerkmale gegenüber dem internationalen Wettbewerb;

□ *Kostendruck* – Einhaltung der Entwicklungsbudgets (Target Costs) und mehr »Value for the money« bei neuen Produkten (Preis/Leistung) für den Endkunden (Verbesserung des Kundennutzens);

□ *Modellvielfalt* – Weiterer Ausbau der Modell- und Variantenvielfalt, um jede Zielgruppe abdecken zu können;

- *Pay back* – Risikominimierung bei der Kostenamortisation für Bauteile bei neuen Modellen und Varianten (wegen Sättigung in den Stammmärkten).

Resultierend aus den verschärften Marktanforderungen ergeben sich neue Anforderungen an das *technische* Produkt »Automobil«, die von den Experten folgendermaßen eingeschätzt wurden:

- *Komplexität* – Die technische Komplexität des Produktes »Automobil« nimmt aufgrund zahlreicher neuer Technologien weiter zu.
- *Zuverlässigkeit* – Die Beherrschung der Komplexität am fertigen Produkt sowie dessen beständige Zuverlässigkeit in der Gebrauchsphase (starke Zunahme der Elektronik/Software im Auto) wird künftig erheblich aufwendiger sein als bisher.
- *Service* – Die Diagnosefähigkeit immer komplexerer Produkte muss auch künftig gegeben sein (»After Market«).
- *Neue Technologien* – Die Integration vieler neuer Technologien treiben Kosten und Komplexität. Sie sind im internationalen Wettbewerb jedoch unumgänglich.
- *Leistungsmerkmale* – Die Leistungsmerkmale eines Fahrzeugs müssen vereinfacht und transparenter werden. Sind wirklich alle technisch machbaren Funktionen und Produktinhalte in einem neuen Fahrzeug aus Kundensicht notwendig? Was macht den Charakter eines spezifischen Fahrzeugtyps tatsächlich aus? Ingenieure entwickeln noch immer Autos zu sehr für Ingenieure und zu wenig für den Endverbraucher.

Obgleich Anpassungsleistungen in Strukturen und Prozessen der Fahrzeugentstehung bereits in Kapitel 3 ausführlich erörtert wurden, werden nachfolgend nochmals die zentralen Aufgaben in diesen Themenkomplexen zusammengefasst, da sie die Einschätzungen der Experten vervollständigen und die bisherigen Arbeitshypothesen bestätigen:

- *Lastenheft* – Oft herrscht zu Projektbeginn wenig Klarheit über die spezifischen Produktanforderungen (Requirements Management). Ziele werden nicht eindeutig definiert, was häufige Änderungen im Produktentstehungsprozess zur Folge hat.

☐ *Know-how* – Durch zunehmendes Outsourcing von Leistungen an externe Partner (z.B. Systemlieferanten) gehen den Automobilherstellern entscheidende Fähigkeiten verloren, um neue Technologien richtig und ganzheitlich bewerten zu können.

☐ *Projektmanagement* – Unklare Kompetenzen und Verantwortlichkeiten zwischen den Partnern behindern die operative Projektarbeit. Arbeitsüberlastung sowie unzureichendes technisches Erfahrungswissen der Projektmanager erschweren zudem klare Entscheidungen, die zur Optimierung der Projektarbeit nötig wären.

☐ *Politik* – Eindeutige und klare Projektziele werden durch interne Machtkämpfe starker Unternehmensbereiche bei den Automobilherstellern (z.B. Entwicklung und Produktion) verhindert.

Da nach Ansicht der befragten Experten in den kommenden Jahren vor allen Dingen eine zunehmende Konzentration auf den tatsächlichen Kundennutzen (Produktinhalte) die Produktentstehung beeinflussen wird und die Erschließung neuer Märkte (Emerging Regions) eine hohe Kundenorientierung voraussetzt, werden im folgenden Abschnitt wesentliche Merkmale des Kundennutzens erläutert.

4.2 Kundennutzen

Rund die Hälfte der befragten Experten aus der Studie meinte, dass im Laufe des Fahrzeugentstehungsprozesses die Leistungsmerkmale des Endproduktes im Hinblick auf die tatsächlichen Kundenbedürfnisse stärker evaluiert und im Laufe der Entwicklung häufiger überprüft werden müssen. So ermöglicht der massive Einzug von Elektronik in das Automobil heute Leistungsmerkmale, die der Kunde zwar als selbstverständlich wahrnimmt, die im Betrieb des Fahrzeugs aber kaum genutzt werden. Ob diese

»Mehrwert-Strategien« tatsächlich beim Kunden zusätzliche Kaufanreize darstellen, sollte nach Ansicht der Experten im laufenden Entwicklungsprozess öfter hinterfragt und bewertet werden.[21]

Signifikante und vom Kunden in besonderem Maße wahrgenommene und für sinnvoll befundene Leistungsmerkmale entscheiden über den Markterfolg – nicht eine hohe Anzahl verschiedenster Produktfeatures. Darüber hinaus machen wenige, dafür aber deutliche Differenzierungsmerkmale den Produktentstehungsprozess effizienter, da eine Verringerung der Komplexität in der Technik selbstverständlich Auswirkungen auf den Gesamtprozess der Entwicklung hat.

Die wahren Kundenbedürfnisse zu erkennen und darauf die passenden Antworten zu finden, wird zu einem zentralen Erfolgsfaktor im internationalen Wettbewerb. Entscheidend ist deshalb die konsequente Berücksichtigung von echtem und aus der Sicht des Kunden nutzbringendem Innovationspotenzial. Eine Verzettelung der Entwicklungsarbeit in weniger relevanten Produktmerkmalen muss vermieden werden. Der Gedanke vom »Dienst am Kunden« ist viel stärker als bisher in die Produktentstehung einzubeziehen. Dies gilt für die Aktivitäten der Automobilhersteller genauso wie für die der Zulieferer. Die Bedürfnisse des Endkunden müssen für alle Bauteile spezifisch bewertet und in der Entwicklung berücksichtigt werden. Davon hängt nicht nur die Marktposition des Automobilherstellers ab, sondern auch die seiner Zulieferer, da zielgruppenspezifische Leistungsmerkmale mit einem hohen Kundennutzen für alle beteiligten Partner künftig spielentscheidend werden.

Nun stellt sich unwillkürlich die Frage nach der Messbarkeit und Evaluierung des Kundennutzens. Bereits in den 60er Jahren entstand bei General Electric eine Methode, die es ermöglicht, die Marktposition eines Unternehmens unter Berücksichtigung verschiedener Kernfaktoren des Unternehmenserfolges zu analysieren und transparent darzustellen. Einer dieser Kernfaktoren des Unternehmenserfolges ist der Kundennutzen. Mitte der 70er Jahre entwickelte die Harvard Business School eine Methode zur Messung des Kundennutzens und gliederte sie schließlich 1975 in das gemeinnützige Strategic Planning Institute, Cambridge/Massachusetts, aus. Das Institut gründete Ende 1982 eine europäische Repräsentanz in London und baute zur weiteren Expansion Vertretungen in Europa (Skandinavien, Deutschland, Österreich, Italien) auf.

Der Kundennutzen wurde operationalisiert und in einer Datenbank zusammengefasst, auf die heute zahlreiche Unternehmen, auch aus der Automobilindustrie, zurückgreifen. Die Methode heißt »*Profit Impact of Market Strategy*« (PIMS). Sie enthält jeweils etwa 500 Daten aus rund 3000 Geschäftsfeldern. Nach dem Erwerb der PIMS-Mitgliedschaft ist jedes Unternehmen in der Lage, die eigene Wettbewerbsstellung zu ermitteln. Dabei werden die Unternehmensinformationen mit den Referenzdaten der PIMS-Datenbank verglichen und ausgewertet. Die Ergebnisse sind die Grundlage für die Erarbeitung strategischer Stoßrichtungen.[22]

Der Marktanteil hängt in erster Linie vom Verhältnis des relativen Preises zur relativen Qualität ab. »*Relativ*« deshalb, weil Preis und Qualität des eigenen Produktes immer im Vergleich zu Preis und Qualität der wichtigsten Mitbewerber betrachtet werden müssen. Nur wer die »*richtige Qualität*« zum »*richtigen Preis*« liefert, besitzt einen großen Marktanteil bzw. hat die Chance, Marktanteile hinzuzugewinnen. Die Kriterien zur Beurteilung der beiden Größen gibt der Kunde vor. Er bestimmt, was »*richtig*« ist.

Entscheidende Kriterien für die »*richtige Qualität*« sind die kaufentscheidenden *Produkt*- und *Service*merkmale. Ist aus Kundensicht das Verhältnis von Preis und Qualität in Ordnung, spricht man von einem »*ausgewogenen Kundennutzen*«. Ausgehend von der Linie des ausgewogenen Kundennutzens gibt es zwei Möglichkeiten, sich in den Bereich des positiven Kundennutzens zu bewegen. Entweder erhöht man die Qualität in Produkt- und Servicemerkmalen bei gleichbleibendem Preis, oder man behält die Qualität bei und reduziert den Preis. Den Zusammenhang von relativem Preis und relativer Qualität beschreibt die nachfolgende Abbildung.

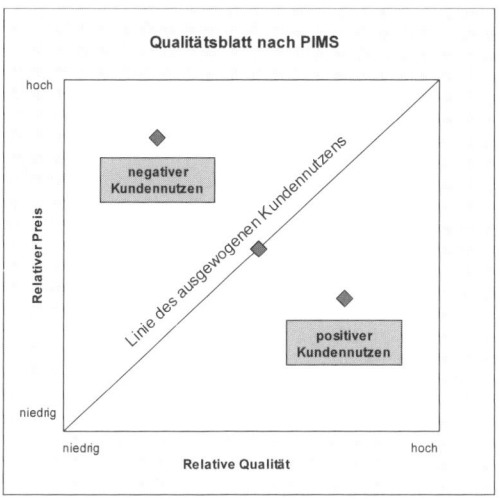

Abb. 25. Kundennutzen
Quelle: Management Zentrum St. Gallen und PIMS

Der Kundennutzen entscheidet über den Gewinn von Marktanteilen. Neben der Analyse des Kundennutzens, den das eigene Produkt stiftet, ist auch der Kundennutzen der Konkurrenzprodukte zu ermitteln. Das Ergebnis ist ein realitätsabbildender Lagebericht, aus dem sich Konsequenzen für die eigene Unternehmensstrategie ableiten lassen.

Die Messung des Kundennutzens ist ein überaus wirkungsvolles Werkzeug, um die Position des eigenen Produktes im Vergleich zum Wettbewerb zu bestimmen. Basierend auf der PIMS-Datenbank bietet es die Möglichkeit, mit reduziertem Datenmaterial aufschlussreiche Analysen für das eigene Unternehmen durchzuführen. Für die weiteren Betrachtungen zur Marktsituation in der Automobilindustrie und zur Beantwortung der Frage *»Was will der Endkunde tatsächlich?«* ist die praxisnahe und leicht verständliche Darstellung des Kundennutzens in Abbildung 25 völlig ausreichend. Im Wirtschaftsfachbuch *»Gewinner von morgen handeln heute«* (DVA 2002) wird in Kapitel 3 *»Vernetzte Organisationsstrukturen«*

(S. 79ff.) das Thema »*Kundennutzen für die Automobilindustrie*« ausführlich behandelt. Darüber hinaus finden Sie im Anhang die Fallstudie *»KE-Partner«,* die den Zusammenhang von relativer Qualität und relativem Preis bezogen auf den Kundennutzen an einem authentischen Beispiel darstellt.

Die wahren Kundenbedürfnisse zu erkennen, die richtige Qualität zu entwickeln und zu produzieren, ist insbesondere in gesättigten Märkten zu einem Knock-out-Kriterium geworden. Eine zunehmende Verlagerung von Entwicklungs- und Fertigungsumfängen vom Automobilhersteller hin zu den Zulieferern birgt die Gefahr in sich, dass Lösungen und Funktionsumfänge zu technischen Inhalten des Endproduktes werden, die der Endkunde nicht als wesentlichen Mehrwert bei seiner Kaufentscheidung wahrnimmt. Differenzierungsstrategien von Automobilherstellern und Zulieferern sind nur dann zielführend, wenn die Funktionalität und das Fahrerleben auch tatsächlich optimiert werden – und das zu einem attraktiven Preis. Automobilhersteller und Zulieferer dürfen sich deshalb nicht dazu verleiten lassen, Neuerungen, Komponenten und Funktionen in das Auto zu integrieren, die der Kunde nicht als echten Mehrwert *(»add on value«)* honoriert, für den er zu zahlen bereit ist.

Die kontinuierlich steigende Bedeutung von Energie und Umwelt in der Gesellschaft werden an das Automobil der Zukunft neue Anforderungen stellen. Sparsamere und abgasärmere Fahrzeuge setzen einen äußerst sensiblen Umgang mit zusätzlichen Leistungsmerkmalen voraus, da das Gewicht des Automobils ein entscheidendes Kriterium in Bezug auf die Umweltverträglichkeit darstellt. Strenger werdende Gesetzesanforderungen bezüglich Abgas- und Lärmemissionen, in der aktiven und passiven Crash-Sicherheit (Fußgängerschutz, neue Assistenzsysteme im Fahrgastraum) sowie zusätzliche, vom Kunden geforderte Komfortmerkmale (Infotainment, intuitive Sitzverstellung, ...) sind heute bereits vielfach beschlossen (vgl. Kapitel 7), so dass eine Erhöhung des Gewichtes allein durch diese Maßnahmen vorprogrammiert ist. Obgleich intensiv daran gearbeitet wird, durch leichtere, alternative Werkstoffe (Aluminiumlegierungen, Kunststoffe, ...) und neue Verbindungstechnologien (Laserlöten, Kleben, ...) diesem

Trend entgegenzuwirken, ist die Gefahr groß, wirksame Gewichtseinsparungen durch immer weitreichendere Leistungsmerkmale wieder zu verlieren.

Um tatsächlichen Kundennutzen stiften zu können – das heißt die richtige Qualität zum richtigen Preis zu liefern – ist es zwingend erforderlich, dass die Automobilhersteller jene Kernkompetenzen behalten, die es langfristig ermöglichen, bedürfnisorientierte Automobile zu produzieren. Die Wünsche des Endkunden im Fokus zu haben, setzt voraus, dass Automobilhersteller auch weiterhin über ihr hochstehendes, ganzheitliches technisches Know-how verfügen und es marktorientiert einsetzen. Nichts desto trotz müssen aber auch strategische Partner in der Produktentstehung über systemübergreifende technische Fähigkeiten verfügen, da die Integration von Komponenten und Modulen immer ganzheitlich (bezogen auf das Endprodukt) betrachtet und realisiert werden muss.

4.3 Gesamtfahrzeugfähigkeit

Eine zunehmende Anzahl von Leistungsmerkmalen im Fahrzeug bewirkt grundsätzlich ein höheres Risiko von Ausfällen einzelner Bauteile und somit das Risiko von Garantie-, Instandsetzungs- und sonstigen Folgekosten. Anlaufprobleme in der Produktion, Rückrufaktionen und unbefriedigende Ergebnisse in Kundenzufriedenheitsumfragen sind problematisch, da sie in der Regel Imageverluste bewirken, die nur langfristig behoben werden können. Neben der Effizienzsteigerung in der Produktentstehung ist deshalb das Thema »*Qualität des Gesamtfahrzeuges*« von hoher Bedeutung. Die nachfolgende Grafik des Kraftfahrt-Bundesamtes zeigt die stetige Zunahme der Rückrufaktionen in Deutschland für den Zeitraum von 1992 bis 2003.

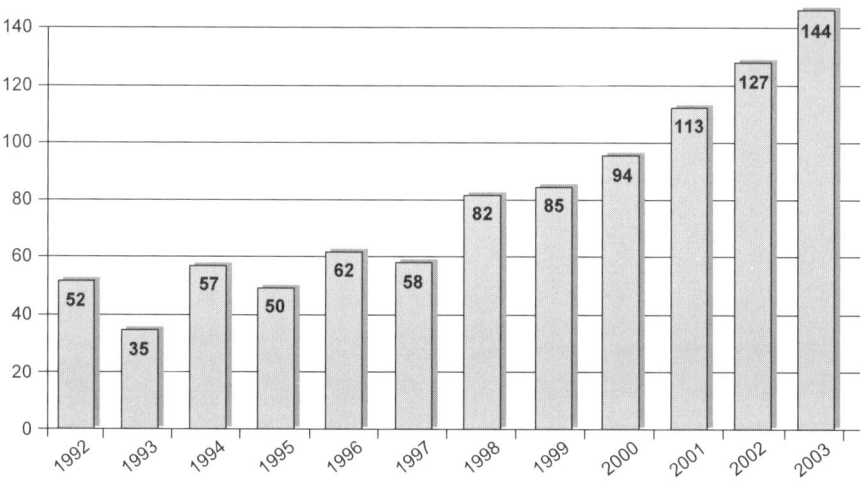

Angaben: Anzahl der Rückrufaktionen
Quelle: KBA

Abb. 26. Rückrufaktionen in Deutschland

Bezogen auf die Qualität des Gesamtfahrzeuges forderten auch viele der in der Studie befragten Experten mehr Produkt- und Gesamtfahrzeugkompetenz im Sinne früherer Chef-Entwickler vom Typ eines *Colin Chapman*, Unternehmensgründer von Lotus. *»Gesamtfahrzeugfähigkeit«* ist in der Branche heute ein häufig gebrauchter Begriff, der die Forderung beschreibt, homogene und in sich stimmige Fahrzeugkonzepte zu entwickeln und im Team zu realisieren.

Die Automobilhersteller haben das Anforderungsprofil an ihre Zulieferer entsprechend eindeutig und unmissverständlich formuliert: Zum strategischen Partner kann nur jenes Unternehmen werden, das übergreifend Entwicklungsverantwortung für Fahrzeugkomponenten und Module übernimmt und kontinuierlich seine Kompetenzen bis hin zur Gesamtfahrzeugfähigkeit ausbaut. Die Herausforderung, sich zum strategischen Partner zu qualifizieren, haben die meisten großen Player der Branche angenommen. Neben den technischen Fähigkeiten, beispielsweise in Karosseriebau, Fahrwerksentwicklung oder in der Motorenintegration, sind Kompetenzen im Projektmanagement und der unternehmensübergreifenden Aussteuerung von Projektpartnern zielgerichtet zu entwickeln, die in Kapitel 5 beschrieben werden.

Obwohl die Aufgabe klar ist, keine Mittel gescheut und entsprechende Maßnahmen ergriffen werden, gestaltet sich die Qualifizierung bezüglich übergreifender technischer Fähigkeiten sehr schwierig. Zweifellos gibt es eine Reihe positiver Referenzprojekte für erfolgreiche und modulübergreifende Entwicklungsprozesse, in denen Zulieferunternehmen Gesamtfahrzeugfähigkeit unter Beweis stellen konnten. Sie sind aber bislang nicht die Regel. Anspruchsvolle technische Lösungen termin- und qualitätsgerecht in das Endprodukt zu integrieren und gleichzeitig ein wirtschaftlich akzeptables Ergebnis zu erzielen, ist in der Praxis nicht einfach.

Um diese Komplexität zu beherrschen, implementieren Unternehmen heute Projekthäuser, wie sie in Kapitel 3 beschrieben wurden, gründen Prozessoptimierungsteams und entwickeln Werkzeuge, die eine effizientere Steuerung der Prozesse ermöglichen. Nicht selten werden externe Unternehmensberater beauftragt, diese Prozesse zu unterstützen, Mitarbeiter auf überbetriebliche Seminare und weiterbildende Fachveranstaltungen geschickt. Dahinter verbirgt sich eine Denkweise, die nicht unkritisch ist. Die Fokussierung auf das Projekt- und Prozessmanagement (vgl. Kapitel 5) nimmt stetig zu, die Entwicklung technischer Fähigkeiten wird hingegen vernachlässigt, so dass am Ende wettbewerbsüberragende Leistungsinhalte im Endprodukt fehlen.

Zweifellos sind methodische Fähigkeiten im Projekt- und Prozessmanagement erforderlich, um »gesamtfahrzeugfähig« zu sein. Wichtiger noch sind jedoch fundierte technische Fähigkeiten. Erst beide Kompetenzen zusammen bilden das Fundament für echte Gesamtfahrzeugfähigkeit. Kenntnisse in Konstruktion, Werkstofftechnik, Strömungsmechanik oder Thermodynamik sind Grundlagen der Fahrzeugentwicklung und können nicht durch Daten- und Informationssteuerung, modernste Networktools oder digitalisierte Prozessdokumentationen ersetzt werden. Das Ergebnis des Fahrzeugentstehungsprozesses ist stets ein Automobil, und so ist es entscheidend, sich auf technische Aspekte zu konzentrieren und die Verzahnung methodischer und technischer Fähigkeiten sicherzustellen. Nur ein in allen Modulen abgestimmtes Produkt ist letztendlich ein gutes Produkt, das im Markt erfolgreich bestehen kann.

Eine durchgängige und schlagkräftige Entwicklungsprozesskette kann nur dann einwandfrei funktionieren, wenn die Sicht der entscheidenden Projektbeteiligten systemübergreifend und ganzheitlich ist. Prozess- und Organisationsfragen sind dabei zweifellos bedeutsam. Sie aber in den Mittelpunkt aller Aktivitäten zu stellen, ist nicht zielführend. Die Konzentration auf das Wesentliche – den Kundennutzen – sowie die zielgerichtete Entwicklung technischer Fähigkeiten erfordert ein hohes Maß an Disziplin, Kondition und eine kompromisslose Zielverfolgung in der Umsetzung.

4.3.1 Technische Gesamtfahrzeugfähigkeit am Beispiel des *Kurek GT 6*

Das nachfolgend beschriebene GT 6-Projekt bezieht sich auf die *technische Gesamtfahrzeugfähigkeit*, da die Realisierung konkreter und substanzieller Ergebnisse in der Automobilbranche in hohem Maße von übergreifenden technischen Kompetenzen abhängt.[23]

Mit dem Ziel, extreme Fahrleistungen unter ökonomischsten Gesichtspunkten zu erzielen, entwickelte und fertigte der Entwicklungsingenieur Heinz Kurek in Eigeninitiative den Sportprototypen GT 6, an dem exemplarisch die wesentlichen Kriterien von »*technischer Gesamtfahrzeugfähigkeit*« dargestellt werden. Die nachfolgenden Ausführungen beschreiben den Fahrzeugentstehungsprozess vom Konzept bis zur Homologation des Prototypen in ausgewählten Fahrzeugmodulen. Obgleich die strukturellen und wirtschaftlichen Parameter in der Entwicklung eines Serienfahrzeuges schon aufgrund des verfügbaren Budgets und der beteiligten Partner andere sind als in diesem Projekt, so ist das Anforderungsprofil an die »*technische Gesamtfahrzeugfähigkeit*« aber durchaus mit dem Anspruch der Industrie zu vergleichen.[24]

Abb. 27. Der GT 6 – Paradigma für übergreifende Technikkompetenz

4.3.2 Projektphilosophie

Die Vision des Automobilbauers Heinz Kurek, ein komplett eigenständiges Fahrzeug zu konzipieren, zu entwickeln und zu realisieren, reicht bereits bis in die frühen 60er Jahre zurück. Bereits 1970 wurde in München der erste »Kurek« für den öffentlichen Straßenverkehr zugelassen: ein ultraleichtes GT-Fahrzeug, ausgestattet mit reiner Rennfahrzeugtechnik. Die Philosophie von damals und heute ist dieselbe: durch konsequenten Leichtbau und ein homogenes Gesamtkonzept herausragende Fahrleistungen unter ökonomischsten Gesichtspunkten zu realisieren.

4.3.3 Projektsteckbrief

Der GT 6 orientiert sich im Design am Rennfahrzeug 904 von Porsche und enthält zahlreiche stilistische Elemente von verschiedensten Sportprototypen der späten 60er und frühen 70er Jahre (Ferrari Dino, Lola T 70, ...). Analog zur Wiederbelebung *(»Relaunch«)* des Ford GT 40, der auf der IAA 2003 in Frankfurt erstmals als Serienfahrzeug vorgestellt wurde, mussten am GT 6 aus technischen Gründen grundlegende Änderungen in den Außenabmessungen (Länge, Breite, Höhe) sowie an Flächen und Radien vorgenommen werden. Innovatoren bezeichnen diese Vorgehensweise in der Konzeption als *»kreative Imitation«,* die im Kern darauf abzielt, *»bestehendes besser zu tun«* (Peter F. Drucker).

4.3.4 Karosseriekompetenz

In der Karosseriekonstruktion und im Formenbau mussten aufgrund der geltenden Auflagen der Gesetzgeber viele Komponenten sorgfältig integriert werden (z.B. Karosserieelemente für den Fußgängerschutz, Außenspiegel, Nebelschluss- sowie Bremsleuchte und vieles mehr), die sich harmonisch in die Silhouette des Designkonzeptes einfügen. Die dreiteiligen 17-Zoll-Aluminiumfelgen beispielsweise stammen von einem italienischen Leichtmetallradhersteller und wurden speziell für den GT 6 gefertigt.

Um außergewöhnliche Fahrleistungen und gleichzeitig einen ökonomischen Verbrauch erzielen zu können, wurden für die Karosserie modernste Faserverbundwerkstoffe verwendet. Rechnerisch ermittelte Einbußen in puncto Karosseriesteifigkeit und -festigkeit sowie Crash-Sicherheit mussten konzeptionell berücksichtigt und kompensiert werden. Deshalb bekam das Unikat einen eigenen Rahmen, eine Kombination aus Strangpressprofilen und Gitterrohraufbau, der die Fahrgastzelle anforderungsgerecht verstärkt. Um konsequent der Philosophie einer hohen Steifigkeit bei geringst möglichem Gewicht zu folgen, wurde die komplette Karosserie mit dem Rahmen verbunden. Diese Bauweise ermöglicht außerordentlich hohe Passgenauigkeiten der einzelnen Karosseriemodule (Zelle, Türen, Klappen) beim Aufbau des Prototypen (Spaltmaße, Übergänge, ...). Ein qualitativ hochwertiges Finish mit stilistischem Feinschliff war klares Projektziel. Systembedingte Abhängigkeiten in der Karosseriekonstruktion analysieren und bewerten zu können (Auswirkungen von Änderungen auf Technik, Termine und Kosten), setzt voraus, dass die gesamte Projektarchitektur der Karosserie verstanden wird.

4.3.5 Fahrwerkskompetenz

Der Rahmen des GT 6 nimmt sowohl das Fahrwerk als auch den Antriebstrang (Motor und Getriebe) des Fahrzeugs auf. Einzelradaufhängungen an Vorder- und Hinterachse mit Aluminiumradträgern bzw. Achsschenkeln, deren Position durch einstellbare doppelte Dreiecksquerlenker und Längslenker (Schubstreben) definiert wird, sind heute wesentlich, um die Forderung nach sportiven Fahreigenschaften erfüllen zu können. Justierbare Teleskopstoßdämpfer, rechnerisch bestimmte Federeinheiten, Stabilisatoren und eine innenbelüftete Vierkolbenbremsanlage werden ebenfalls vom Rahmen aufgenommen – eine selbst tragende Karosserie kam aus Steifigkeitsgründen nicht in Frage.

Die verzahnte und deshalb voneinander abhängige Funktionsweise der einzelnen Komponenten zu verstehen, ist wesentlich, da gerade im Fahrwerk Komforteigenschaften und Fahrerleben bestimmt werden. Karosserie, Fahrwerk und Motor müssen eine aufeinander abgestimmte Einheit darstellen, was die Konstruktionsmethodik und die spezifischen Beiträge der verschiedenen Zulieferer direkt beeinflusst.

4.3.6 Motorenkompetenz

Um dem extremen Leichtbau (750 kg Leergewicht) zu einer herausragenden Fahrdynamik zu verhelfen, wurde das Mittelmotorfahrzeug mit einem luftgekühlten 3,2-l-Motor bestückt. Bei der Integration von Motor, Kupplung und Getriebe musste vor allem die Einhaltung gesetzlicher Bestimmungen bezüglich Abgas- und Lärmemissionswerten sichergestellt werden. Abgasanlage, Tankanlage, Kühlung und Ölkreislauf waren nicht einfach adaptierbar. Sie mussten für das Fahrzeug spezifisch entwickelt und gefertigt werden. Weitreichende Anpassungsleistungen waren auch für das Motormanagement erforderlich. Daraus ergaben sich umfangreiche Versuchs- und Erprobungsaufgaben, die Kompetenzen im Bereich der Verbrennungsmotoren sowie der Mikroprozessortechnik voraussetzen.

Aktuelle und künftige Auflagen der Gesetzgeber, die sich bezüglich Verbrauchs- und Abgaskriterien laufend verschärfen, müssen auch im Rahmen einer »*Motorintegration*« bekannt sein, um sie in der Regelungs- und Steuerungstechnik des Antriebs berücksichtigen zu können. Konstruktive Maßnahmen an den einzelnen Komponenten des Motors reichen nicht aus, um das Wirkungsgefüge »*Motor*« den gesetzlichen Bestimmungen verbrauchs- und abgasgerecht anzupassen. Das Zusammenspiel der einzelnen Komponenten ist entscheidend und erfordert ein ganzheitliches Verständnis von allen Projektbeteiligten.

4.3.7 Weitere Kompetenzen

Mit Ausnahme des Antriebstrangs stellt die technische Gesamtkonzeption des GT 6 in allen Modulen völlig eigenständige Entwicklungsumfänge dar. Ob modular montierbare Schalttafel, elektrisches Bordnetz, individuell angepasste Sitze, Instrumentierung oder Verkleidungsteile – im GT 6 wurden bewusst keine Übernahmeteile (COP: »*carry over parts*«) verbaut. Ergonomische Rahmenbedingungen (Sitzposition, Belüftung, Sichtverhältnisse) für eine kultivierte Fortbewegung (Elastizität, ausgewogene Fahreigenschaften, ...) waren wesentliche Elemente des Lastenheftes, dessen oberste Priorität in einer homogenen Verbindung von sportwagentypischen Fahreigenschaften, individuellen Details und harmonischem Design bestand. Gesamtfahrzeugkompetenz bedeutet nicht, über Fähigkeiten zu verfügen, die es ermöglichen, jedes Einzelteil entwickeln und fertigen zu können, sondern bauteil- und systemübergreifende technische Abhängigkeiten zu verstehen und über fahrzeugtechnisches Grundlagenwissen zu verfügen, um die richtigen Komponenten zu integrieren.

Nachfolgende Grafik 28 zeigt die vereinfachte Entwicklungsprozesskette für die wesentlichen Module des GT 6 vom Konzept bis zur Straßenzulassung. Die Fertigungstiefe dokumentiert, in welchen Bereichen externe Partner eingebunden wurden und welchen konkreten Beitrag sie im Fahrzeugentstehungsprozess geleistet haben.

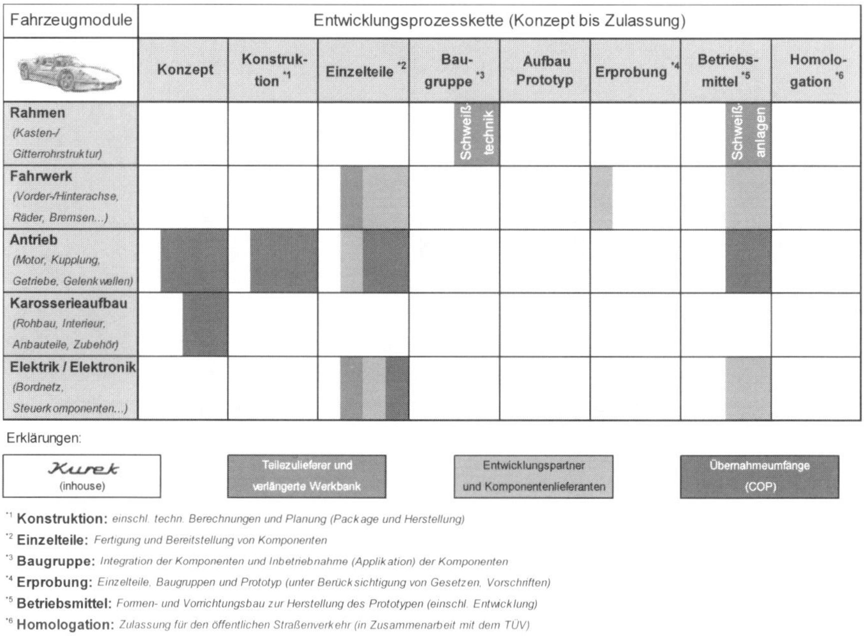

Fahrzeugmodule	Entwicklungsprozesskette (Konzept bis Zulassung)							
	Konzept	Konstruktion *1	Einzelteile *2	Baugruppe *3	Aufbau Prototyp	Erprobung *4	Betriebsmittel *5	Homologation *6
Rahmen (Kasten-/Gitterrohrstruktur)				Schweißtechnik			Schweißanlagen	
Fahrwerk (Vorder-/Hinterachse, Räder, Bremsen...)								
Antrieb (Motor, Kupplung, Getriebe, Gelenkwellen)								
Karosserieaufbau (Rohbau, Interieur, Anbauteile, Zubehör)								
Elektrik / Elektronik (Bordnetz, Steuerkomponenten...)								

Erklärungen:

Kurek (inhouse) | Teilezulieferer und verlängerte Werkbank | Entwicklungspartner und Komponentenlieferanten | Übernahmeumfänge (COP)

*1 **Konstruktion:** einschl. techn. Berechnungen und Planung (Package und Herstellung)
*2 **Einzelteile:** Fertigung und Bereitstellung von Komponenten
*3 **Baugruppe:** Integration der Komponenten und Inbetriebnahme (Applikation) der Komponenten
*4 **Erprobung:** Einzelteile, Baugruppen und Prototyp (unter Berücksichtigung von Gesetzen, Vorschriften)
*5 **Betriebsmittel:** Formen- und Vorrichtungsbau zur Herstellung des Prototypen (einschl. Entwicklung)
*6 **Homologation:** Zulassung für den öffentlichen Straßenverkehr (in Zusammenarbeit mit dem TÜV)

Abb. 28. Entwicklungsprozesskette, Module und Fertigungstiefe des GT 6

4.3.8 Supply Chain Management und Prozessmanagement

Die Aussteuerung von etwa 80 Zulieferern und einigen wenigen, hochqualifizierten Mitarbeitern war integraler Bestandteil des Projektes, aber nicht ergebnisentscheidend. Die erforderliche Stückzahl an Einzelkomponenten betrug in diesem Projekt jeweils zwischen zwei und zehn Bauteilen, so dass die branchenübliche Argumentation, über »*pay on production*« und

»full supplier support« von den Zulieferern einen Entwicklungsbeitrag zu erhalten, nicht zum Tragen kommen konnte. Die erforderlichen Bauteile dennoch zu angemessenen Preisen in der gewünschten Qualität zu beschaffen, war teilweise ein schwieriges Unterfangen. Trotz der erschwerten organisatorischen Rahmenbedingungen sind die betriebswirtschaftlichen und rechtlichen Fähigkeiten sowie ein professionelles Projektmanagement in einem solchen Projekt nicht vorrangig zu sehen. Nicht, dass diese Fähigkeiten nicht wichtig wären – aber bei der Realisierung eines Projektes dieser Größenordnung stellen sie die Mindestvoraussetzung dar.

Das Beispiel des GT 6 verdeutlicht, wie die Gewichtung zwischen technischen Fähigkeiten und Kompetenzen in der Entstehung eines Automobils aussehen sollte. Grundlage für eine erfolgreiche Projektrealisierung ist es, sowohl das Projekt mit allen beteiligten Mitarbeitern und Zulieferunternehmen als auch die Prozesse zielorientiert zu managen.

Abb. 29. Klassisches Design und moderne Technik in hoher Verarbeitungsqualität

Die Konzeption, Entwicklung und Realisierung eines homogenen Gesamtfahrzeuges setzt die genannten produktübergreifenden technischen Fähigkeiten voraus, die für Zulieferer bei der Integration ihrer Komponenten zu einem wesentlichen Erfolgsfaktor werden. Um die Wettbewerbsstellung sichern und Marktanteilsgewinne realisieren zu können, werden heute technische Fähigkeiten benötigt, die eine ganzheitliche Betrachtung des Produktes gewährleisten. Dies gilt nicht nur für Systemlieferanten und Entwicklungsdienstleister, die Modul- und Gesamtfahrzeugverantwortung übernehmen, sondern auch für Teile- und Komponentenzulieferer, die mit ihren Spezialkenntnissen signifikante Produktmerkmale erzeugen müssen. Operative Projektarbeit setzt einen systemischen Blick in der Technik voraus, der in der interaktiven Zusammenarbeit über Unternehmensgrenzen hinweg von hoher Bedeutung ist.

4.4 Der Management-Navigator III

Unternehmen, die langfristigen und nachhaltigen Erfolg anstreben, müssen alle Handlungsfelder im Unternehmen zu einem stimmigen Ganzen verknüpfen. Entscheidungen bezüglich der Weiterentwicklung eines Unternehmens, Verbesserungen der Leistungsfähigkeit in defizitären Bereichen sowie klare Führungskonzepte und eine zielgerichtete Personalentwicklung erfordern einen ganzheitlichen Blick; einen Blick, der alle Bereiche eines Unternehmens berücksichtigt. Die verschiedenen Module eines Unternehmens müssen wie Zahnräder eines Getriebes ineinander greifen, um in Summe gute Resultate erzielen zu können.

Die Visualisierung der Abhängigkeiten verschiedener Module eines Unternehmens hilft, diesen ganzheitlichen Blick zu entwickeln und die Auswirkungen konkreter Maßnahmen in Einzelbereichen für das gesamte Unternehmen zu erkennen. Gezielte Maßnahmen zur Verbesserung des bestehenden Leistungsniveaus sind ohne eine ganzheitliche Betrachtungsweise riskant und meist nicht zielführend. Der Management-Navigator bringt alle Module eines Unternehmens in einen ganzheitlichen Zusammenhang, indem er die Auswirkungen aktueller Marktveränderungen aufzeigt und Konsequenzen für das Einzelunternehmen visualisiert. In den ersten drei Kapiteln wurden vor allem strategische Herausforderungen des Marktes analysiert. Unternehmenspolitik, Planungsmethoden, Organisationsstrukturen und Prozessdefinitionen stellen die langfristige Überlebensfähigkeit eines Unternehmens im Markt sicher und wirken sich auf die operative Leistungsfähigkeit eines Unternehmens aus.

Funktionendiagramme, Funktionsbeschreibungen, Zielvereinbarungen und erfolgsabhängige Vergütungen resultieren aus übergeordneten unternehmerischen Zielen und somit letztlich aus einer marktgetriebenen Unternehmenspolitik. Entscheidend ist, dass der Marktdruck und dessen Auswirkungen für das eigene Unternehmen richtig analysiert und Konsequenzen verstanden werden, um die Unternehmensstrategie marktorientiert und konsequent formulieren und realisieren zu können. Das vierte Kapitel beschreibt im Rahmen der viel diskutierten »*Gesamtfahrzeugfähigkeit*« grundlegende technische Anforderungen im Tagesgeschäft der Automobilindustrie und verbindet somit die langfristigen Ziele einer Unternehmensstrategie mit konkreten Herausforderungen im aktuellen Geschäft.

4.4.1 Markt

Die Ergebnisse der Studie »*Automobilentwicklung in Deutschland – wie sicher in die Zukunft?*« haben gezeigt, dass die Themen »*Projektmanagement*« (vgl. Kapitel 5), »*Entwicklungsprozesse*« (vgl. Kapitel 3), »*Kooperation und Kommunikation*« sowie »*Mitarbeiterorientierung*« eine hohe Bedeutung haben, um mehr Effizienz und Effektivität in der Fahrzeugentstehung realisieren zu können. Da in der Produktentwicklung die künftigen Ertragspotenziale eines Unternehmens geschaffen werden und insbesondere neue technische Lösungen die zukünftige Marktposition eines Unternehmens bestimmen, muss diesen Themen höchste Priorität in der Unternehmensentwicklung eingeräumt werden. Die genannten Marktanforderungen der Experten aus der Studie sowie die daraus resultierenden Anforderungen an das technische Produkt *»Automobil«* setzen voraus, dass Projektmanagementkompetenz (vgl. Kapitel 5), Kooperations- und Kommunikationsfähigkeit sowie professionelle Mitarbeiterentwicklung im Einzelunternehmen vorhanden sind, um in Lieferketten agieren und erfolgreich bestehen zu können.

Der Kundennutzen ist der wesentliche Faktor, durch den Marktanteilsgewinne möglich sind und somit eine Verbesserung der Wettbewerbsstellung erreicht werden kann. Die *»richtige Qualität«* zum *»richtigen Preis«* kann nur aus Sicht des Kunden und niemals aus Sicht der Ingenieure beurteilt werden. Eine höhere Qualität in Produkt- und Servicemerkmalen führt zu einem größeren Marktanteil, reduzierbaren Kosten und schließlich zu einer höheren Rentabilität. Eine überlegene Qualität ermöglicht aber auch höhere Preise, einen höheren Umsatz und führt somit wiederum zu einer höheren Rentabilität. Die vorgestellte PIMS-Analyse zur Messung des Kundennutzens ist ein geeignetes Instrument, um folgende Fragen zu beantworten:

☐ Kennen wir die Bedürfnisse unserer Endkunden?
☐ Wo stehen wir im Verhältnis zu unserer Konkurrenz?
☐ Welche Marktposition streben wir an?
☐ Welche Produkte müssen wir wie verbessern?

Mehr denn je bestimmen darüber hinaus weitreichende gesetzliche Anforderungen *(»Legal Regulations«)* und eine ganze Reihe neuer Technologien (vgl. Kapitel 7) das Anforderungsprofil an die Automobilzulieferer. Nur jene Unternehmen, die diesem Trend in ihren Entwicklungsaktivitäten Rechnung tragen und sich auf den tatsächlichen Kundennutzen konzentrieren, werden langfristig erfolgreich sein. Dies setzt voraus, dass alle Komponenten eines Fahrzeuges im Gesamtkontext verstanden werden. *»Das Ganze ist stets mehr als die Summe seiner Teile«* – und so ist es das Gesamtfahrzeug, das von jedem Projektbeteiligten ganzheitlich betrachtet und übergreifend verstanden werden muss.

Künftige Projektarbeit setzt ein umfassenderes technisches Grundverständnis als bisher voraus, da effektive und effiziente Produktentstehungsprozesse nur dann realisiert werden können, wenn alle Projektbeteiligten über ein bauteilübergreifendes Verständnis verfügen. Ein homogenes und stimmiges Gesamtfahrzeug muss das oberste Ziel aller Entwicklungsaktivitäten sein und so sind neben methodischen Fähigkeiten im Projekt- und Prozessmanagement (vgl. Kapitel 5) vor allen Dingen übergreifende technische Fähigkeiten erforderlich, um in unternehmens- und produktübergreifenden Projekten erfolgreich agieren zu können. Das vereinfachte Projektbeispiel des GT 6-Prototypen beschreibt, was prozessübergreifendes technisches Denken und Handeln in verschiedenen Modulen eines Fahrzeugs bedeutet. Systemübergreifende technische Kompetenzen sind ein wesentlicher Erfolgsfaktor für Automobilzulieferer, um ihre Wettbewerbsstellung langfristig zu sichern und Marktanteilsgewinne zu realisieren. Diese technischen Fähigkeiten müssen gezielt gefördert und entwickelt werden.

4.4.2 Human Capital

Das wertvollste Kapital eines Unternehmens sind in der Regel seine Mitarbeiter. Denn die Qualifikation der Mitarbeiter hat einen wesentlichen Einfluss auf die Marktstellung und den Erfolg eines Unternehmens. Mitarbeiter sind nicht nur ein entscheidender Erfolgsfaktor zur langfristigen Sicherung des Unternehmenserfolges, sondern haben auch wesentlichen Einfluss auf die Produktivität unternehmensübergreifender Prozesse wie in der Fahrzeugentstehung. Qualität, Image und Ansehen eines Unternehmens basieren auf dem Know-how und dem Verhalten seiner Mitarbeiter. Beste Strategien, Strukturen und Prozesse helfen nicht, wenn das »*Human Capital*« eines Unternehmens ungeeignet ist, anvisierte Ziele zu verfolgen und gute Ergebnisse zu erzielen. Umso verwunderlicher ist es, dass diesem Handlungsfeld in den Unternehmen vielfach noch immer nicht die entsprechende Bedeutung gegeben wird.

Zeitmangel, knappe Budgets und der tägliche Druck in der Projektarbeit verhindern häufig spezifische Qualifizierungsmaßnahmen von Mitarbeitern. Übergreifende technische Fähigkeiten, Projektmanagement- sowie Kooperations- und Kommunikationsfähigkeiten müssen gezielt gefördert und entwickelt werden. Spitzenkräften eines Unternehmens muss die Möglichkeit gegeben werden, sich zu entwickeln, um Spitzenresultate erbringen zu können. Um in einem zunehmend dynamischen Automotive-Umfeld bestehen und erfolgreiche Strategien überhaupt realisieren zu können, ist es erforderlich, über die notwendigen Personalressourcen – qualitativ und quantitativ – zu verfügen.

Resultierend aus den strategischen Zielen eines Unternehmens müssen im Rahmen der operativen Planung Umfang und Qualität der benötigten Personalressourcen definiert werden. Die Personalentwicklung eines Unternehmens wirkt sich betriebswirtschaftlich auf die operative Planung auch dahingehend aus, dass in dieser alle Aufwendungen zur Qualifizierung der Mitarbeiter berücksichtigt werden müssen. Selbstverständlich beeinflusst die operative Planung auch die Personalentwicklung, da definierte Leistungen, die in einer Planungsperiode von Unternehmen erbracht werden, ein bestimmtes Qualifikationsprofil des Unternehmens und somit seiner Mitarbeiter voraussetzen.

Gezielte Personalentwicklungsmaßnahmen sind auch wesentlich für Manager-Nachwuchsprogramme, da in diesen die Führungskräfte von morgen rekrutiert und ausgebildet werden. Die Managemententwicklungs- und Nachwuchsplanung ist deshalb eine zentrale Aufgabe der Personalentwicklung, die eine hohe Bedeutung für den langfristigen Erfolg eines Unternehmens hat. Eine systematische Personalentwicklung, die bei der Auswahl von qualifizierten Führungsnachwuchskräften beginnt und bis zur gezielten Qualifizierung von Managern reicht, ist eine Kernaufgabe in der Unternehmensentwicklung. Nur so kann ein Unternehmen seine Überlebensfähigkeit langfristig sicherstellen. Assessmentcenter, Traineeprogramme, Mentoringkonzepte, Feedbacksysteme und viele weitere Werkzeuge der Personalentwicklung, die helfen, eine gezielte Mitarbeiterqualifizierung zu gewährleisten, sollten von Unternehmen genutzt und in Abhängigkeit der Unternehmensgröße organisatorisch verankert werden.

In Abhängigkeit des Führungskräftebedarfs, der in der operativen Planung definiert wird, müssen die Führungsqualifikationen von Mitarbeitern zielgerichtet entwickelt werden. Die Konzentration auf vorhandene Stärken sollte in der Personalentwicklung stets im Zentrum stehen, um das Potenzial der Mitarbeiter optimal nutzen zu können. Die Personalentwicklung beinhaltet auch die Konzeption von Laufbahnmodellen und leistet somit einen wesentlichen Beitrag zur Leistungsbereitschaft von Mitarbeitern. In der Regel binden berufliche Perspektiven Mitarbeiter weitaus stärker an ein Unternehmen als rein monetäre Anreizsysteme.

Funktionendiagramme, in denen Aufgaben, Kompetenzen und Verantwortlichkeiten für unternehmensinterne sowie unternehmensübergreifende Projekte eindeutig beschrieben sind, wirken sich direkt auf die Qualifizierungsmaßnahmen der Mitarbeiter eines Unternehmens aus, da sich die erforderlichen Fähigkeiten zur Wahrnehmung einer Aufgabe daraus ableiten lassen. Gleichzeitig hat das *»Human Capital«* eines Unternehmens Auswirkungen auf die Entwicklung und Erstellung von internen und externen Funktionendiagrammen, da es die Qualifikation eines Unternehmens und seiner Mitarbeiter darstellt und beschreibt.

4.4.3 Mitarbeiterpotenzial

Um das Potenzial von Mitarbeitern individuell entwickeln zu können, muss das vorhandene Potenzial eines Mitarbeiters bekannt sein. Das Potenzial von Mitarbeitern lässt sich am sichersten dadurch evaluieren, indem man die vorliegenden Ergebnisse aus der Summe seiner bisherigen Aufgaben in Mitarbeitergesprächen diskutiert und bewertet. Die Summe der Aufgaben eines Mitarbeiters können aus seiner Funktionsbeschreibung entnommen werden. Die Funktionsbeschreibung fasst alle Aufgaben aus den verschiedenen Funktionendiagrammen – unternehmensintern und unternehmensübergreifend – zusammen. Eine Gegenüberstellung der vorliegenden Ergebnisse eines Mitarbeiters mit seinen Zielvereinbarungen liefert eine belastbare Aussage, ob das Potenzial eines Mitarbeiters für die Wahrnehmung seiner Aufgabe ausreichend ist oder nicht.

Erzielt ein Mitarbeiter die von ihm erwarteten Ergebnisse und ist er dabei unterfordert, so ist es naheliegend, ihm größere und komplexere Aufgaben zu übertragen. Gegebenenfalls ist es dann sinnvoll, ihm eine andere Funktion mit weitreichenderen Kompetenzen und mehr Verantwortung zu übertragen. Ist der Mitarbeiter hingegen überfordert, so wird man ihn weiterqualifizieren und seinen Fähigkeiten entsprechend entwickeln. Zielvereinbarungen und erfolgsabhängige Vergütungen machen nur dann Sinn, wenn man das Potenzial von Mitarbeitern einschätzen und die Ziele daran orientieren kann.

Neben der Qualifikation eines Mitarbeiters hat vor allem die Motivation, die sich in seiner Leistungsbereitschaft und seinem Verhalten widerspiegelt, wesentlichen Einfluss auf seine individuellen Ergebnisse. Die Mitarbeitermotivation ist gerade in unternehmensübergreifenden Kooperationsformen von großer Bedeutung, da kollaborative Projekte in stärkerem Maße Eigenverantwortung und Selbstständigkeit von Mitarbeitern abverlangen. Neben attraktiven Entwicklungsmöglichkeiten im Unternehmen (Laufbahngestaltung) bestimmen aber auch monetäre Anreizsysteme wie die erfolgsabhängige Vergütung die Leistungsbereitschaft der Mitarbeiter. Da jeder Mitarbeiter letztendlich das Unternehmen repräsentiert, für das er arbeitet, muss diesem Aspekt besondere Aufmerksamkeit gewidmet werden.

Darüber hinaus werden motivierte Mitarbeiter die Sammlung, Verdichtung und Nutzung vorhandenen Erfahrungswissens im Unternehmen unterstützen. Da der Umgang mit Wissen in allen Bereichen der Automobilindustrie mehr und mehr an Bedeutung gewinnt, ist es insbesondere bei unternehmensübergreifenden Projekten wesentlich, Erfahrungen zu sichern und neuen Projekten zur Verfügung zu stellen. Eine konsequente Umsetzung von »lessons learned« in der Projektarbeit hat sich bisher nur unzureichend durchgesetzt, da die tägliche Arbeitsbelastung ein systematisches Hinterlegen von Erfahrungswissen in der Regel verhindert. Dadurch gehen den Unternehmen wertvolle Erfahrungen verloren, die insbesondere in produktionsnahen Bereichen äußerst kostbar sind.

Gerade in kleinen und mittleren Unternehmen der Automobilindustrie fehlen häufig professionelle Dokumentationen, die in Folgeprojekten außerordentlich wertschöpfend sein könnten. Fehlende Motivation, Wettbewerbsdenken unter Mitarbeitern sowie Angst um den eigenen Arbeitsplatz verhindern den Austausch und die Weitergabe von Erfahrungswissen.

Misstrauen muss vermieden werden – deshalb ist insbesondere bei der Weitergabe von Erfahrungswissen ein vertrauensvoller Umgang zwischen den Mitarbeitern eines Unternehmens zu pflegen. Eitelkeiten, überhöhter Ehrgeiz einzelner Mitarbeiter und Egoismen der Wissensträger verhindern häufig die zur Sicherung von werthaltigem Know-how notwendige Offenheit, um einen konstruktiven Wissenstransfer sicherzustellen.

Die Vernetzung des Erfahrungswissens aller Mitarbeiter ermöglicht Unternehmen eine deutlich höhere Effizienz und Effektivität in der Unternehmensentwicklung. Insbesondere das Wissen erfahrener und langgedienter Mitarbeiter eines Unternehmens ist sehr kostbar und muss gesichert werden. Großzügige Auslegungen von Vorruhestandsregelungen haben dies in der jüngsten Vergangenheit auf fahrlässige Weise übersehen, so dass das Wissen ehemaliger Mitarbeiter von Neuem aufgebaut oder teuer zugekauft werden musste.

Jüngere Mitarbeiter, die eine neue Funktion erhalten, müssen vom Erfahrungswissen ihrer älteren Kollegen profitieren können. Die zunehmende Komplexität in allen Aufgabenbereichen der Automobilindustrie erfordert einen gezielten Umgang mit Wissen. Auch wenn eine Funktion vom selben Mitarbeiter weiter besetzt wird, so ist das erarbeitete Wissen nichts desto trotz sicherzustellen, um es für andere Funktionen verfügbar zu machen.

Das Mitarbeiterpotenzial, das sich aus den Faktoren Qualifikation *(»Können«),* Leistungsbereitschaft und Motivation *(»Wollen«)* ergibt, muss ergebnisorientiert für das Unternehmen eingesetzt werden. Aufgabe des Unternehmens ist es, das Potenzial des Mitarbeiters zu erkennen und zielorientiert zu entwickeln (Qualifizierung). Die Aufgaben, Kompetenzen und Verantwortlichkeiten *(»Dürfen«)* ergeben sich dann aus der Funktion eines Mitarbeiters, die mit quantitativen und qualitativen Zielen verknüpft wird. Wird der Mitarbeiter stärkenkonform eingesetzt und kann er auf das Erfahrungswissen des Unternehmens zurückgreifen, so wird er hervorragende Ergebnisse erzielen.

4.4.4 Individuelle Mitarbeiterergebnisse

Nichts anderes als die individuellen Ergebnisse einzelner Mitarbeiter kennzeichnen den Erfolg eines Unternehmens. Das Wirkungsgefüge von der Unternehmenspolitik zu konkreten und messbaren Ergebnissen muss verstanden werden, um ein Unternehmen langfristig auf Erfolgskurs halten zu können.

Konkrete, messbare Resultate bilden die Bemessungsgrundlage für die erfolgsabhängige Vergütung, da nun ein SOLL (Plan)/IST-Vergleich mit der Zielvereinbarung möglich ist. Die erfolgsabhängige Vergütung steht somit im direkten Kontext zu den Zielvereinbarungen einerseits und den individuell erzielten Ergebnissen andererseits.

Die individuellen Mitarbeiterergebnisse müssen selbstverständlich regelmäßig kontrolliert werden, da eine Leistungsbewertung sonst nicht möglich ist. Sie müssen quantitativ und qualitativ messbar sein, um sie kontrollierbar zu machen und beurteilen zu können. Verbesserungen können nur erzielt werden, wenn bisherige Resultate beurteilt wurden und somit die gewonnenen Erkenntnisse für die Weiterentwicklung des Unternehmens nutzbar gemacht werden können.

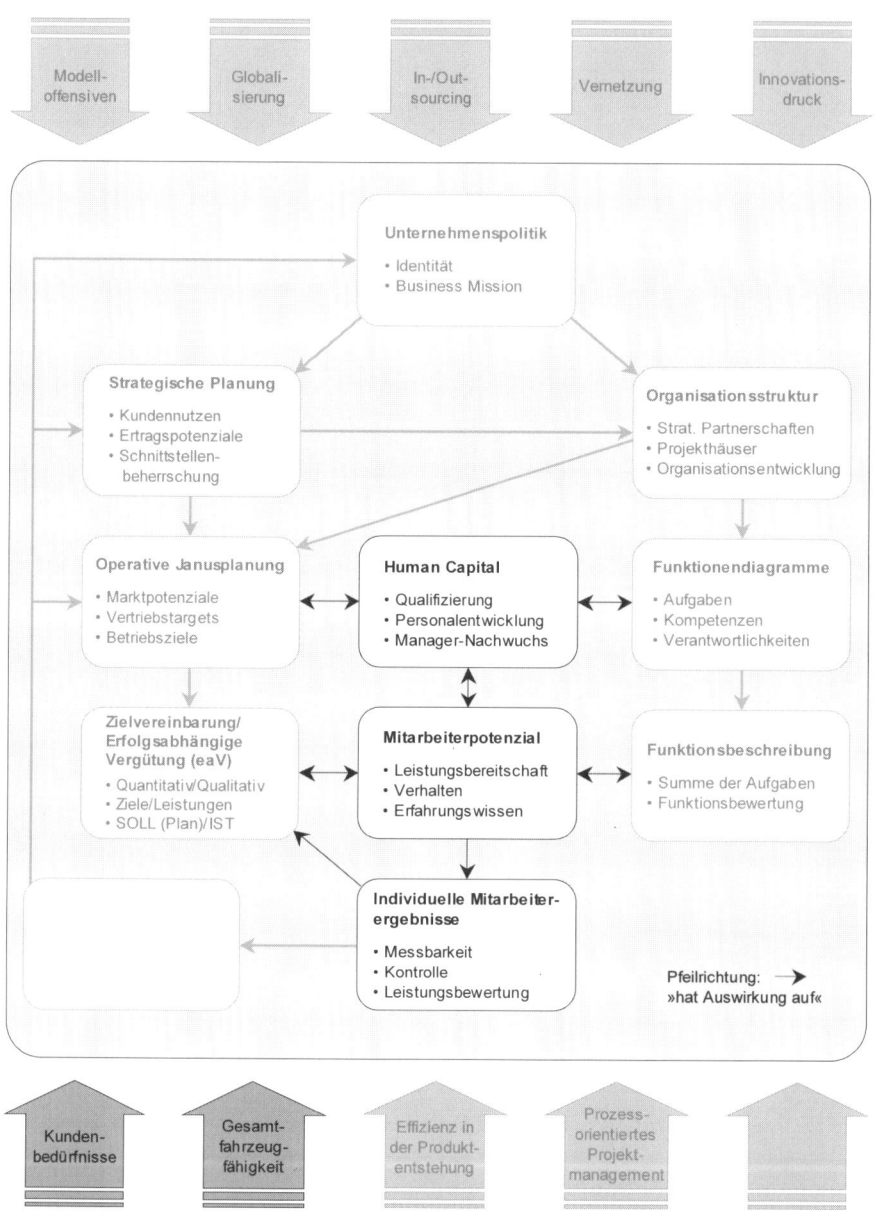

Abb. 30. Die in Kapitel 2, 3 **und 4** erörterten Handlungsfelder im Wirkungsgefüge des Management-Navigators

5 Prozessorientiertes Projektmanagement

Angelehnt an den Fahrzeugentwicklungsprozess nach VDA gliedert Abbildung 21 im dritten Kapitel die Projektarbeit der Automobilindustrie in die Segmente »*Technikprozesse*« und »*Projektmanagementprozesse*«. Mit der in Kapitel 4 erörterten Gewichtung von technischen Fähigkeiten und methodischen Kompetenzen im Projekt- und Prozessmanagement wurde klar, dass nur eine Kombination aus beiden Fähigkeiten das Fundament für eine erfolgreiche Projektarbeit in der Fahrzeugentstehung darstellen kann. Um Projekte mit allen beteiligten Mitarbeitern und Partnerunternehmen prozessorientiert managen und realisieren zu können, ist es unabdingbar, technische Inhalte bauteilübergreifend zu verstehen und Abhängigkeiten zu erkennen.

Die Konzeption, Entwicklung und Realisierung eines stimmigen und homogenen Fahrzeugs setzt von allen an der Produktentstehung beteiligten Projektpartnern bauteilübergreifende technische Fähigkeiten voraus. Insbesondere für Zulieferer, die künftig mehr Aufgaben und Verantwortung bei der Fahrzeugentstehung übernehmen sollen, werden diese Fähigkeiten bei der Integration ihrer Komponenten in das Fahrzeug zu einem wesentlichen Erfolgsfaktor der Zukunft. Obgleich dieser ganzheitliche Blick in der

Technik bereits heute vielfach vorausgesetzt wird, ist er nicht in allen Unternehmen der Branche gleichermaßen ausgeprägt, so dass die Entwicklung systemübergreifender technischer Fähigkeiten zum integralen Bestandteil der Unternehmens- und Mitarbeiterentwicklung werden sollte.

In diesem fünften Kapitel werden nun die methodischen Fähigkeiten im Projekt- und Prozessmanagement konkret analysiert, denen die befragten Experten der bereits vorgestellten Studie »*Automobilentwicklung in Deutschland – wie sicher in die Zukunft?*« die höchste Bedeutung zur Effizienzsteigerung in der Produktentstehung einräumten. Um den Themenkomplex »*prozessorientiertes Projektmanagement*« fundiert und verständlich behandeln zu können, ist es sinnvoll, »*Projektmanagement*« und »*Prozessmanagement*« zunächst getrennt voneinander zu erörtern, um abschließend beide Disziplinen im Management-Navigator wieder zu verknüpfen.[25]

5.1 Industrielles Projektmanagement

Nach DIN 69901 ist ein Projekt ein Vorhaben, das im wesentlichen durch die Einmaligkeit seiner Bedingungen gekennzeichnet ist. Die Einmaligkeit bezieht sich dabei auf Faktoren wie Zielvorgaben, personelle Zusammensetzungen oder zeitliche bzw. finanzielle Abgrenzungen gegenüber anderen Vorhaben.

Projektmanagement ist der übergeordnete Prozess, der die Gesamtheit aller Aufgaben umfasst, um eine komplexe Aufgabenstellung (= Projekt) mit Hilfe geeigneter Methoden und Werkzeuge systematisch zu strukturieren und unter Berücksichtigung der vorgegebenen Qualität, Kosten, Termine und Ressourcen zielorientiert zu führen. Die Fahrzeugentstehung von der Idee bis zur Produktion erfordert einen ganzheitlichen Projektmanagementprozess, der zur Vereinfachung in einzelne Entwicklungsphasen und Fahrzeugmodule gegliedert werden kann. Projektmanagement ist eine Schlüsseldisziplin in der Fahrzeugentstehung, die auf allen Rekursionsebenen eines Projektes (vom Einzelteil bis zum Gesamtfahrzeug) von zentraler Bedeutung ist. Jede Komponente, jedes Modul und jedes System eines Fahrzeugs unterliegt in den verschiedenen Phasen der Entstehung bestimmten Spielregeln, die vom Projektmanagement definiert, geplant und gesteuert werden. Bestmögliche Zielerreichung – bezogen auf technische Qualität, Kosten und Termine – erfordert eine reibungslose Zusammenarbeit verschiedenster Partner, die im Projektmanagement festgelegt wird. Abbildung 31 zeigt das »*magische Dreieck*« des Projektmanagements.

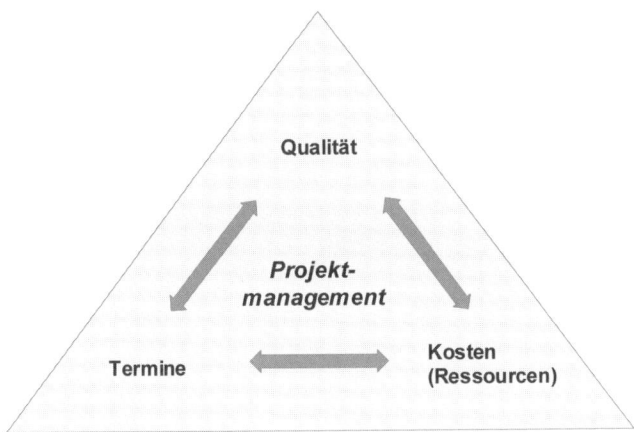

Abb. 31. »Magisches Dreieck« des Projektmanagements

Die heute als »*Multiprojektlandschaft*« bezeichnete Automobilindustrie lebt von der Definition konkreter Ziele sowie von der konsequenten Verfolgung dieser Ziele. Anders als in der Vergangenheit, als noch eine sequentielle und sehr funktionsorientierte Bearbeitung von Projekten die Automobilindustrie prägte, werden Projekte heute vermehrt parallel und vor allem interdisziplinär bearbeitet. Fachübergreifendes Projektmanagement hat heute in den Unternehmen einen sehr viel höheren Stellenwert als noch vor zehn Jahren und muss höchst professionell betrieben werden. Nur dann können Synergiepotenziale, die durch vernetzte und interdisziplinäre Projektarbeit entstehen, ergebnisorientiert genutzt werden.

Das Agieren und Reagieren in Projektteams erfordert von Unternehmen und Mitarbeitern andere Fähigkeiten als in hierarchisch geprägten Strukturen. Durch vernetztes Arbeiten erhöht sich zwar die Flexibilität von Unternehmen, jedoch nehmen auch Eigenverantwortung, Selbständigkeit und Selbstverwirklichungsmöglichkeit der Mitarbeiter zu. Umso erstaunlicher ist es, dass sich das typische Aufmerksamkeitsprofil des Managements in der Praxis so gestaltet, dass Projekte in der Regel erst zu deren Abschluss bewusst wahrgenommen werden. Noch erstaunlicher ist dieser Tatbestand vor dem Hintergrund, dass das Kostenbeeinflussungspotenzial für ein Projekt in der Definitions- und Planungsphase am größten ist. Abbildung 32 zeigt diesen Zusammenhang unter Berücksichtigung des typischen Projektkostenverlaufs über die Dauer eines Projektes.

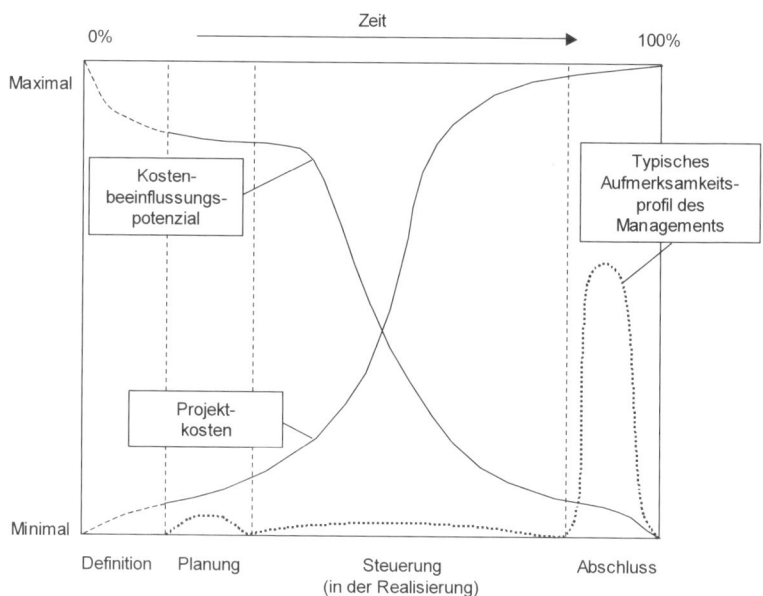

Abb. 32. Kosten, Kostenbeeinflussungspotenzial sowie Aufmerksamkeitsprofil des Managements in der Projektarbeit

Projektmanagementhandbücher, Verfahrens- und Arbeitsanweisungen, Richtlinien und Normen, Checklisten und andere Instrumente helfen nur bedingt, wenn dem Projektmanagement nicht die erforderliche Bedeutung im Unternehmen eingeräumt wird. Gerade in der sogenannten Multiprojektlandschaft der Automobilindustrie, in der der sorgfältige Umgang mit vorhandenen Ressourcen und Kompetenzen zu einem entscheidenden Erfolgsfaktor geworden ist, sollte die Arbeit in wesentlichen Projekten eines Unternehmens permanente Aufmerksamkeit vom Management erhalten. Mangelnde Informationen und unzureichende Kommunikation, laufende Änderungen, Koordinationsprobleme zwischen Linien- und Projektfunktionen sowie mangelhafte Planung und Kontrolle gefährden Unternehmungen nachhaltig und müssen deshalb stets im Fokus des Managements liegen.

Projektmanagement wird in der Regel in die Phasen »*Projektdefinition*«, »*Projektplanung*«, »*Projektsteuerung*« und »*Projektabschluss*« eingeteilt. Nachfolgende Ausführungen konzentrieren sich ausschließlich auf jene Kriterien, die von der Unternehmensführung aufmerksam verfolgt und effizient geregelt werden sollten. Standardisierte Vorlagen, Formulare und andere Werkzeuge, die dabei helfen, Projektarbeit einheitlich zu managen, sind nicht Gegenstand dieses Kapitels, da Projektmanagement in dem vorliegenden Buch zwar als eine wesentliche Funktion unternehmensübergreifender Prozesse verstanden wird, nicht aber im Fokus liegt. Risiken in der Projektarbeit frühzeitig zu erkennen, Komplexität zu beherrschen und eine klare Zielorientierung sicherzustellen, sind wesentliche Aufgaben des Managements, die im folgenden erörtert werden.

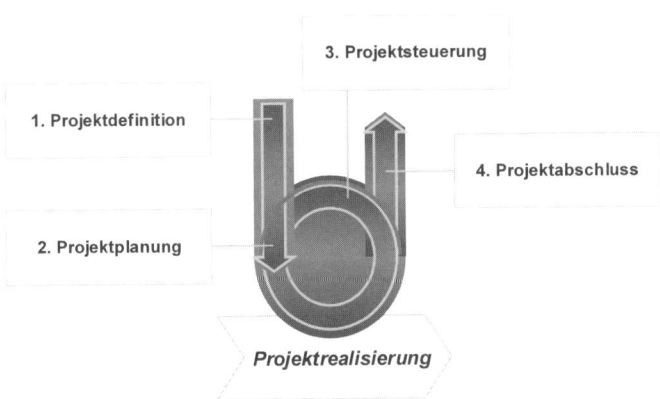

Abb. 33. Projektphasen
Quelle: R. Wagner, PROMIND/MVI Group

5.1.1 Projektdefinition

In der Definitionsphase eines Projektes geht es primär darum, die Ziele und Rahmenbedingungen klar und verbindlich zwischen Auftraggeber und Auftragnehmer zu vereinbaren. Die Verbindlichkeit der Vereinbarung ist erforderlich, um für alle Projektbeteiligten eine gemeinsame Referenz zu schaffen, die das organisatorische Zusammenspiel zwischen den Beteiligten erleichtert. Das Projektziel, das nach ISO 10006 ein »*nachzuweisendes Ergebnis oder eine vorgegebene Realisierungsbedingung im Rahmen einer Gesamtaufgabe*« darstellt, sollte stets schriftlich definiert werden. Je genauer die Rahmenbedingungen zur Zielerreichung in der Definitionsphase analysiert werden, desto besser wird das Resultat den angestrebten Zielen entsprechen. Im Sinne einer ganzheitlichen Problemlösung und zur Risikominimierung sollten im Rahmen der Projektdefinition folgende Fragen beantwortet werden:

1. Was soll erreicht werden? *(Zielsetzung)*
2. Welche Rahmenbedingungen finden wir vor? *(Situationsanalyse)*
3. Welche Lösungen sind möglich? *(Konzeptstudien)*
4. Welche Lösungen sind sinnvoll? *(Bewertung, Gewichtung)*
5. Welche Lösung soll realisiert werden? *(Entscheidung)*
6. Welche Mittel sind erforderlich? *(Umsetzung)*

Die Definition der Projektziele (1) und die Analyse des Projektumfeldes (2) sind dabei von besonderer Bedeutung, da mit der Beantwortung dieser Fragen das Fundament für ein erfolgreiches Projekt gelegt wird. Konzeptstudien und Machbarkeitsanalysen (3, 4), Projektauswahl (5) sowie vertragliche Vereinbarungen zwischen den Beteiligten (6) basieren auf klaren Zielen und sorgfältig ermittelten Rahmenbedingungen.

Ziele sollten zwischen allen Beteiligten abgestimmt werden und messbar sein. Ziele müssen verständlich und widerspruchsfrei formuliert werden, um spätere Diskussionen, die aus unterschiedlichen Ergebnisvorstellungen resultieren, zu vermeiden. Es ist zielführend, die erwarteten Ergebnisse möglichst exakt zu vereinbaren und sie bereits in der Projektdefinitionsphase mit einem realistischen Terminplan zu hinterlegen.

Im zweiten Schritt ist es erforderlich, eine detaillierte Projektumfeldanalyse durchzuführen. Alle beteiligten Partner, die in irgendeiner Weise vom Projekt betroffen bzw. ins Projekt involviert sind, müssen ihren individuellen Beitrag leisten, um die Rahmenbedingungen eines Projektes so genau wie möglich analysieren zu können. Vertrieb, Marketing, Produktion, beteiligte Fachabteilungen, Kapitalgeber und andere vom Projekt betroffene Funktionsbereiche sollten Umfeldfaktoren wie Wettbewerb, Kundennutzen, gesetzliche Spezifikationen, technische Machbarkeiten oder gesellschaftlichen Nutzen untersuchen und somit die wesentlichen Informationen für eine plausible Projektentscheidung leisten.

Die Entscheidung für oder gegen ein Projekt ist meist multifaktoriell bedingt und muss deshalb die verschiedenen Sichtweisen der Projektbeteiligten integrieren. Sowohl innerhalb des Unternehmens, als auch zwischen Auftraggeber und Auftragnehmer muss ein Zielkonsens vorliegen, der im Rahmen der Projektdefinition alle projektbeeinflussenden Parameter berücksichtigt. Transparenz bezüglich Projektablauf, Zeit und Kosten sowie klare Zuständigkeiten (Funktionendiagramme) ermöglichen im Anschluss eine detaillierte Projektplanung.

5.1.2 Projektplanung

Basierend auf den Erkenntnissen der Projektdefinition gilt es in dieser zweiten Phase, Strukturen (Organisation) und Ressourcen, Kosten und Termine sowie eventuelle Risiken möglichst detailliert zu planen. Die Planung ist die gedankliche Vorwegnahme der Projektrealisierung und deshalb vorentscheidend für den Projekterfolg. Die wachsende Komplexität von Projekten in der Automobilindustrie zwingt zu gezielten und systematischen Planungsprozessen, vor allem im Projekt selbst. Da eine qualitativ hochwertige und belastbare Planung den Realisierungsaufwand im Projekt erheblich reduziert, ist diese Vorleistung zielführend und in den meisten Fällen unbedingt erforderlich. Die Planung sollte so detailliert sein, dass Chancen und Risiken im Projekt bereits vor der Umsetzung bekannt sind, Entscheidungssicherheit gewährleistet ist und somit Unsicherheiten bezüglich des Projektablaufes bereits im Vorfeld minimiert werden können. Gleichzeitig sollte die Planung aber so einfach wie möglich sein, da sie Zeit kostet, vom operativen Handeln abhält und bei zu stringenten Vorgaben die Kreativität und Flexibilität aller Beteiligten einschränkt. Die nachfolgende Abbildung zeigt die wesentlichen Schritte der Planung von der Zielvereinbarung bis zum Start eines Projektes.

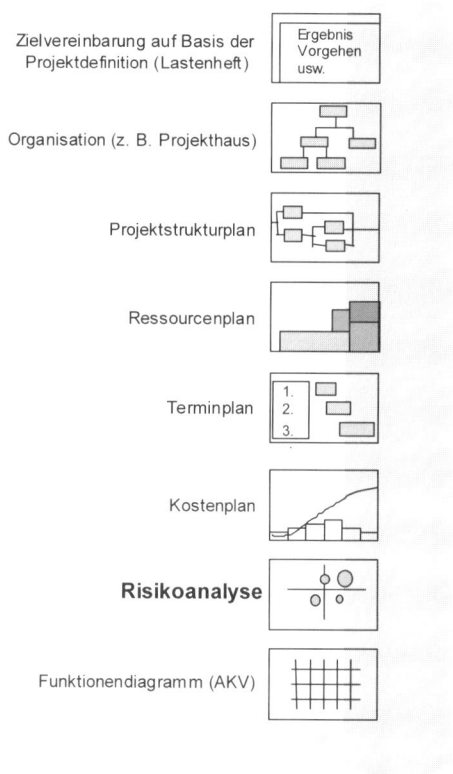

Abb. 34. Planungskaskade von der Zielvereinbarung bis zum Projektstart

Bezogen auf die dargestellte Planungskaskade ist vor allem die Risikoanalyse für das Management eines Unternehmens von Bedeutung, da hier mögliche Ereignisse oder Situationen mit negativen Auswirkungen auf das Projekt bereits im Vorfeld analysiert und beschrieben werden. Ob strukturelle Risiken wie die organisatorische Kunden-/Lieferantenbeziehung, Steuerungsrisiken wie Planungsmängel, technologische Risiken wie konstruktive Machbarkeiten oder wirtschaftliche Risiken wie mögliche Liquiditätsengpässe über die Projektlaufzeit – alle Risikofaktoren müssen identifiziert und bewertet werden. Dabei gilt es, folgende Fragen zu beantworten:

1. Welche Risiken können auftreten?
2. Wie hoch ist deren Eintrittswahrscheinlichkeit?
3. Worin liegen die Ursachen der Risiken?
4. Welche Auswirkungen haben die Risiken?
5. Gibt es Verkettungen verschiedener Risiken?
6. Wie entwickeln sich die Risiken über den Projektverlauf?

Die Analyse des Projektumfeldes im Rahmen der Projektdefinition liefert hierfür bereits wesentliche Informationen. *Fehler-Möglichkeits-* und *Einfluss-Analysen* (FMEA: »*Failure Mode Effect Analysis*«) sollten für die Projektrealisierung vorgesehen und bereits in der Planungsphase berücksichtigt werden (Entwicklung und Fertigung). Selbstverständlich dürfen nicht nur technologische Parameter (Geometrie, Werkstoffe etc.) untersucht werden, sondern auch Organisations- und Qualifikationsprofile der Beteiligten. Abbildung 35 zeigt eine mögliche grafische Darstellung für die Risikoanalyse. In Abhängigkeit von der Tragweite eines Ereignisses mit negativen Auswirkungen und der Eintrittswahrscheinlichkeit im Laufe eines Projektes können die Risiken bestimmten Feldern zugeordnet werden, die es ermöglichen, bereits in einer frühen Projektphase entsprechende Gegenmaßnahmen vorzusehen.

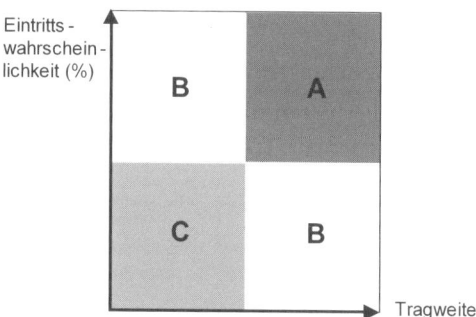

Feld A: Sofortmaßnahmen planen
Feld B: Gegenmaßnahmen planen
Feld C: keine Maßnahmen planen, aber im Auge behalten

Abb. 35. 4-Felder-Methode zur Risikoanalyse

Unabhängig von der Projektorganisation (Stabs-Projektorganisation, Matrix-Projektorganisation, autonome Projektorganisation oder Projekthaus), Projektstrukturplänen (funktionsorientiert oder objektorientiert), Phasenmodellen *(»kritische«* und *»unkritische«* Pfade), Termin- und Ressourcenplänen (Kapazitäten) sollte die Risikoanalyse vom Management in jedem Fall gefordert, analysiert und begutachtet werden. Eine Budgetzuteilung ohne eine fundierte Risikoanalyse ist riskant und unternehmerisch fahrlässig. Eine rein betriebswirtschaftliche Betrachtung, wie sie in vielen Fällen stattfindet und in der lediglich die geplanten Erlöse und anfallende Kosten gegenübergestellt werden, reicht nicht aus.

Neben der Wirtschaftlichkeitsbetrachtung gilt es eine ganze Reihe anderer Kriterien zu kennen, um Entscheidungen für oder gegen Projekte treffen zu können. Abbildung 36 zeigt Projektorganisationen der Automobilindustrie bei einer zunehmenden Projektkomplexität und entsprechende Formen des Projektmanagements.

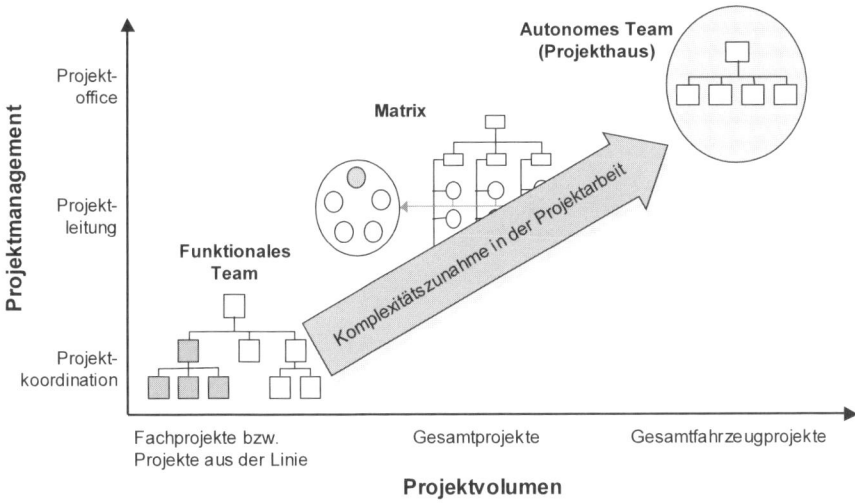

Abb. 36. Projektorganisationen bei einem zunehmenden Projektvolumen und zunehmenden Projektmanagementanforderungen
Quelle: In Anlehnung an R. Wagner, PROMIND/MVI Group

5.1.3 Projektsteuerung

Aufgabe und Ziel der Projektsteuerung ist es, durch eine fortlaufende Überwachung von Qualität, Kosten und Terminen sicherzustellen, dass bei etwaigen Plan-Abweichungen rechtzeitig die richtigen Korrekturmaßnahmen eingeleitet werden. Nur so kann das Erreichen der Projektziele im vorgegebenen Rahmen gewährleistet werden. Ein systematischer SOLL/IST-Vergleich hinsichtlich Qualität, Kosten und Terminen setzt eine fundierte Projektplanung voraus. Die kontinuierliche Bewertung von Zwischenergebnissen im Projekt ermöglicht der Projektsteuerung, Prognosen über den weiteren Projektverlauf abzugeben und Korrekturmaßnahmen bei Planungsabweichungen vorzuschlagen und einzuleiten. Abbildung 37 zeigt den Regelkreis von der IST-Wert-Erfassung bis zum Einwirken in die operative Projektarbeit.

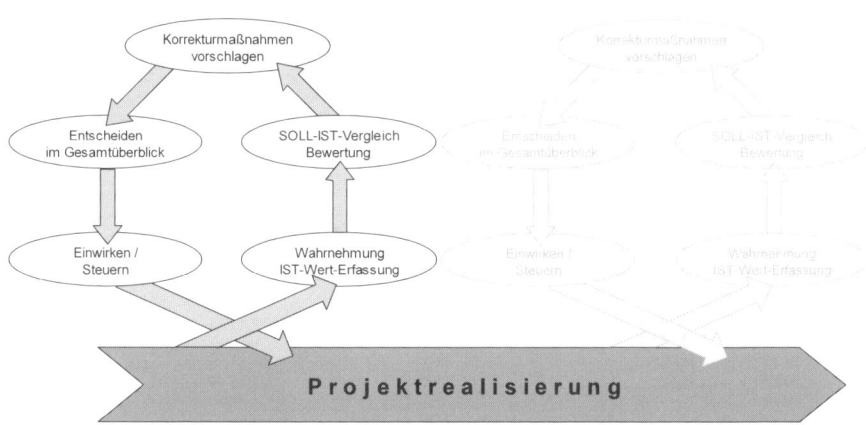

Abb. 37. Regelkreis der Projektsteuerung
Quelle: In Anlehnung an R. Wagner, PROMIND/MVI Group

Die Aufgabe der Projektsteuerung sollten ausgebildete Projektcontroller übernehmen. Um Steuerungsaufgaben in der Projektarbeit wahrnehmen zu können, müssen sie bereits bei der Projektdefinition, Projektplanung und Angebotslegung eingebunden werden. Projektcontroller unterstützen die Projektteams methodisch, indem sie Projektdaten systematisch sammeln, verdichten, analysieren und aufbereiten. Ein fundiertes Berichtswesen hilft, Projektfortschritte zu bewerten und Erfahrungswissen zu sichern. Projektcontroller benötigen deshalb permanenten Zugriff auf sämtliche Projektunterlagen und Projektdaten. Transparenz hinsichtlich aller Projekttermine und -kosten ist erforderlich, um projektübergreifende Redundanzen und etwaige Ressourcenkonflikte zu vermeiden. Eine vollständige und rechtzeitige Datenbereitstellung durch den Projektcontroller hilft dem Management, richtige Entscheidungen im Gesamtkontext des Unternehmens zu treffen.

Die Bedeutung der Projektcontroller wird von vielen Unternehmen noch immer unterschätzt. Operative Hektik im Projekt, die häufig in Plan- und Ziellosigkeit mündet, kann durch ein gutes Projektcontrolling kompensiert werden. Unprofessionelles Änderungsmanagement, das in vielen Projekten eine operative Schwachstelle darstellt, wird durch den Einsatz von Projektcontrollern vermieden. Das Unternehmenscontrolling ist ohne ein professionelles Projektcontrolling nicht möglich, da Erlös- und Kostenverlaufsprognosen in Projekten fundiertes Wissen über den inhaltlichen Projektfortschritt voraussetzen. Unvorhersehbare Änderungen in Projekten sind nicht die Ausnahme, sondern die Regel und so ist es entscheidend, dass diese Änderungen bewertet und gegebenenfalls neue Rahmenbedingungen bezüglich Zeit und Kosten vereinbart werden.

Sollte es aufgrund gravierender Änderungen im Laufe des Projektes keine Aussichten mehr auf Erfolg geben, so ist es auch die Aufgabe des Projektcontrollings, den Projektabbruch vorzubereiten. Abschließend übernehmen Projektcontroller die Aufgabe, Projektabschlussberichte zu erstellen und mit allen Beteiligten Projektreviews durchzuführen.

5.1.4 Projektabschluss

Mit Erreichen des Projektziels werden alle Ergebnisse der Projektarbeit an den Auftraggeber übergeben, der die Projektergebnisse freigibt oder abnimmt. Zu diesem Zeitpunkt sollte ein systematischer Projektabschluss durchgeführt und alle gesammelten Erfahrungen gesichert werden. Um Gewährleistungsrisiken und spätere Nachbesserungen auszuschließen, sollte der Projektabschluss stets in Form einer gemeinsamen Vereinbarung (Abschlussbericht) zwischen Auftraggeber und Aufragnehmer erfolgen. So ist ein zeitnahes und zuverlässiges Feedback des Auftraggebers zur erbrachten Leistung sichergestellt und die Verzögerung von Abschlussbewertungen ausgeschlossen. Frei werdende Ressourcen können in neuen Projekten eingesetzt werden.

Da die Zufriedenheit des Kunden in jedem Projekt maßgeblich ist, sollte im Rahmen des Abschlussberichtes eine schriftliche Abnahme bzw. Freigabe durch den Kunden erfolgen. Eine schriftliche Bestätigung, dass die Projektziele erreicht wurden, kann späteren Diskussionen bezüglich etwaiger Mängel, Minderungen und Nachbesserungen vorbeugen.

Im Abschlussbericht sollten auch Fristen vereinbart werden, in welchen notwendige Nachbesserungen durchgeführt werden. Da mit Abschluss des Projektes die Identifikation der Mitarbeiter mit dem Projekt schwindet und in der Regel wenig Motivation für Restarbeiten besteht, ist eine Nachbetreuung zu vereinbaren, die etwaige Abschlussarbeiten sicherstellt. Der Projektabschlussbericht sollte folgende Punkte beinhalten:

☐ Projektziele (ursprüngliche Aufgabenstellung)
☐ Projektverlauf (Ergebnisse)
☐ Projektkosten (über die gesamte Projektlaufzeit)
☐ Probleme bei der Projektabwicklung (Budget, Termine)
☐ Übergabe-(Abnahme-)Protokoll
☐ Kundenzufriedenheit (Folgeprojekte)
☐ Nachbetreuung (Abschlussarbeiten)
☐ Empfehlungen für Folgeprojekte *(»lessons learned«)*

Für die Nachkalkulation der Projektkosten über die Projektlaufzeit bietet sich – unabhängig von der eingesetzten Software im Projektmanagement (MS-Project, SAP, ...) – eine einfache Gegenüberstellung der kumulierten Sollkosten (Plankostenlinie) mit den Istkosten (Kostensummenlinie) an. Abbildung 38 zeigt exemplarisch eine solche Gegenüberstellung unter Berücksichtigung der Kostenganglinie und des kumulierten Zahlungsplanes.

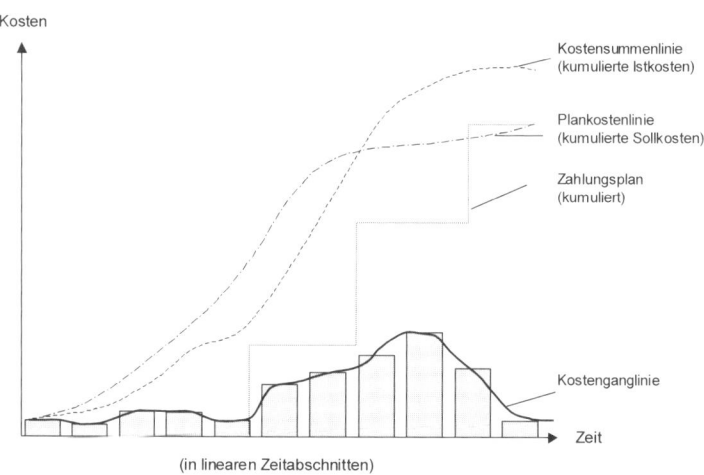

Abb. 38. Typischer Projektkostenverlauf

Ein kontinuierlicher Verbesserungsprozess (KVP) in Unternehmen erfordert professionell durchgeführte Projektreviews mit allen Beteiligten. Darüber hinaus sind diese Projektreviews ein wesentlicher Bestandteil der Unternehmensqualifizierung, da eine Gegenüberstellung der Projektplanung (SOLL) mit den Projektergebnissen (IST) Defizite in der Projektrealisierung aufzeigt und Optimierungspotenziale transparent macht.

5.1.5 Fazit

Die Definition, Planung, Steuerung sowie der professionelle Abschluss von Projekten sind die wesentlichen Aufgaben des Projektmanagements. Im Projektmanagement werden Hintergründe und Rahmenbedingungen zu Projekten analysiert, Ziele und Vorgehensweisen vereinbart, Kosten (Budgets) und Termine festgelegt, Beteiligte (an verschiedenen Orten) gesteuert und konkrete Resultate erzielt. Alle Tätigkeiten im Projekt werden über eine bestimmte Zeitachse geplant, gesteuert und realisiert. Auf der Basis von Ablauf-, Termin- und Ressourcenplänen werden Arbeitspakete festgelegt, kalkuliert und abgearbeitet. Wirtschaftlichkeitsbetrachtungen, Zahlungspläne, Budgetzuteilungen und Änderungskostenkontrollen werden vom Projektmanagement in Statusberichten dargestellt und unterstützen das Management bei der Führung eines Unternehmens. Die professionelle Erfassung und Planung aller Projekte eines Unternehmens mit Terminen und Ressourcen ist eine Grundvoraussetzung, um unternehmerisch erfolgreich agieren zu können. Die Verdichtung der Informationen aus allen Projekten ermöglicht dem Management zeitnahe Aussagen über die operative Auslastung und eine ergebnisorientierte Ressourcensteuerung im Unternehmen.

Ein funktionierendes Multi-Projektmanagement (MPM), in dem alle Projekte eines Unternehmens zusammengefasst und dargestellt werden, ist nicht nur ein wesentlicher Erfolgsfaktor für das Einzelunternehmen, sondern auch die Basis für ein zielorientiertes Prozessmanagement in der fachbereichsübergreifenden Fahrzeugentstehung mit verschiedenen Partnern. Eine effiziente und effektive Zusammenarbeit zwischen verschiedenen Partnern in der Fahrzeugentstehung setzt ein professionelles Projektmanagement voraus, in dem alle Beteiligten ein gemeinsames Projektmanagementverständnis haben. Klare Regelungen bezüglich Qualität, Kosten und Terminen sind erforderlich, um im Rahmen des Fahrzeugentstehungsprozesses Schnittstellenprobleme und Blindleistungen zu vermeiden, Änderungen zu beherrschen und Innovationen zu ermöglichen.

Im Anhang finden Sie mit der Fallstudie *»Entwicklung eines Konzeptfahrzeuges«* ein fiktives Projektbeispiel, in dem wesentliche Aspekte eines professionellen Projektmanagements zusammengefasst wurden.

5.2 Automotives Prozessmanagement

Wie bereits in Kapitel 3 ausgeführt, findet Projektmanagement in allen Fahrzeugentstehungsphasen statt, vom Konzept eines Fahrzeugs bis zu dessen Produktion. In Abbildung 21 wurde in Anlehnung an den VDA der klassische Produktentstehungsprozess eines Automobils von der Idee bis zur Serie aufgezeigt. Die stark vereinfachte Darstellung gilt im Prinzip für alle Module eines Fahrzeugs (Karosserie, Fahrwerk, Antrieb, Elektrik/Elektronik), wie sie in Kapitel 4 am Beispiel des GT 6 beschrieben wurden.

Die Konzeption, Entwicklung und Realisierung eines stimmigen und homogenen Fahrzeugs erfordert neben den beschriebenen bauteilübergreifenden technischen Fähigkeiten auch ein methodisches Prozessverständnis, das in der Produktentstehung komplexer Systeme und Komponenten von fundamentaler Bedeutung ist. Dies gilt nicht nur für Systemlieferanten und Entwicklungsdienstleister, die bauteilübergreifende Modul- und Gesamtfahrzeugverantwortung übernehmen, sondern in zunehmendem Maße auch für Teile- und Komponentenzulieferer, die für das jeweilige Modul, an dem sie beteiligt sind, den Produktentstehungsprozess verstehen und effizient umsetzen müssen.

Projektarbeit, die über Unternehmensgrenzen hinaus geht, setzt also nicht nur einen ganzheitlichen Blick in der Technik voraus, sondern auch ein übergreifendes Prozessverständnis für die Produktentstehung. Abbildung 39 zeigt, dass nur eine gezielte Verknüpfung von Technik- und Methoden-Know-how eine effektive und effiziente Fahrzeugentstehung gewährleisten kann.

Alle erforderlichen Prozessfähigkeiten, wie die Beherrschung projektspezifischer CAx-Technologien (CAD: Computer Aided Design, CAM: Computer Aided Manufacturing, usw.), wie die Beherrschung von Produktdatenmanagement (PDM) und Datenfernübertragung (DFÜ), wie die Beherrschung von Fehler-Möglichkeits- und Einflussanalysen (FMEA), wie die Beherrschung von Konfigurations- (Änderungs-) und Supply Chain Management (SCM) setzen voraus, dass ein substanzielles technisches Verständnis für die Fahrzeugentstehung vorhanden ist.

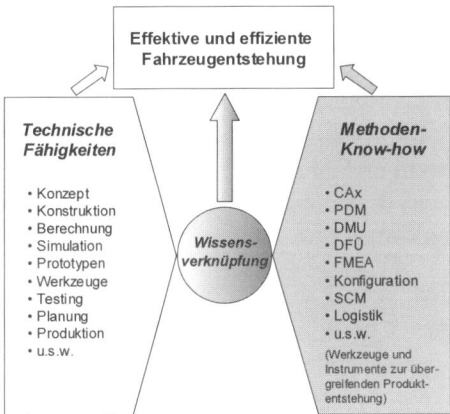

Abb. 39. Komplementärstrategie in der Fahrzeugentstehung – Verknüpfung von technischen Fähigkeiten und Methoden-Know-how

In Abbildung 23 wurde das Abhängigkeitsprofil von Marktanforderungen und Prozessintegration bereits schematisch aufgezeigt, indem für die Koordinationsfunktion der modulübergreifenden Produktentstehung die Funktion eines neutralen Prozessintegrators vorgestellt wurde. Im Gegensatz zu den Ausführungen in Kapitel 3, das die integrierte Produktentstehung in neuen Organisationsformen aus strategischer Sicht beschreibt, gelten nachfolgende Ausführungen ausschließlich der operativen Prozesskompetenz. Am Beispiel der Rohbauentwicklung eines Automobils werden im folgenden methodische Fähigkeiten im Prozessmanagement erörtert, da insbesondere in diesem Modul Prozesskompetenz von herausragender Bedeutung ist.[26]

Der Rohbau eines Fahrzeugs gilt in der Branche seit jeher als »*Keimzelle des Automobilbaus*«, da quasi alle weiteren Komponenten (Ausstattungsteile, Fahrwerk, Antrieb, Elektrikumfänge, ...) an der Karosserie fixiert werden. Abbildung 40 zeigt den industriellen Produktentstehungsprozess des Rohbaus vom Design bis zur Serienproduktion. Der dargestellte Produktentstehungsprozess wurde zur Vereinfachung in die Einzelprozesse Produktentwicklung, Werkzeugengineering (Prototyp/Serie) und Anlagenbau gegliedert. Die Zeitangaben von –54 Monate bis 0 (SOP: »*Start of Production*«) sind in Abhängigkeit von der Komplexität eines Projektes unterschiedlich und deshalb ein rein fiktiver Wert. Die Abbildung ist lediglich schematisch zu verstehen und soll dem grundsätzlichen Verständnis der Produktentstehung im Rohbau dienen.

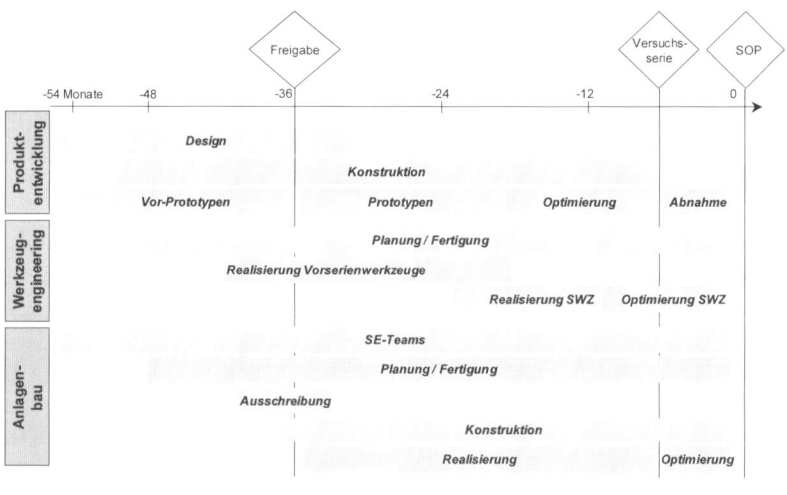

Abb. 40. Produktentstehungsprozess des Karosserierohbaus

5.2.1 Rohbau

Um die technische Komplexität des Rohbaus zu verstehen, ist es sinnvoll, die Architektur einer Karosserie zu studieren. Ein Karosserierohbau besteht im PKW-Bereich in der Regel aus 200 bis 300 Einzelteilen, die zusammengefügt werden. Die Strukturierung des Karosserierohbaus in einzelne Baugruppen wie Boden, Vorderwagen, Zelle, Hinterwagen und Türen/Klappen ist eine mögliche Gliederung, um die Komplexität des Gesamtsystems zu reduzieren. Jede dieser Baugruppen kann nun ihrerseits wieder in Zusammenbaumodule (ZSB) gegliedert werden, so dass am Ende ein Stammbaum für den Karosserierohbau entsteht. Die nachfolgende Grafik 41 zeigt einen Teil eines solchen Stammbaums, der die Struktur eines beliebigen Karosserierohbaus abbildet. Bei dieser Darstellung handelt es sich bewusst um eine Vereinfachung des Stammbaums, da in der Praxis eine Vielzahl von funktionalen Erfordernissen eine solche Struktur nicht zulassen. Auf Schnittstellen zu anderen Modulen des Fahrzeugs (Ausstattungsumfänge, Verkabelung, ...) wurde absichtlich verzichtet, da die Abbildung lediglich dem grundsätzlichen Verständnis der folgenden Ausführungen dienen soll.

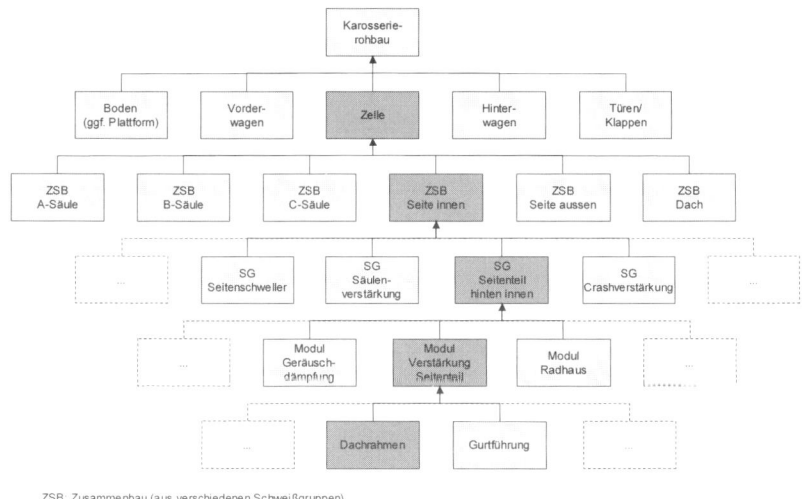

Abb. 41. Architektur eines beliebigen Karosserierohbaus

Jedes Einzelteil unterliegt spezifischen Anforderungen bezüglich Technik, Terminen und Kosten. Ein professionelles Projektmanagement, wie es in Kapitel 5.1 beschrieben wurde, hilft, die Anforderungen zu erfüllen und das angestrebte Ergebnis zu erreichen.

Kompliziert wird es dann, wenn scheinbar geringfügige Änderungen im Entstehungsprozess der Karosserie weitreichende Auswirkungen auf die Gesamtstruktur des Rohbaus haben. Ist es beispielsweise erforderlich, die Verbindungstechnik (schrauben statt schweißen) des Dachrahmens zu ändern, um Reparaturlösungen für den Crashfall zu vereinfachen, dann hat dies erhebliche Auswirkungen auf die gesamte Architektur des Karosserierohbaus. »*Schrauben statt schweißen*« bedeutet, dass von dieser Änderung nicht nur der Dachrahmen selbst, sondern auch das komplette Modul zur Verstärkung des Seitenteils, die übergeordnete Schweißgruppe zum Seitenteil, die Seite innen und letztendlich auch die Zelle der Karosserie betroffen ist.

Es ist naheliegend, dass die Auswirkungen einer solchen Änderung nicht nur für die Technik, sondern auch für den Terminplan und die Kosten erheblich sind, da es viele Entwicklungsbeteiligte gibt, die von der Änderung der ursprünglichen Konfiguration betroffen sind. Nur ein eindeutiger und lückenloser Informationstransfer einer solchen Änderung stellt sicher, dass durch eine reibungslose und präzise Logistik der Fahrzeugentstehungsprozess nicht beeinträchtigt wird. Unvermeidliche Änderungen, die die Konstruktionsziele in der Karosseriestruktur verändern, erfordern deshalb eine frühzeitige Transparenz bezüglich der Auswirkungen auf die Technik, Termine und Kosten des Gesamtsystems (Frühwarnsystem). Dies setzt für jeden Entwicklungsstand eine unbedingte Konformität der Daten voraus. Ist diese Konformität nicht gegeben, können Konsequenzen aus Änderungen nicht bewertet werden. Wann, wie und warum Änderungen erfolgen, muss den Beteiligten bekannt sein, da sonst in falsche Richtungen gearbeitet wird und Friktionen entstehen.

Ein diszipliniert geführtes Projektmanagement ist wesentlich, um die Auswirkungen von Änderungen aufzeigen zu können. Wichtiger noch ist es, den Kernprozess der Fahrzeugentstehung zu verstehen und technische Auswirkungen für den Gesamtprozess analysieren und bewerten zu können. Spezifikationen des vorgegebenen Lastenheftes zu erfüllen und anvisierte Projektergebnisse zu realisieren, setzt voraus, dass der Fahrzeugentstehungsprozess ganzheitlich verstanden und koordiniert wird. Ein professionelles Projektmanagement, das sicherstellt, dass die definierten Termine, Kosten und Qualitätsziele erreicht werden, ist dabei von fundamentaler Bedeutung. Das Projektmanagement hilft, Anfragen zu strukturieren, Projekte zu analysieren, Angebote zu erstellen und Projekte in einer vorgegebenen Zeit und vorgegebenen Kosten zu steuern und zu kontrollieren. Es kann aber nicht die technischen Schnittstellen im Fahrzeugentstehungsprozess koordinieren und die zur Endabnahme kommenden Konfigurationen sicherstellen. Projektmanagementprozesse und technische Entwicklungsprozesse beeinflussen sich im Rahmen der Fahrzeugentstehung gegenseitig und können daher nur miteinander eine erfolgreiche Zielerreichung gewährleisten. Abbildung 15 veranschaulichte die Verknüpfung von Produktentwicklung und Projektmanagement am Beispiel eines Projekthauses.

5.2.2 Produktentwicklung

Abbildung 40 zeigte die frühzeitige Integration der Funktionen Planung und Fertigung in die Produktentwicklung, wie sie bereits im dritten Kapitel ausführlich beschrieben wurde. In der Produktentwicklung erhöhen iterative Paralleluntersuchungen der Planung und Fertigung die Prozesssicherheit in der Rohbauentstehung bezüglich fertigungstechnischer Machbarkeiten und bewirken in frühen Entwicklungsphasen eine höhere Datenqualität, die das Entwicklungsrisiko minimiert. *»Frontloading«* in der Produktentstehung durch die Bewertung fertigungstechnischer Machbarkeiten setzt den Einsatz von Techniken wie Digital Mock Up (DMU) voraus. Nur so kann eine Synchronisation der beteiligten Partner in der Projektarbeit sichergestellt werden, was vor allem bei Änderungen wesentlich ist.

Nach der Festlegung des Designs und der Konzepte ist es in der Entwicklung des Karosserierohbaus von Beginn an von Bedeutung, konstruktive Kollisionen und Überschneidungen zwischen den verschiedenen Modulen (Vorderwagen, Zelle, Hinterwagen, Türen/Klappen) zu vermeiden. Ein regelmäßiger und reibungsloser Daten- und Informationstransfer ist erforderlich, um Missverständnisse und Entwicklungsschleifen zwischen den beteiligten Partnern auszuschließen. Gerade Konstruktionsänderungen an den Schnittstellen zwischen verschiedenen Modulen können nur in enger Zusammenarbeit und Abstimmung durchgeführt werden. Schnittstellenbeherrschung über eine laufende Datenfernübertragung (DFÜ) ist deshalb eine wesentliche Aufgabe des Prozessmanagements.

Software, wie sie beispielsweise in der parametrischen Konstruktion eingesetzt wird (ein Bauteil wird geändert und von der Änderung betroffene Bauteile ändern sich automatisch mit), unterstützt dabei, diese Schnittstellen zu beherrschen. Anpassungsleistungen in optisch kritischen Bereichen (z.B. Bombierungen und Radien in Sichtflächen), kinematische Optimierungen und andere Änderungen setzen eine organisatorische Verzahnung aller Partner voraus (Projekthausphilosophie). Zentrale Ansprechpartner und einheitliche Informationsmechanismen helfen, bestmögliche Kommunikation sowie einen zielgerichteten Daten- und Informationstransfer sicherzustellen. Dies gilt insbesondere auch für die Aussteuerung der beteiligten Komponenten und Systemlieferanten, die Berechnungen und Simulationen durchführen oder Prototypenteile herstellen.

Die laufende Berücksichtigung neuer Normen (beispielsweise in der Konstruktion) und Gesetze (beispielsweise Kopfaufschlag-Kriterien zum Schutz der Insassen) erfordert im Rahmen der Bauteileentwicklung einen permanenten Abstimmungsprozess zwischen der Konstruktion, der technischen Berechnung und Simulation sowie dem Prototypenbau und der Erprobung. Darüber hinaus ist in der konzeptionellen und konstruktiven Entwicklungsarbeit die Abstimmung mit Rohbau-anschließenden Modulen (wie Innenausstattung oder Elektrik) sicherzustellen, um Entwicklungsschleifen auch in diesen Bereichen zu vermeiden. Da die Rohbauentwicklung in Zukunft maßgeblich von Fahrzeugsicherheitsaspekten beeinflusst wird (aktive und passive Sicherheit, Rückhaltesysteme, ...), müssen auch Spezialisten aus diesem Bereich die Produktentwicklung von Anfang an begleiten. Dasselbe gilt für Akustikingenieure und Schwingungstechniker, um nur einige Fakultäten zu nennen. Die Komplexität ist enorm und erfordert über die gesamte Rohbauentwicklung hinweg ein äußerst diszipliniertes Informationsmanagement, das durch ein übergreifendes Prozessmanagement definiert wird.

5.2.3 Werkzeugengineering

Wesentliche Einflussfaktoren auf den Produktentstehungsprozess des Rohbaus ergeben sich auch aus der Konstruktionsbegleitung und der Werkzeugerstellung im Rahmen des Werkzeugengineerings. Das Werkzeugengineering im Karosserierohbau beinhaltet unter anderem die Entwicklung und Fertigung von Presswerkzeugen für alle Einzelteile, die individuell geplant, realisiert und zur Produktion in Betrieb genommen werden müssen.

Der Rohbau eines Fahrzeugs besteht aus bis zu 300 Einzelteilen, die zu einer Karosserie zusammengesetzt werden. Jedes Einzelteil muss für sich fertigungstechnisch machbar und in den Gesamtrohbau integrierbar sein. Die Planung und Betreuung von Fertigungsprozessen sowie die Festlegung von Materialabläufen und Methoden für die verschiedenen Arbeitsfolgen im Rohbau sind äußerst kompliziert und erfordern Qualifikationen in den verschiedenen Bereichen des Werkzeugengineerings. Neben Produkt-Know-how und Qualitätsverständnis für das Endprodukt ist es beispielsweise erforderlich, Spann- und Fixiervorrichtungen für den Zusammenbau der Einzelteile festlegen und bewerten zu können. Darüber hinaus sind Kenntnisse im Anlagenbau hilfreich, da der Rohbau stets nur im Gesamtkontext des Endprodukts betrachtet werden kann.

Das Werkzeugengineering im Karosserierohbau umfasst für Presswerkzeuge im wesentlichen folgende Aufgaben:

□ Begleitung der Produktentwicklung (gemeinsame DMU)
□ Evaluierung werkzeugtechnischer Machbarkeiten
□ Ziehsimulation/Methodenplan (zur Herstellung der Bauteile)
□ Konstruktion der Werkzeuge
□ Werkzeugbau Vorserie (Formmuster, Prototypenvorserie)
□ Werkzeugbau Serie (Nullserie, Abnahme, Optimierung)
□ Festlegung der Fügefolge sowie Spann- und Fixierkonzepte
□ Zusammenbau der Einzelteile (Verbindungstechnik)

Der Prozess vom Konstruktionskonzept bis zur Serienfertigung setzt im Werkzeugengineering vergleichbare methodische Fähigkeiten voraus wie in der Produktentwicklung. Um Toleranzstudien erstellen, Funktionsmaße festlegen, Änderungskosten bewerten und Gussmodelle verantworten zu können, muss auch der Werkzeugengineeringprozess bauteilübergreifend verstanden und gesteuert werden. Nur wenn alle Projektbeteiligten ein gemeinsames Verständnis bezüglich des Werkzeugerstellungsprozesses haben, ist eine ergebnisorientierte Kommunikation möglich, die unter Beachtung von Kosten, Investitionen und Terminen sowie Raum- und Qualitätsvorgaben gute Resultate erzielt. Die Absicherung von werkzeugtechnischen Machbarkeiten in einem frühen Stadium der Produktentwicklung und die Vermeidung von fertigungsbedingten Änderungen durch eine frühzeitige Involvierung der Werkzeugzulieferer erfordert neben fachlichen Fähigkeiten vor allem methodisches Know-how zur Beherrschung der technischen Schnittstellen. Konsequentes Controlling der Werkzeuglieferanten inklusive des Änderungsmanagements setzt disziplinierte und konsequent gelebte Prozesse im Werkzeugengineering voraus, die definiert und gelebt werden müssen.

5.2.4 Anlagenbau

Der Anlagenbau für den Karosserierohbau reicht von der Fertigungs- und Logistikplanung bis zum Aufbau und zur Inbetriebnahme der Produktion. Er umfasst die Betriebsmittelentwicklung, die Fertigung von Vorrichtungen und Produktionseinrichtungen sowie die Realisierung von Montagesteuerungs- und Logistiksystemen im Rohbau. Die Planung und Realisierung kompletter Fertigungslinien und Fabriken gehört zweifellos zu den komplexesten Aufgaben der Automobilindustrie. Nachfolgende Ausführungen können sich deshalb nur auf einige wesentliche Aspekte beziehen, die dem automotiven Prozessverständnis in der Fahrzeugentstehung dienen.

Analog zum Werkzeugengineering ist es im Rahmen der Karosserieentstehung sinnvoll, Produktionsanlagen parallel zur Produktentwicklung zu konzipieren und zu planen, um schnelle Hochlaufzeiten *(»Fast Ramp up«)* nach SOP *(»Start of Production«)* zu realisieren. SE-Teams *(»Simultaneous Engineering«)* übernehmen daher schon frühzeitig die Aufgabe, die Produktentwicklung und das Werkzeugengineering in ihrer konstruktiven Arbeit zu begleiten sowie die entsprechenden Produktionsanlagen vorzubereiten bzw. zu entwickeln. Die *»Digitale Fabrik«*, die parallel zum virtuellen Produkt entsteht, ist eine zentrale Herausforderung der Automobilindustrie, an der derzeit intensiv entwickelt wird. Der Rohbau nimmt dabei eine Vorreiterfunktion ein, da geometrische Simulationen der Einzelteile eine gute virtuelle Absicherung der Funktionalität von Roboteranlagen ermöglichen. Produktdatenmanagement (PDM), wie es in Abbildung 16 dargestellt wurde, gewinnt hierbei zunehmend an Bedeutung, da es nicht nur für die Produktentwicklung und das Werkzeugengineering, sondern auch für den Anlagenbau zu einem entscheidenden Erfolgsfaktor wird. Der Zusammenbau einer Rohkarosserie bestimmt die Akzeptanz des Endproduktes wesentlich, da Maßhaltigkeiten, Spaltmaße und Übergänge überwiegend in sichtbaren Bereichen des Fahrzeugs liegen und vom Kunden wahrgenommen werden.

Neben der Produktentwicklung und dem Werkzeugengineering spielt auch die Qualitätssicherung für den Anlagenbau eine entscheidende Rolle. So ist beispielsweise die Vorbereitung, Koordination und Abnahme von Prüfmitteln im Fahrzeuganlaufmanagement von großer Bedeutung, so dass der Anlagenbau in enger Abstimmung zwischen Produktionsplanung, Produktionsrealisierung und Qualitätswesen erfolgen muss. Presswerk-, Karosseriebau- und Montageplanung setzen eng verzahnte Prozesse voraus, die die Grundlage für eine erfolgreiche Produktion darstellen. Neben fachlichen Kompetenzen in der Fahrzeugentstehung und methodischen Kompetenzen in der Prozessgestaltung sind in der Fabrikplanung und -realisierung auch Fähigkeiten in Architektur und Gebäudeplanung hilfreich.

Da in der Planungs- und Realisierungsphase von Produktionseinrichtungen über die spätere Produktivität der Systeme maßgeblich entschieden wird, liegt im Anlagenbau großes Potenzial, nachhaltige Profitabilität zu erreichen. Je kompetenter und fortschrittlicher der Anlagenbau erfolgt, desto wirtschaftlicher wird die spätere Produktion sein. Effiziente Produktionsanlagen im Rohbau erfordern durchgängige und transparente Prozesse zwischen allen beteiligten Partnern, die im Vorfeld abgestimmt und in der Abarbeitung des Projektes äußerst diszipliniert eingehalten werden müssen.

5.3 Der Management-Navigator IV

Die Abhandlung des Themenfeldes prozessorientiertes Projektmanagement in diesem fünften Kapitel bildet ein solides Fundament, die kurz- und mittelfristigen Anforderungen an die Automobilzulieferer zu vervollständigen und den Management-Navigator als Wirkungsgefüge eines Unternehmens abzuschließen. Alle beschriebenen Module eines Unternehmens können nun zu einem Ganzen integriert werden, das alle wesentlichen Handlungsfelder zur strategischen Neuausrichtung eines Automobilzulieferers beschreibt.

Mit der nachfolgend beschriebenen Vervollständigung des Management-Navigators wird seine ganzheitliche Funktionsweise sichtbar und seine Relevanz als umfassendes Führungsinstrument eines Unternehmens verständlich. Mit dem Management-Navigator können die Auswirkungen von Maßnahmen in den verschiedenen Handlungsfeldern eines Unternehmens visualisiert und im Gesamtkontext analysiert werden.

Hohe Präzision in der Wirksamkeitsanalyse von einzelnen Unternehmensmodulen setzt das Verständnis der Kernprozesse voraus, die mit Hilfe des Management-Navigators in ihren Abhängigkeiten beschrieben werden. Real existente Stärken und Schwächen eines Unternehmens werden durch den Management-Navigator identifizierbar und können so schnell in einen Gesamtkontext gebracht werden.[27]

Entscheidendes Kriterium für die Relevanz des Management-Navigators ist die umfassende Analyse des Marktes und die bewusste Berücksichtigung wesentlicher Herausforderungen in der Automobilindustrie. Um Stärken und Schwächen eines Automobilzulieferers ganzheitlich analysieren zu können, muss die Marktentwicklung bekannt sein und Auswirkungen von Marktveränderungen für das Unternehmen stets berücksichtigt werden.

5.3.1 Markt

Die derzeit hohe Bedeutung von prozessorientiertem Projektmanagement für alle am Markt agierenden Unternehmen der Automobilindustrie wurde durch die Studie nachhaltig bestätigt. Der Markt fordert eine intelligente Verknüpfung der Fähigkeiten des konventionellen Projektmanagements mit einem durchgängigen Prozessverständnis in der Fahrzeugentstehung. Professionelles Projektmanagement ist das Werkzeug, mit dem Prozesse zwischen mehreren Partnern in der Fahrzeugentstehung effektiv und effizient gesteuert und gemanagt werden können. Neben fachlichen und methodischen Fähigkeiten erfordert prozessorientiertes Projektmanagement ein hohes Maß an Kooperations- und Kommunikationskompetenz, um die Schnittstellen in der übergreifenden Fahrzeugentstehung koordinieren und beherrschen zu können. Die Zusammenarbeit in strategischen Netzwerken und Allianzen, wie sie von der Automobilindustrie gefordert und Schritt für Schritt realisiert wird, setzt partnerschaftliche Beziehungen und eine Vertrauenskultur voraus, um Synergien aus der Zusammenarbeit nutzen zu können. Abgestimmte Werte und Ziele sowie eine gemeinsame Sprache helfen, teure Fehlentwicklungen und Konflikte im Projekt zu vermeiden.

5.3.2 Projektmanagement

Projektmanagement umfasst alle Aufgaben, die dazu dienen, eine komplexe Aufgabenstellung mit Hilfe geeigneter Methoden und Werkzeuge systematisch zu strukturieren und unter Berücksichtigung der vorgegebenen Qualität, Kosten, Termine und Ressourcen zielorientiert zu lösen. Projektmanagement findet über die gesamte Fahrzeugentstehung hinweg statt und kann in folgende Phasen gegliedert werden:

- Projektdefinition
- Projektplanung
- Projektsteuerung
- Projektabschluss

Jedes Bauteil eines Fahrzeugs unterliegt in den verschiedenen Phasen der Entstehung definierten Regeln, die vom Projektmanagement gesteuert und koordiniert werden. Das magische Dreieck aus Qualität, Kosten und Terminen muss von allen Unternehmen der Branche beherrscht werden, um Risiken in der Projektarbeit zu minimieren. Der Regelkreis der Projektsteuerung erfordert neben wirksamen betriebswirtschaftlichen Controllinginstrumenten, eindeutige Projektstrukturen sowie Termin- bzw. Ressourcenpläne, die den Projekterfolg sicherstellen. Ein strukturierter Projektabschluss ist wichtig, um Gewährleistungsrisiken zu vermeiden und Erfahrungswissen zu sichern. Ein funktionierendes Multi-Projektmanagement (MPM), in dem alle Projekte eines Unternehmens zusammengefasst werden, ist nicht nur die wesentliche Grundlage für den Erfolg des Einzelunternehmens, sondern auch die Basis für ein zielorientiertes Prozessmanagement in der Fahrzeugentstehung, die sich aus vielen Einzelprozessen verschiedener Fakultäten zusammensetzt.

5.3.3 Prozessmanagement

Im Gegensatz zu Projektmanagement, das als deutsche Industrienorm beschrieben wurde, existiert für das automotive Prozessmanagement bislang keine allgemeingültige Sprachregelung. Prozessmanagement umfasst alle Aufgaben, die dazu dienen, technische Schnittstellen eines Projektes mit Hilfe geeigneter Methoden und Werkzeuge zu beherrschen und unter Berücksichtigung aller technischen Spezifikationen effektiv und effizient zu lösen. Definierte Prozesse dienen dazu, Transparenz über den Projektfortschritt sicherzustellen, einheitliche Kommunikations- und Koordinationswerkzeuge bereitzustellen, Konflikte und Schuldzuweisungen zu unterbinden und somit teure Fehlentscheidungen zu vermeiden. Ein professioneller Daten- und Informationstransfer, wie er in Abbildung 16 dargestellt wurde, ist ein wesentlicher Erfolgsfaktor, um in unternehmensübergreifenden Projekten die angestrebten Ziele zu erreichen. Die Steuerungsaufgabe des neutralen Prozessintegrators, wie er in Abbildung 23 dargestellt ist, wurde bereits in Kapitel 3 beschrieben.

Anhand des Karosserierohbaus wurde der Prozess *Produktentwicklung – Werkzeugengineering – Anlagenbau* für ein Modul des Fahrzeugs exemplarisch beschrieben. Allein der Prozessbaustein »*Produktentwicklung*« kann wieder auf verschiedenste Prozesse heruntergebrochen werden: Designprozess, verschiedene Berechnungs- und Simulationsprozesse (z.B. für die Fahrzeugsicherheit) und diverse Erprobungsprozesse sind nur Beispiele für die Vielschichtigkeit.

Ein wirksames Prozessmanagement, das primär die Aufgabe hat, Schnittstellen zu beherrschen und somit produktübergreifend die Effizienz und Effektivität in der Fahrzeugentstehung zu steigern, setzt ein hohes Maß an Kommunikations- und Kooperationsfähigkeit voraus. Die Zusammenarbeit zwischen Automobilherstellern und Zulieferern bedingt unterschiedliche Interessen, die im Sinne des Projektes integriert werden müssen. Partnerschaftliche Beziehungen zwischen den beteiligten Unternehmen und eine Vertrauenskultur entstehen nur dann, wenn Schnittstellen gemeinschaftlich abgestimmt und koordiniert werden.[28] Nur dann wird die

Gesamtleistung mehr sein als die Summe aller Einzelleistungen. Synergien wirksam nutzen zu können, erfordert die Beherrschung unternehmensübergreifender Prozesse und entsprechender Werkzeuge. Ein Fahrzeug ist die Kumulation verschiedenster Einzelergebnisse, die vom Prozessmanagement ergebnisorientiert zusammengeführt werden.

Dieser Zusammenhang gilt für ein Fahrzeugprojekt genauso wie für das Einzelunternehmen, da erst die Summe individueller Einzelergebnisse den Projekt- bzw. Unternehmenserfolg gewährleisten. Der Erfolg eines Unternehmens resultiert stets aus der Summe von Einzelergebnissen, die von seinen Mitarbeitern erzielt werden.

5.3.4 Unternehmenscontrolling

Ein zentrales Instrument zur Führung eines Unternehmens sind verlässliche und belastbare Kennzahlen. Das Unternehmenscontrolling hat die Aufgabe, die Summe der individuellen Einzelergebnisse von Mitarbeitern und Projekten zu verarbeiten, zu verdichten und dem Management in Form von aufbereiteten Analysen zur Verfügung zu stellen.

Das Berichtswesen des Controllings kann in verschiedenen Unternehmen unterschiedlich sein und hängt nicht zuletzt vom Geschäftsinhalt und dem individuellen Geschäftsmodell ab. So sind für Bauteillieferanten beispielsweise Produktionskennzahlen oder Lagerreichweiten von besonderer Bedeutung, für Entwicklungsdienstleister Projektkennzahlen oder Anfragevolumina. Entscheidend für alle Unternehmen ist letztlich die Rentabilität, die in der Regel als EBIT ausgewiesen wird, wie in Kapitel 3 beschrieben.

Im Unternehmenscontrolling, das das wichtigste Feedback-System für die Führung eines Unternehmens darstellt, erfolgt auch ein SOLL/IST-Vergleich zwischen operativer (Janus-) Planung und tatsächlich erzielter Leistung, die sich aus der Summe der Einzelergebnisse ergibt. Die Bearbeitungszeit der Unternehmenskennzahlen sollte möglichst kurz sein, um auf Veränderungen zeitnah reagieren und gegebenenfalls Korrekturmaßnahmen einleiten zu können.

Kommentierte Analysen des Unternehmenscontrollings helfen dem Management, seine Führungsaufgaben gezielt wahrzunehmen. Die Zahlen des Unternehmenscontrollings dokumentieren den Erfolg bzw. den Misserfolg eines Unternehmens und wirken sich somit direkt auf die Unternehmenspolitik und die Unternehmensplanung aus. Das Wirkungsgefüge des Management-Navigators ist somit geschlossen.

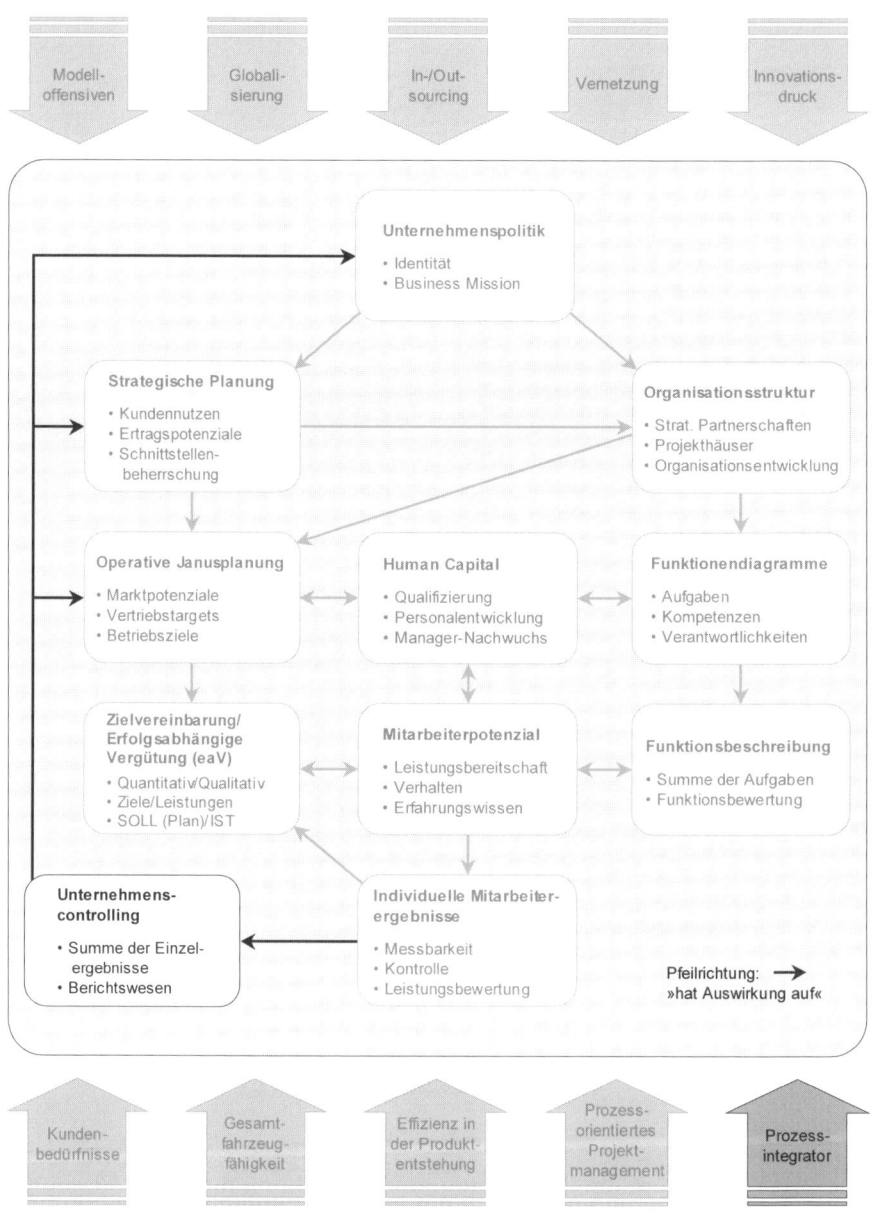

Abb. 42. Die in Kapitel 2, 3, 4 **und 5** erörterten Handlungsfelder im Wirkungsgefüge des Management-Navigators

Das »Integrierte Management-System« (siehe Kasten) von Prof. Dr. Fredmund Malik war Ideengeber für den Management-Navigator. Im Gegensatz zum allgemeingültigen (und daher notwendigerweise abstrahierten) Integrierten Management-System ist der Management-Navigator ein spezifisch auf die aktuellen Bedürfnisse der Automobilindustrie zugeschnittenes Werkzeug. Der Management-Navigator wurde mit der klaren Zielsetzung entwickelt, ein für den Alltag des Automobilzulieferers praktikables Modell zu finden, das dabei hilft, die aktuellen marktgetriebenen Herausforderungen erfolgreich zu bewältigen. Dazu ist neben einer realistischen Einschätzung der Marktveränderungen ein ganzheitliches Verständnis für das Wirkungsgefüge eines Unternehmens erforderlich. Der Management-Navigator integriert deshalb die wesentlichen Herausforderungen des Marktes, mit denen alle Automobilzulieferer derzeit und auch in Zukunft konfrontiert werden, und stellt die direkten oder indirekten Auswirkungen der Marktveränderungen auf die Module eines Unternehmens dar.

Erst durch die Berücksichtigung der branchenspezifischen Umweltfaktoren wird der Management-Navigator zum wirkungsvollen Managementwerkzeug für Unternehmen der Automobilindustrie. Im Gegensatz zum abstrahierten Integrierten Management-System von Prof. Dr. Malik will der Management-Navigator keinen Anspruch auf Allgemeingültigkeit erheben – Ziel war es, ein ganzheitliches (also auch den Markt integrierendes) und praktikables Managementwerkzeug für die Automobilindustrie zu schaffen.

Das Integrierte Management-System nach Prof. Dr. oec. habil. Fredmund Malik

Die Leistung des Managements ist in unserer hochtechnisierten und durchgängig organisierten Welt zum wichtigsten Wettbewerbsfaktor geworden. Da professionelles und qualitativ hochstehendes Management erlernbar ist, hat Prof. Dr. Fredmund Malik in seiner langjährigen Tätigkeit als Präsident des Verwaltungsrates am Management Zentrum St. Gallen bereits 1981 ein integriertes Management-System entwickelt, das alle notwendigen und hinreichenden Elemente für die Entwicklung, Steuerung und Führung einer ergebnisverantwortlichen Einheit enthält und deren gegenseitigen Abhängigkeiten aufzeigt.[29]

Die einzelnen Komponenten des Integrierten Management-Systems weisen in sich unterschiedliche Dimensionen auf: So bezieht sich beispielsweise die Unternehmenspolitik auf das Unternehmen als Ganzes, während das Führungsverhalten auf den einzelnen Mitarbeiter bezogen werden muss. Deshalb gliedert Malik sein Management-System in der vertikalen Achse in eine »*unternehmungsbezogene*« und eine »*mitarbeiterbezogene*« Dimension. Die verschiedenen Komponenten unterscheiden sich ferner in ihrer zeitlichen Reichweite: Einige sind an grundlegenden und dauerhaften Aspekten orientiert, andere betreffen eher das kurzfristige Geschehen. Im Integrierten Management-System werden deshalb in der horizontalen Achse die Dimensionen »*Zeithorizont mehr als ein Jahr*« und »*Zeithorizont weniger als ein Jahr*« unterschieden. Das ganze Feld ist somit in vier Quadranten aufgeteilt, die sich durch sachliche und zeitliche Merkmale unterscheiden.[30]

Durch seine allgemeingültige Form weist das Integrierte Management-System gewisse abstrakte Züge auf, die sich aber im Einzelfall – also bezogen auf eine konkrete Unternehmung – durch eine beliebige Detaillierung und Konkretisierung sämtlicher Elemente wieder mit Leben füllen lassen, ohne dass dadurch die Gesamtzusammenhänge verloren gehen.[31]

5.3 Der Management-Navigator IV

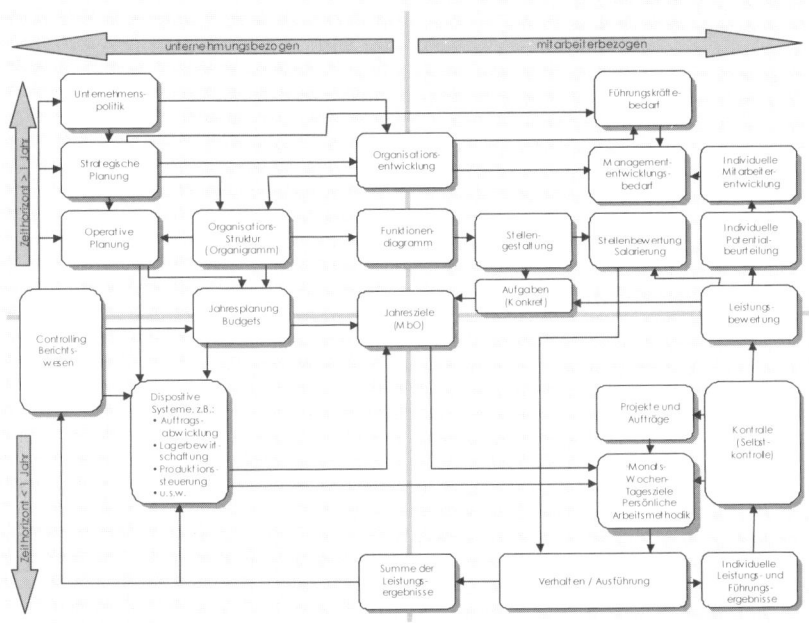

Abb. 43. Das Integrierte Management-System nach Prof. Dr. Fredmund Malik
Quelle: »Die Philosophie des Management Zentrum St. Gallen«

6 Globalisierung und ihre Grenzen

Die Märkte Europas, Nordamerikas und Japans sind gesättigt, die Absatzchancen in der Triade sinken weiter, die Talsohle scheint noch nicht erreicht. Die logische Konsequenz dieses Tatbestandes ist eine Verlagerung des Wettbewerbes in neue Regionen.

Das Erreichen der »*Reifephase*« in den Triademärkten bewirkt erhebliche Veränderungen in den Strukturen der Automobilindustrie, die schon aus anderen, bereits gesättigten Branchen bekannt sind: Überkapazitäten entstehen (beispielsweise in der klassischen Entwicklungsdienstleistung), bestehende Sortimente werden konsequent ausgeweitet und führen zu Modelloffensiven der Automobilhersteller, nicht überlebensnotwendiges Geschäft wird abgegeben, so dass es zu Zyklen der Wettbewerbskonzentration kommt. Die deutsche Automobilindustrie steckt tief in einer solchen Umstrukturierungsphase und reagiert mit Produktivitätsstrategien (Effizienzsteigerung), Preissenkungen, zusätzlichen Kaufanreizen (Mehrwert durch neue Produktfeatures) und der Erschließung neuer Märkte. Die schwindende Nachfrage in den bestehenden Absatzmärkten zu kompensieren ist längst für alle Automobilhersteller zu einer zentralen Herausforderung geworden und so sucht man mit Hochdruck nach Absatzchancen in den sogenannten »*Emerging Regions*«, die weiteres Wachstum ermöglichen sollen. Als Emerging Regions werden potenzielle Entwicklungsmärkte bezeichnet, zu denen in der Automobilindustrie derzeit insbesondere China und Lateinamerika zählen. Täglich wird die Branche mit Schlagzeilen aus den Medien konfrontiert, die einerseits großartige Wachstumschancen in diesen Regionen versprechen, andererseits aber auf auch eine Reihe von drohenden Risiken hinweisen.

6.1 Ambivalente Stimmen zu den »Emerging Regions«

Das *managermagazin* titelte in seiner Ausgabe 12/2003 »*Auf ins gelobte Land*« und berichtete über Aktivitäten von BMW, Audi oder Honda, die alle hoffnungsvoll auf den Boom-Markt China drängen. Auch umfangreiche Investitionen des Massenherstellers Ford wurden in den Medien immer wieder thematisiert (»*Ford investiert kräftig in China*«, *Frankfurter Allgemeine Zeitung vom 18.10.2003*), da man im amerikanischen Unternehmen einen eklatanten Nachholbedarf gegenüber dem chinesischen Marktführer Volkswagen und Branchenprimus General Motors sieht. Ford-Chairman William Clay Ford, der ein Investitionsvolumen von mehr als einer Milliarde US-Dollar ankündigte, bringt es auf den Punkt: »*Die automobile Zukunft Chinas strahlt, und wir werden in vollem Maße an ihr teilhaben.*«

Gleichzeitig warnen andere Stimmen in den Medien davor, den chinesischen Markt nicht allzu euphorisch und optimistisch zu sehen. So prognostiziert das *Handelsblatt* vom 18. September 2003, dass »*Chinas Automarkt vor der Überhitzung*« stehe und beruft sich dabei auf Aussagen der renommierten Beratungsgesellschaft *KPMG*, die bereits für das Jahr 2005 dramatische Überkapazitäten im chinesischen Markt sieht. In der Ausgabe vom 07. Januar 2004 konkretisiert das *Handelsblatt* diese These, indem es auf eine Studie der internationalen Ratingagentur *Standard & Poor's (S&P)* verweist (»*S&P warnt vor Risiken im China-Geschäft*«), die mittelfristig ein erhebliches Ungleichgewicht von Angebot und Nachfrage im chinesischen Automobilmarkt prognostizieren. Differenzierter beurteilt der *Harvard Business manager* in seiner erweiterten deutschen Ausgabe vom Januar 2004 die chinesische Marktsituation, indem er Chancen klar aufzeigt und gleichzeitig fünf Strategien benennt, die helfen, konkrete Gefahren zu vermeiden und das Überleben zu sichern *(»China: Märkte erobern, Verhandlungen führen und Konkurrenten abwehren«).*

Nicht weniger ambivalente Aussagen finden sich in den Printmedien zum Thema Lateinamerika, das mehr denn je mit polarisierenden Schlagzeilen in das Licht der Öffentlichkeit gerät. So berichtete die Nachrichtenagentur *Reuters* am 12. Dezember 2003 *»VW Mexico to invest $ 2 billion on new models«* und bezog sich dabei auf eine Aussage von Reinhard Jung, president of the executive comitee of Volkswagen Mexico. Der *Wochenbericht Brasilien*, eine Publikation der Deutsch-Brasilianischen Industrie- und Handelskammer São Paulo, bezeichnet Brasilien am 04. Juli 2003 gar als *»neues Zentrum der Automobilentwicklung«* und behauptet, dass immer mehr internationale Autobauer den Entschluss fassen würden, Entwicklungen an brasilianische Tochterunternehmen zu vergeben.

Obgleich *»Brasiliens Wirtschaft erste Zeichen der Belebung zeigt« (Frankfurter Allgemeine Zeitung vom 31.10.2003)* kostet Volkswagen der Abbau von 4.000 Arbeitsplätzen in Brasilien satte 120 Millionen Euro *(Die Welt überregional vom 16.10.2003).* »Zu hohe Kapazitäten und zu teure Autos« seien dafür verantwortlich, so die *Frankfurter Allgemeine Zeitung* vom 16.10.2003 in ihrem Beitrag *»Volkswagen macht in Brasilien „noch einmal ordentlich Verlust"«.* Das *Handelsblatt* geht am Tag darauf sogar noch einen Schritt weiter und schreibt, dass *»Brasilien als größte Baustelle des Konzerns VW den Quartalsgewinn verhagelt«.*

Diese und andere Pressestimmen führen dazu, dass Automobilzulieferer neben zahlreichen Chancen, die ein Engagement in den Emerging Regions reizvoll erscheinen lassen, auch permanent mit erheblichen Risiken konfrontiert werden. Gerade China und Lateinamerika, und hier insbesondere Brasilien, sind zu akuten Reizthemen der Branche geworden und werden in diesem sechsten Kapitel analysiert. Automobilzulieferer, die im globalen Wettbewerb langfristig erfolgreich agieren möchten, können und dürfen diese Märkte nicht mehr außer Acht lassen. Denn die weltweite Nachfrage nach deutschen Automobilen war zuletzt trotz der rezessiven Tendenzen in Westeuropa vor allem deshalb stabil, weil die progressiven Entwicklungen in den asiatischen Emerging Regions sie stützte. Auch regionale Krisen in Südamerika vermochten das konstant hohe Niveau der globalen Kraftfahrzeugnachfrage nach deutschen Automobilen nicht zu erschüttern. Nachfolgende Abbildung zeigt die Kraftfahrzeugproduktion deutscher Automobilhersteller nach Regionen für das Jahr 2002.

Abb. 44. Kraftfahrzeugproduktion deutscher Hersteller nach Regionen 2002
Quelle: VDA-Statistiken

6.2 Option China?

Wie kein anderes Land hat sich China in den letzten Jahren zu einem der wirtschaftlich bedeutendsten und am schnellsten wachsenden Märkte entwickelt. Steigender Wohlstand, hauptsächlich in den östlichen Küstenregionen, führt zu einer erhöhten Nachfrage an allem, was Westen und Wachstum verkörpert: amerikanische Filme, Sportschuhe mit drei Streifen, Hochhausappartments, Einkaufspaläste und vor allen Dingen imageträchtige Automobile. Trotz dieser Entwicklung haben bisher nicht einmal zwei von eintausend Chinesen einen eigenen PKW – der weltweite Durchschnitt liegt bei etwa 90 PKW je tausend Menschen, in Deutschland kommen auf tausend Einwohner etwa 500 PKW. Die sich eröffnende Wachstumsperspektive und der Beitritt Chinas in die WTO zieht alle internationalen Automobilhersteller wie ein Magnet auf den Hoffungsmarkt China.[32] Allein Im Jahr 2002 wuchs der Automobilmarkt in China um 53%, was einer Fertigung von 1,13 Millionen PKW entsprach. 2003 setzte sich diese Tendenz fort: Bereits im ersten Halbjahr 2003 wurden 999.384 PKW verkauft.

Abbildung 45 des *Verbandes der Automobilindustrie (VDA)* verdeutlicht diesen Trend, der nicht einmal durch die Lungenkrankheit SARS gebremst werden konnte. Im Gegenteil: Die Furcht der Bevölkerung vor einer Ansteckung im dichten Gedränge der öffentlichen Verkehrsmittel ließ offenbar bei vielen Chinesen den Entschluss zur Anschaffung eines privaten PKW reifen.

Tatsächlich erscheint das Potenzial des chinesischen Marktes gigantisch, denn auch die aktuellen Wachstumsraten von Neuzulassungen sind äußerst erfolgsversprechend. Etwa fünf Millionen Autos fahren heute auf Chinas Straßen. Bis 2010 erwarten Experten und Analysten einen weiteren Zuwachs von etwa fünf bis sechs Millionen Fahrzeugen. Alleine in den letzten 14 Jahren wurden in China 23.000 Kilometer vierspurige Autobahnen mit Unterteilung der Fahrtrichtung gebaut. Hinzu kommen weitere 50.000 Kilometer Straßen und Verbindungswege in den einzelnen Landkreisen, Städten und Ortschaften, so dass sich auch die Infrastruktur dem Wachstum entsprechend mitentwickelt hat.[33] Toyota schaffte es als erstes ausländisches Automobilunternehmen, ein landesweit durchgängiges, eigenes Händlernetz aufzubauen. Auch DaimlerChrysler ist bemüht, sein gesamtes Logistiknetz (Beschaffung und Vertrieb) kontinuierlich auszuweiten.

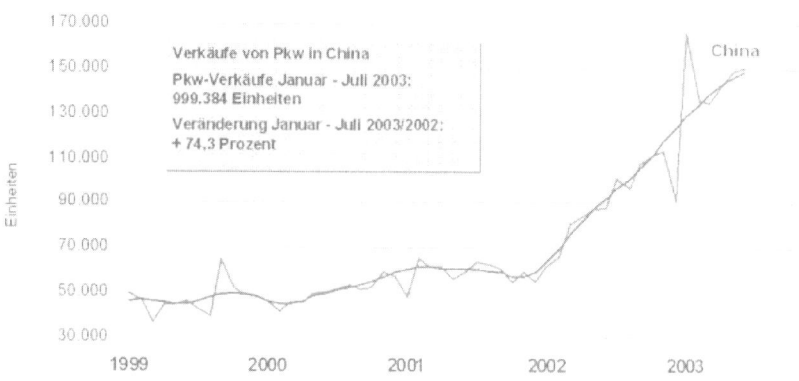

Abb. 45. Absatz von Personenkraftwagen in China: Trend und saisonbereinigte monatliche Werte
Quelle: VDA

Die Entwicklungsgeschwindigkeit und das Entwicklungspotenzial des Marktes sind enorm, so dass sich inzwischen quasi alle führenden Automobilhersteller dazu entschlossen haben, ihre Jahreskapazitäten in China kontinuierlich zu erweitern. Im Kontext der Entwicklungslogik des chinesischen Marktes und dem rezessiven Umfeld in den Triademärkten scheint also nichts gegen ein Engagement deutscher Automobilzulieferer in China zu sprechen.

Um Entscheidungen bezüglich eines Engagements in China verantwortungsbewusst treffen zu können, muss die Marktentwicklung jedoch differenzierter betrachtet werden, wie die eingangs erwähnte Prognose der Beratungsgesellschaft *KPMG* in Grafik 46 zeigt. Die Entwicklung von Produktion und Verkauf deutet bereits heute auf Überkapazitäten hin, die sich ab 2005 dramatisch entwickeln werden.

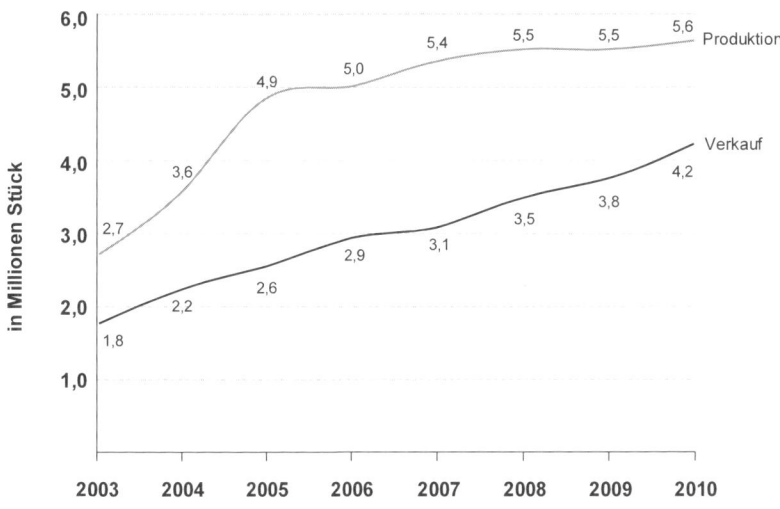

Abb. 46. Entwicklung von Produktion und Verkauf in der chinesischen Automobilindustrie
Quelle: In Anlehnung an KPMG Transaction Services

Obwohl der chinesische Automobilmarkt boomt, PKW-Neuzulassungen kräftig steigen, Fertigungskapazitäten wachsen und weitere westliche Automobilzulieferer benötigt werden, um das angestrebte Wachstum quantitativ und qualitativ realisieren zu können, muss den drohenden Überkapazitäten schon jetzt ein besonderes Augenmerk geschenkt werden: Der absehbare Kampf um Marktanteile zwischen den verschiedenen Automobilherstellern wird sich verschärfen und zu einem Kostendruck führen, der die bestehenden Margen der Zulieferer in absehbarer Zeit erheblich reduzieren wird. Der Wettbewerb verlagert sich von den klassischen Märkten in die Emerging Region China.

Nichts desto trotz sehen die Expansionspläne ausländischer Automobilkonzerne vor, bis ins Jahr 2008 ihre Produktionskapazitäten in China auf über vier Millionen PKW auszubauen. Dies führt zu einem zusätzlichen Bedarf an westlichen Automobilzulieferern, die durch erfolgsversprechende Anreizsysteme ins Land der Mitte gelockt werden. Neben jenen Lieferanten, die bereits in China vertreten sind, bieten sich also auch gute Chancen für weitere, neue Zulieferunternehmen, sofern sie die Anforderungen an Qualität, Kosten und Liefertreue in China erfüllen können.[34] Die permanente Aufstockung der Fertigungskapazitäten der westlichen Automobilindustrie in China wird vor allem dann von Erfolg gekrönt sein, wenn die chinesischen Produktionsressourcen nicht in gleichem Maße mitwachsen und sich die Marktanteile von ausländischen und chinesischen Automobilherstellern so entwickeln werden, wie es heute von der westlichen Automobilindustrie prognostiziert und erwartet wird.

Laut eines chinesischen Regierungspapiers ist jedoch vorgesehen, dass bereits im Jahr 2010 50% der lokalen Produktion von der einheimischen Automobilindustrie erbracht werden soll. Heute sind es vor allem Joint Ventures mit ausländischen Automobilherstellern, die den chinesischen Markt prägen. Abbildung 47 zeigt die prozentualen Marktanteile der Automobilhersteller in China für den Zeitraum Januar bis August 2003. Die Vorreiterfunktion von Volkswagen beruht auf dem fast 30-jährigen Engagement des Konzerns und zeigt, dass VW die Bedeutung des Marktes schon früh erkannte.

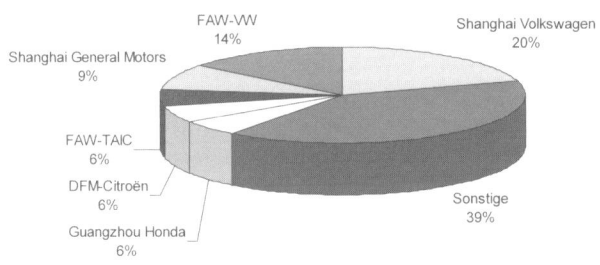

Abb. 47. Prozentuale Marktanteile in China von Januar bis August 2003

Joint Ventures sind heute in China nicht mehr zwingend vorgeschrieben, was die Freiheitsgrade westlicher Automobilhersteller in ihren chinesischen Aktivitäten deutlich erhöht. Fünfzehn Freihandelszonen, in denen man zu Import und Export berechtigt ist und Konten in beliebiger Währung geführt werden können, reduzieren die bisherigen Marktbeschränkungen und werden den Absatz ausländischer Produkte weiter beflügeln. Gleichzeitig ergeben sich aber auch für chinesische Unternehmen mit Import- und Exportlizenzen neue Möglichkeiten zum Außenhandel. Der Export von Bauteilen, Komponenten, Werkzeugen und Entwicklungsdienstleistungen mit entsprechender Qualität bedroht unwillkürlich westliche Arbeitsplätze und die Existenz ganzer Zulieferunternehmen.

Wenn die Produktivität in China weiter so wächst wie in den letzten Jahren, werden vor allem lohnintensive Bauteile und Werkzeuge bald deutlich unter Weltmarktniveau liegen, denn die Löhne in China steigen kaum. Vor allem die Herstellungskosten von kostenintensiven Werkzeugen und Betriebsmitteln für die Produktion sind heute bereits deutlich niedriger als im Rest der Welt, so dass sich China schnell zum Exportland entwickeln wird.[35] Dies gilt sinngemäß auch für Leistungen und Herstellkosten, die heute noch über dem Weltmarktniveau liegen.

Gerade Zulieferteile und Komponenten, die derzeit in China noch primär für japanische Partner produziert werden, sind prädestiniert dafür, in den europäischen oder amerikanischen Markt exportiert zu werden. Auch Japans Automobilhersteller, die vor allem in den USA wieder äußerst erfolgreich agieren, konzentrieren sich mehr und mehr auf den chinesischen Markt. Da chinesische Unternehmen durch die bestehenden Joint Ventures sukzessive qualifiziert wurden und werden, ist es nur eine Frage der Zeit, wann die chinesischen Leistungen das westliche Qualitätsniveau erreicht haben.[36] Noch ist die Technikkompetenz westlicher Zulieferunternehmen jener der chinesischen Unternehmen überlegen, doch die Übernahme von Know-how und kreative Imitationen[37] gehören bekanntermaßen zu den Stärken unserer fernöstlichen Nachbarn.

Der sensible Umgang mit technischen Details ist ein wesentlicher Erfolgsfaktor für westliche Zulieferunternehmen, was die Zusammenarbeit in Kooperationen und Netzwerken, die in China weit ausgeprägter sind als in der westlichen Automobilindustrie, zusätzlich erschwert. Obwohl deutsch-chinesische Standardverträge zum Schutz bestehender Technologien existieren, unterliegen die Vertragsbeziehungen in China einem anderen

Grundverständnis als in Deutschland. Vertragstreue beispielsweise kann nicht mit dem westlichen Standard gleichgesetzt werden und so bedarf es eines äußerst guten Netzwerkes mit schlagkräftigen lokalen Unternehmen, die über entsprechende Erfahrungen verfügen, um mit den kulturellen Gegebenheiten des Landes umgehen und Geschäfte mit nachhaltigem Erfolg entwickeln zu können.

Die kulturellen Werte in Verhandlungen und Geschäftsbeziehungen unterscheiden sich grundlegend von westlichen Standards, und so ist es ein großer Vorteil, auf chinesische Geschäftspartner zurückgreifen zu können. Zwar sind lange Annäherungs- und Akquisitionsprozesse in China die Regel, sie führen aber zu zuverlässigen und stabilen Geschäftsbeziehungen.

Neben einer günstigen Standortwahl im Umkreis der Autocity Shanghai (hier besteht bereits heute eine gute Logistik- und Infrastruktur, sogar eine Universität mit einem eigenen Automotive-Lehrstuhl), einer zu definierenden Rechtsform als eigenständiges Unternehmen oder Joint Venture mit einem lokalen Partner, ist vor allem die Wahl der Mitarbeiter von fundamentaler Bedeutung für den Markterfolg von Automobilzulieferern. Kooperations- und Kommunikationsfähigkeit sowie der sichere Umgang in Geschäftsbeziehungen mit chinesischen Partnern sind erforderlich, um Geschäfte ergebnisorientiert entwickeln zu können. Spezifische Kenntnisse im chinesischen Markt helfen dabei, erfolgreiche Markteintrittsstrategien zu konzipieren und Strukturen zu schaffen, die zeitnah zu konkreten Resultaten führen. Joint Ventures haben den Vorteil, dass das bestehende Knowhow der Partner für die eigene und gemeinsame Geschäftsentwicklung genutzt werden kann. Es muss jedoch sorgfältig geprüft werden, wie viel technisches Know-how in ein solches Joint Venture einfließen muss, wenn in China nicht nur vertrieben, sondern auch produziert werden soll. Ist ein umfassender technologischer Kompetenztransfer von Deutschland nach China vorgesehen, so empfiehlt sich eher eine eigenständige Unternehmenseinheit, die über bestehende Aufträge, welche möglichst bereits vor einem konkreten Engagement in China akquiriert werden sollten, das Geschäft vor Ort entwickelt.

Aufgrund der Entfernung und der speziellen Rahmenbedingungen ist es empfehlenswert, neue chinesische Unternehmenseinheiten stringent zu führen und bereits in der Konzeption konkrete Kontrollpunkte zu vereinbaren, in welchen das Engagement detailliert hinterfragt wird. Zielsetzungen und Erreichtes müssen an diesen Kontrollpunkten gegenübergestellt werden. Ein Prämissen-, Eckwert- und Maßnahmencontrolling bewahrt davor, die Existenz des Mutterunternehmens nicht durch bloßes Vertrauen und zu optimistische wirtschaftliche Prognosen zu gefährden.

6.3 Option Brasilien?

Im Gegensatz zum chinesischen Automobilmarkt wurde die Bedeutung des brasilianischen Marktes von deutschen Automobilherstellern (insbesondere wiederum von VW) schon vor Jahrzehnten erkannt. Aber auch Fiat, Ford und General Motors engagierten sich schon früh in Brasilien, so dass der lokale Markt bis 1992 ausschließlich unter diesen vier Herstellern aufgeteilt wurde. Heute sind in Brasilien etwa 15 Automobilhersteller tätig, die jährlich etwa 1,3 Millionen Fahrzeuge produzieren. Abbildung 48 zeigt die aktuelle Markenverteilung bei Neuzulassungen von Personenkraftwagen im brasilianischen Markt.

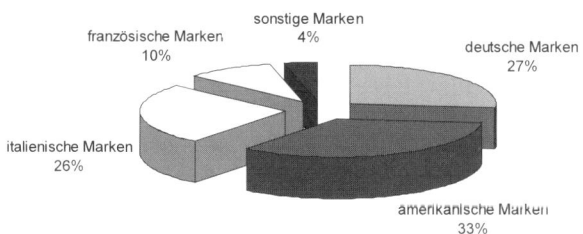

Abb. 48. Absatz von Personenkraftwagen in Brasilien:
prozentuale Marktanteile nach Marken
Quelle: Jahresbericht 2003, VDA

Ob Brasilien, wie meist proklamiert, tatsächlich in einem Atemzug mit China oder Russland als klassische Emerging Region genannt werden kann, ist für die nachfolgenden Betrachtungen der Marktsituation unwesentlich und muss deshalb nicht weiter erörtert werden.[38] Fest steht allerdings, dass aktuelle Konjunkturbewegungen den brasilianischen Markt wieder attraktiv gemacht haben. Und prompt rückt der Markt langsam wieder in den Fokus der internationalen Automobilindustrie, wie die Medienbeobachtung eingangs des Kapitels zeigte.

Derzeit kommen in Brasilien statistisch neun Menschen auf ein Automobil, wobei die Neuzulassungen stetig zunehmen. Tabelle 2 zeigt in einer Gegenüberstellung die Neuzulassungen in Brasilien für die ersten beiden Monate 2003 sowie die prozentualen Veränderungen der Markenanteile gegenüber dem Vorjahr.

Tabelle 2. Neuzulassungen in Brasilien für die Zeiträume Januar bis Februar 2002 und 2003

Neuzulassungen in Brasilien			
Hersteller	Januar bis Februar 2003	Januar bis Februar 2002	Veränderungen in Prozent
DaimlerChrysler do Brasil	1.263	1.115	13,3
Fiat Automóveis	49.347	46.806	5,4
Ford Brasil	19.670	11.619	69,3
General Motors do Brasil	50.903	41.562	22,5
Honda do Brasil	3.562	3.107	14,6
MMC Automotodores do Brasil	12	25	-52
Nissan do Brasil	11	1	1.000
PSA do Brasil			
Peugeot	7.281	7.175	1,5
Citroën	2.921	3.146	-7,2
Renault do Brasil	9.004	8.020	12,3
Toyota do Brasil	3.959	1.115	255,1
Volkswagen do Brasil	44.694	47.639	-6,2
Pkw Gesamt	**192.627**	**171.330**	**12,3**

Quelle: Forum Brasilien
Angaben: in Einheiten

Volkswagen do Brasil produziert im Jahr etwa 500.000 Fahrzeuge. Um dem aktuellen Marktanteilsverlust (vgl. Tabelle 2: -6,2%) entgegenzuwirken, soll bereits 2005 der erste, komplett von Brasilianern entwickelte VW nach Europa exportiert werden. Mit diesem neuen Modell beabsichtigt der VW-Konzern, ein bestehendes Modell zu substituieren und somit die brasilianische Tochter zu stärken. Gleichzeitig wird an einem weiteren äußerst preisgünstigen Modell für den lokalen Markt gearbeitet, das spätestens 2007 in Serie gehen soll und spezifisch auf die brasilianischen Kundenbedürfnisse zugeschnitten wird. Eine stärkere Konzentration auf den tatsächlichen Kundennutzen über die Kriterien Preis und Produktmerkmale soll VW in Brasilien zurück auf die Erfolgsspur bringen.

Brasilien ist für alle Automobilhersteller auch deshalb so interessant, da es das Tor zu weiteren mittel- und südamerikanischen Märkten wie Mexiko und Argentinien öffnet. Nach einer vorübergehenden Rezession, die im Laufe der letzten Präsidentschaftswahlen die Kreditzinsen dramatisch in die Höhe trieb (Lombardsatz von 25%) und Industrieinvestments reduzierte, hat sich die angespannte Lage wieder bereinigt und die Absatzzahlen nehmen zu. Darüber hinaus soll ein bilaterales Automobilabkommen zwischen einem lateinamerikanischen Wirtschaftsblock unter dem Vorsitz von Brasilien und Argentinien einerseits und der EU andererseits die bestehenden Einfuhrzölle abschaffen, was zu einer weiteren Belebung des brasilianischen Marktes führen dürfte. So soll das heutige Exportvolumen von etwa fünf Milliarden Dollar bereits bis 2005 auf acht Milliarden Dollar erhöht werden.

Genauso wie in China hat auch die brasilianische Regierung als Vertretung der größten Volkswirtschaft Südamerikas das Bestreben, hochwertige Technologien und Dienstleistungen ins Land zu holen. Die langjährigen Beziehungen mit der internationalen Automobilindustrie führten zu einer günstigen physischen Logistik in den Ballungszentren (São Paulo, Bahia, ...), die einen viel höheren Entwicklungsstand aufweist als in China. Capacity Collaborations, Outsourcing-Prozesse der Hersteller, Multi-Tier-Collaborations und andere Trends in der Branche sind in Brasilien bekannt und so bestehen gute Chancen, die heutige Produktivität weiter erhöhen und im internationalen Wettbewerb bestehen zu können. Die Tendenz, dass sich der Wertschöpfungsanteil der Automobilhersteller weiter reduziert, zeigt sich auch in Brasilien und so ist die enge Verknüpfung von Entwicklung, Produktion und physischer Logistik ein entscheidender Wettbewerbsfaktor der Zukunft.

Im Gegensatz zu China wurde Brasilien schon sehr viel früher von zahlreichen Automobilzulieferern als attraktiver Zukunftsmarkt entdeckt – mit der Folge, dass die Entwicklung des Marktes bereits heute zu ähnlichen Herausforderungen wie in der Triade führt: Effizienzdruck bei stabiler Qualität, steigende Produktionsvolumina in der Zulieferpyramide durch die abnehmende Wertschöpfungstiefe der Automobilhersteller, eine erhöhte Komplexität in allen Prozessen und Strukturen durch eine zunehmende Variantenausweitung der Hersteller sowie permanenter Innovationsdruck. Erschwerend kommt in Brasilien noch das starke Engagement US-amerikanischer Zulieferer hinzu, die in der Vergangenheit den Weg ihrer Hersteller nach Südamerika gefolgt sind.

Outsourcingprozesse der Automobilhersteller zur Reduzierung ihrer Kosten und zur Konzentration auf ihre Kernkompetenzen finden in Brasilien genauso statt wie in den klassischen Triademärkten. Ziel der OEMs ist es auch in Brasilien, fehlende Ressourcen durch Outsourcing zu kompensieren und gleichzeitig Produkt- und Prozessverbesserungen zu erzielen, indem man das Know-how der Zulieferer effizienter in die Produktentstehung einbindet. Die Automobilhersteller konzentrieren sich in ihren Aktivitäten auf die Markenetablierung, das Design, den Vertrieb und die Koordination von Dienstleistungen, so dass die Automobilzulieferer in Brasilien vor vergleichbaren Herausforderungen stehen wie in den bestehenden Stammmärkten.

6.4 Resümee

Alle Automobilzulieferer, die sich dazu entschließen, den Weg von einer regionalen zu einer globalen Ausrichtung zu bestreiten, treffen in Emerging Regions auf ähnliche Aufgaben wie in ihren Heimatmärkten – allerdings unter ungleich schwierigeren Bedingungen. Mehr noch als in den heimischen Stammmärkten sind in den Emerging Regions koordinierte Wertschöpfungsaktivitäten von zentraler Bedeutung, um Geschäfte erfolgreich entwickeln zu können.

Obgleich die Wettbewerbsstärken von China und Brasilien im internationalen Vergleich noch recht unterschiedlich sind, gelten für Automobilzulieferer doch vergleichbare Regeln bei der Konzeption und Realisierung einer verteidigungsfähigen Markteintrittsstrategie. Um in diesen zweifellos attraktiven Märkten nachhaltigen Erfolg haben zu können, bedarf es einer klar formulierten und diszipliniert umzusetzenden Wettbewerbsstrategie, die im angestrebten Geschäftsfeld entweder eine deutliche Kostenführerschaft und/oder eine eindeutige Differenzierung in den Produkt- bzw. Dienstleistungsmerkmalen (Alleinstellungsmerkmale) ermöglicht. Die Erfolgsvoraussetzungen in marktorientierten Strategiekonzepten zeigt die nachfolgende Abbildung 49 aus dem Harvard Business Model.

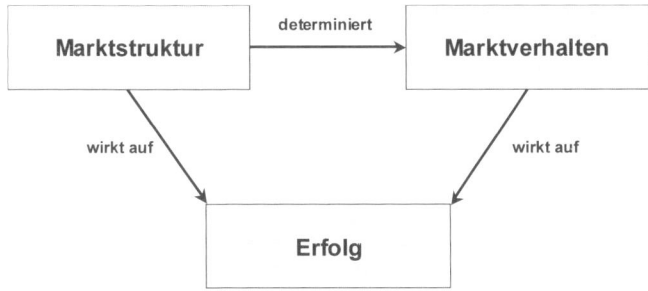

Abb. 49. Erfolgsvoraussetzungen in marktorientierten Strategiekonzepten
Quelle: Vgl. Harvard Business Model, in: Strategisches Management

Wie die Abbildung zeigt, hängt der Erfolg eines Strategiekonzeptes vor allem von den bestehenden und künftigen Marktgegebenheiten ab. Die Marktstruktur – und das zeigt insbesondere das Beispiel China – determiniert das Marktverhalten. Da sich die Marktstrukturen in China und Brasilien schon aufgrund des Einflusses westlicher Automobilhersteller an jenen der klassischen Triademärkte orientieren, ist es vor allem das Marktverhalten, das über Erfolg und Misserfolg entscheidet. Unter Marktverhalten sind dabei sowohl die Entwicklung des Marktes und alle daraus resultierenden Perspektiven zu verstehen, als auch das Verhalten des eigenen Unternehmens am Markt. Eine transparente und vertrauensvolle Zusammenarbeit mit den Partnern vor Ort ist ein entscheidendes Erfolgskriterium, um auf langfristige Sicht überleben zu können. Klare Regeln und Vereinbarungen sind wesentlich, um durch deren Einhaltung Vertrauen in neuen Geschäftsbeziehungen zu gewinnen.

Die Zusammenarbeit, auch mit direkten Mitbewerbern in Kooperationen und Netzwerken ist gerade in Emerging Regions eher die Regel als die Ausnahme, da die Wertschöpfungsketten von den Automobilherstellern meist klar definiert und konsequent geführt werden. Kurzfristige, flexible Kooperationen werden die produktbezogene Zusammenarbeit in diesen »neuen« Märkten prägen. Übergreifende Wertschöpfungsnetzwerke, wie sie sukzessive in der Triade entstehen, sind in der beschriebenen Form weder in China noch in Brasilien in absehbarer Zeit vorstellbar.

Nichts desto trotz gewinnen gerade in globalen Wertschöpfungsketten – als Vorstufe zu Wertschöpfungsnetzwerken – funktionierende Kooperationsinstrumente (insbesondere aus der Informationstechnologie) zunehmend an Bedeutung. Die beschriebenen Werkzeuge zur Optimierung der Produktentstehungsprozesse in Wertschöpfungsnetzwerken helfen dabei, Daten- und Informationen an entfernte Mutterhäuser zu transferieren und somit das Risiko für diese überschaubarer zu gestalten. Gerade in Projekten, in denen Zulieferer ein hohes technisches und wirtschaftliches Risiko tragen (Vorfinanzierungen) ist es erforderlich, als Mutterhaus die Spezifika von Projekte im fernen Ausland zu kennen und über ein aussagefähiges Berichtswesen zu verfügen. Vertrauen ist gut, Kontrolle ist besser.

Das Harvard-Modell unterteilt eine Unternehmensstrategie explizit in »*Formulierung*« und »*Implementierung*«. Im Rahmen der Formulierung werden strategische Entscheidungen vorbereitet und getroffen. Bei der Implementierung werden die zuvor festgelegten strategischen Ziele im Unternehmen durchgesetzt und am Markt umgesetzt. Ausgehend vom Harvard-Modell wurde eine Vielzahl von Strategiekonzepten entwickelt, deren gemeinsames Ziel es ist, die Wettbewerbsstrukturen, in denen ein Unternehmen agiert, zu systematisieren und verständlich zu machen. Die Gemeinsamkeit aller Strategiekonzepte liegt auch darin, dass durch die Existenz eines Strategiekonzeptes der bewusste Wille zur Gestaltung der Zukunft erwächst.[39] Dies erscheint vor allem bei der Entwicklung neuer Märkte von elementarer Bedeutung, da ein starkes Durchhaltevermögen im Rahmen internationaler Aktivitäten einen bewussten Willen voraussetzt. Die Frage der Umsetzung von Strategien wurde lange Zeit viel zu wenig beachtet. Strategiefindung und -auswahl galten als die kreativen, anspruchsvollen Handlungen in Unternehmen.[40] Die Umsetzung wurde lediglich als eine Aufgabe des nachgelagerten Managements gesehen, die vor allem Kondition erfordert.

Diese Betrachtung ist gefährlich, denn gerade in sich dynamisch verändernden Industriestrukturen muss die Implementierung einer Strategie Aufgabe des Topmanagements sein und deshalb auch von diesem vorgenommen werden. Investitionen in wachsende Märkte wie China und Brasilien müssen äußerst sorgfältig vorbereitet und professionell gesteuert werden. Klare Meilensteinkontrollen sind dabei wesentlich und auch in den Modellen der Harvard Business School vorgesehen, die sich seit jeher vor allem auf die ökonomischen Aspekte einer Unternehmung konzentriert.

Die nachfolgende Abbildung des *Management Zentrums St. Gallen* zeigt typische Meilensteine erfolgreicher Start-up-Geschäfte, die bei der Entwicklung neuer Geschäftsfelder in Emerging Regions besonders beachtet und konsequent eingehalten werden sollten.

156 6 Globalisierung und ihre Grenzen

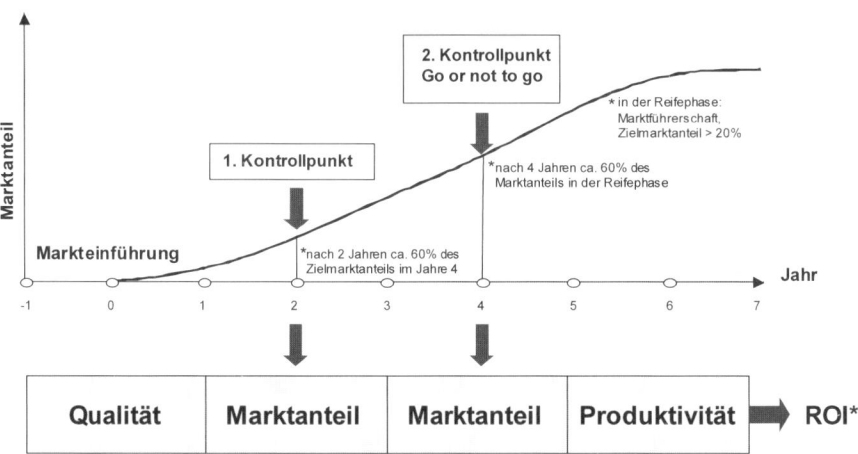

Abb. 50. Meilensteine erfolgreicher Start-up-Geschäfte
Quelle: MZSG

Das Wachstumspotenzial für die Automobilzulieferindustrie weltweit hat im wesentlichen drei Treiber: *Outsourcing* der Automobilhersteller, wie es in den ersten beiden Kapiteln mit allen daraus resultierenden Konsequenzen beschrieben wurde, *neue Märkte,* wie China und Brasilien sowie *neue Technologien,* die im abschließenden Kapitel 7 erörtert werden. Die Substitution bestehender Technologien im Automobil ist laut VDA der beherrschende Wachstumstreiber im Markt. Die nachfolgende Abbildung des Center of Automotive Research (Fachhochschule Gelsenkirchen) unterstreicht diese These und zeigt die Relevanz des siebten Kapitels, in dem technologische Perspektiven für das Automobil erörtert und aus Kundensicht bewertet werden.

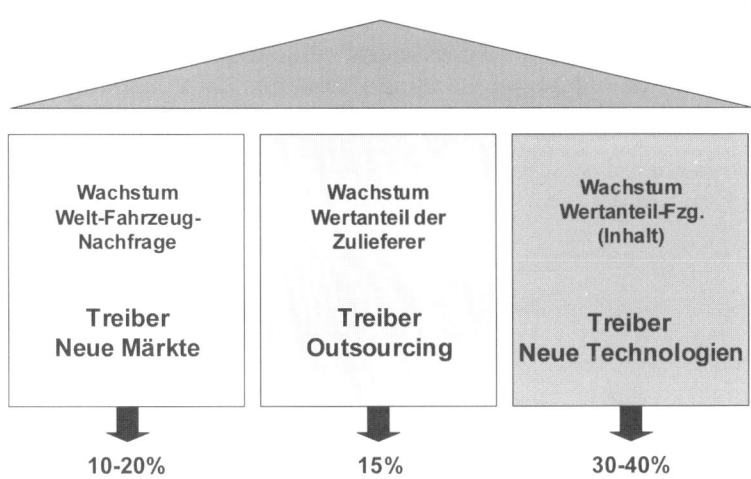

Abb. 51. Wachstumspotenziale für die Automobilzulieferindustrie
Quelle: CAR, VDA

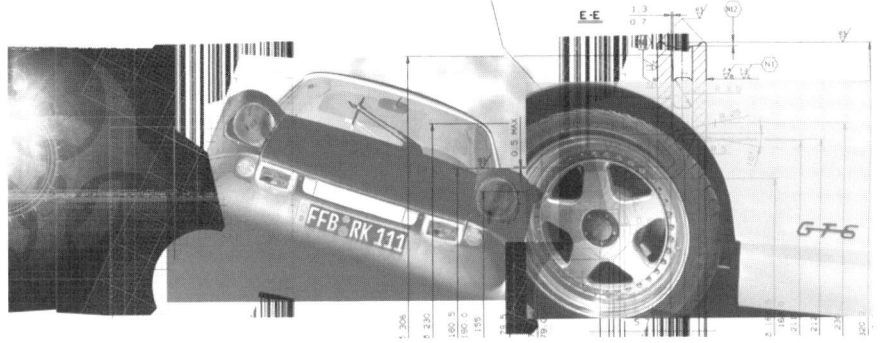

7 Technologische Perspektiven

7.1 Künftige Erfolgspotenziale nach Gälweiler

In den meisten Management-Modellen der verschiedenen Business Schools, so auch im bereits erwähnten Harvard-Modell, sind es im Wesentlichen vier Faktoren, die Einfluss auf die inhaltliche Bestimmung einer Unternehmensstrategie und auf die daraus abgeleiteten Geschäftsfeldstrategien ausüben:

1. Stärken und Schwächen einer Unternehmung
2. Chancen und Risiken im Markt
3. Wertesystem der Unternehmer
4. Restriktionen aus Umwelt und Gesellschaft

Dabei konzentrieren sich die diversen Business Schools in ihrer wissenschaftlichen Arbeit vor allem auf die ökonomischen Aspekte der genannten Faktoren, das heißt, auf die Stärken und Schwächen einer Unternehmung sowie die Chancen und Risiken im Markt. Aus diesen Überlegungen resultieren auch die häufig angewandten SWOT-Analysen (*S*trengths-*W*eaknesses-*O*pportunities-*T*hreats).[41] Die strenge Unterteilung der Unternehmens- bzw. Geschäftsfeldstrategien in die Phasen der *»Formulierung«* und *»Implementierung«*, wie sie das Harvard-Modell vornimmt (vgl. Kapitel 6), impliziert primär eine zeitliche Abfolge von der Formulierung bis zur Implementierung (Umsetzung), die der Bedeutung von *»Strategie«* nicht in ausreichendem Maße gerecht wird. Abbildung 50, die die Meilensteine für eine erfolgreiche Markteintrittsstrategie in Emerging Regions zeigt, ist ein typisches Beispiel dafür, dass sich bis heute die Vereinbarung strategischer Ziele primär am Zeithorizont einer strategischen Planung und nicht an inhaltlichen Aspekten orientiert.

Obwohl das Harvard-Modell im Rahmen der Strategieformulierung die Identifizierung von Chancen und Risiken im Markt, von Stärken und Schwächen des Unternehmens, von Werten und Erwartungen der Unternehmer sowie von gesetzlichen und gesellschaftlichen Rahmenbedingungen selbstverständlich vorsieht, erfolgt die Realisierung und Kontrolle der strategischen Konzepte anhand von termingetriebenen Meilensteinplänen und der Überwachung von wirtschaftlichen Planungsprämissen. Und obgleich das Harvard-Modell im Rahmen der Implementierung einer formulierten Strategie natürlich die Entwicklung von Organisationsstrukturen, Prozessen und Führungskonzepten vorsieht, ist in der Regel vor allem die Planfortschrittskontrolle in der praktischen Umsetzung von Relevanz. Abbildung 52 zeigt eine vereinfachte Darstellung des Harvard-Modells in seinen Grundzügen.

Es ist vor allem der Verdienst Aloys Gälweilers, dass sich bei der Definition des Strategiebegriffs ein Bewusstseinswandel in der Industrie vollzogen hat. Prof. Dr. Aloys Gälweiler lebte von 1922 bis 1984 und war bis zu seinem Tode Generalbevollmächtigter und Direktor des Zentralbereichs *Unternehmensplanung* bei *Brown, Boveri & Cie* in Mannheim. Daneben engagierte er sich in Forschung und Lehre. Zuletzt war er Honorarprofessor der Universität Köln sowie der Fachhochschule Ludwigshafen. Die Arbeiten von Aloys Gälweiler stellen bis heute einen substanziellen Fortschritt auf wichtigen Gebieten der Unternehmensführungslehre dar. Er zählt zu den bedeutendsten Pionieren der Unternehmensplanung und der strategischen Unternehmensführung im deutschsprachigen Raum.[42]

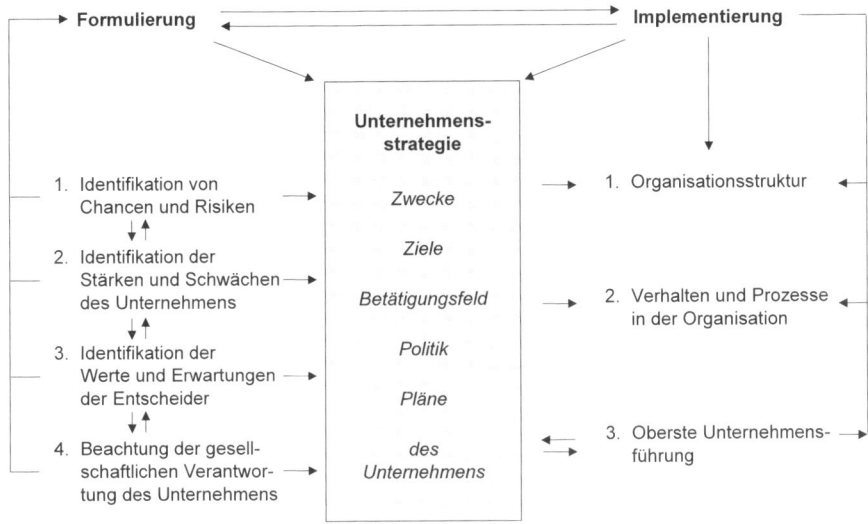

Abb. 52. Das Harvard-Modell

Gälweiler bezieht sich in seinen Theorien zur strategischen Unternehmensführung nicht primär auf eine zeitliche Komponente, sondern stellt das Erfolgspotenzial als Voraussetzung für nachhaltigen operativen Erfolg ins Zentrum seiner strategischen Unternehmenskonzepte. *»Strategie«* ist aus seiner Sicht das Sichern und Aufbauen von heutigen und zukünftigen Erfolgsquellen. Damit wird der Zeithorizont als primäres Unterscheidungsmerkmal zwischen operativer und strategischer Planung verdrängt und durch einen inhaltlichen Aspekt ersetzt: *das Erfolgspotenzial.*[43]

Die im zweiten Kapitel vorgestellte Janusplanung geht in diesem Kontext sogar noch einen Schritt weiter, indem sie vertriebliche und betriebliche Erfolgspotenziale bei der operativen Implementierung eines Planungssystems inhaltlich trennt und somit eine außerordentlich hohe Planungsgenauigkeit sicherstellt. Die Janusplanung berücksichtigt alle eingangs beschriebenen Faktoren, die Einfluss auf die inhaltliche Bestimmung einer Unternehmensstrategie haben und operationalisiert die Modelle der Business Schools für den vertrieblichen und betrieblichen Planungsprozess. Die weitreichenden Auswirkungen von Unternehmenspolitik, strategischen

Zielen, Marktdruck und anderen Umweltfaktoren auf die Planungsprozesse wurden im Management-Navigator bereits umfassend erläutert.

Nach Gälweiler handelt ein Unternehmen *strategisch,* wenn es heutige Erfolgspotenziale sichert und künftige aufbaut.[44] Dieses grundsätzliche Unterscheidungsmerkmal gegenüber den eher zeitlich begründeten strategischen Konzepten in der Unernehmensführung ist wesentlich, da künftige Erfolgspotenziale ökonomisch nur bedingt erfasst und zeitlich geplant werden können, ohne die inhaltlichen Aspekte konkret zu kennen. Prof. Dr. oec. Hans Siegwart, von 1972-1978 Rektor der Hochschule St. Gallen für Wirtschafts- und Sozialwissenschaften sowie Mitbegründer des Management Zentrums St. Gallen bringt es auf den Punkt, indem er behauptet: *»Wer sich nur auf Facts und Figures verlässt, wer bloß Berichte studiert und auf Zahlen schaut, wird nichts über unternehmerische Schwächen und Stärken erfahren und keine Chancen erkennen und wahrnehmen können. Die Praxis wird erst verständlich, wenn man zu ihr geht, sie offen legt, sie erfasst und erlebt«.*[45] In der Regel liefern alle in Unternehmen verwendeten Daten ausschließlich Informationen, die für die Entwicklung künftiger Erfolgspotenziale wenig nützlich sind. Umsätze, Kosten, Gewinne und Renditen sind als Orientierungsgröße für künftige Erfolgspotenziale wertlos. Einnahmen und Ausgaben, Erträge und Aufwände, Gewinn- und Verlustrechnungen sowie Bilanzen und andere Steuerungssysteme liefern Daten, die vor allem der operativen Führung dienen, indem sie die Vergangenheit und bestenfalls die Gegenwart abbilden.

Je günstiger sich diese Daten für das Unternehmen darstellen, desto größer ist die Gefahr, künftige Erfolgspotenziale zu übersehen und somit schwerwiegende strategische Fehler zu begehen. Was aus der Sicht operativer Unternehmenskennzahlen als sinnvolles unternehmerisches Handeln erscheinen mag, kann strategisch grundfalsch sein und umgekehrt. Da Unternehmenskennzahlen strategische Handlungsperspektiven weder unterstützen noch widerlegen können, sind sie strategisch bedeutungslos.[46] In der operativen Führung hingegen sind sie als Orientierungsgrößen von großer Bedeutung, um Liquidität und Operating Profit gezielt analysieren zu können. Ohne belastbare Zahlen und ein verlässliches Unternehmenscontrolling, wie es im Management-Navigator beschrieben wird, ist operative Führung schlichtweg unmöglich und das Unternehmen agiert im »*Blindflug*«. Ist das Berichtswesen fehlerhaft, so sind diese Fehler meist irreversibel, da sie unmittelbaren Einfluss auf die Liquidität und somit die Zahlungsfähigkeit eines Unternehmens haben. Vom Zeitpunkt der Fehlerentdeckung bleibt in der Regel keine Zeit mehr, um den Fehler selbst und dessen Auswirkungen korrigieren zu können.

Die Zahlungsfähigkeit ist das wirtschaftlich und juristisch definierte *Überlebens*-Kriterium eines Unternehmens.[47] Die *langfristige Lebensfähigkeit* eines Unternehmens hängt aber nicht nur von dessen Liquidität, dem betriebswirtschaftlichen Erfolg und heutigen Erfolgspotenzialen ab, sondern vor allem von zukünftigen Erfolgspotenzialen. Die neuen, zukünftigen Erfolgspotenziale sind das entscheidende Kriterium für die dauerhafte Überlebensfähigkeit eines Unternehmens.

Je mehr sich grundlegende Rahmenbedingungen einer Branche verändern, desto bedeutender sind Erfolgspotenziale, die langfristig und sorgfältig vorbereitet zum richtigen Zeitpunkt umgesetzt werden. Je stärker ein Produkt oder ein Produktionsverfahren technologischen Neuerungen ausgesetzt ist, desto wichtiger ist es für das Unternehmen, über alternative, neuartige Lösungen zu verfügen. Die tiefgreifende Umstrukturierungsphase in der Automobilindustrie bewirkt, dass neue technologische Lösungen mehr und mehr an Bedeutung gewinnen. Restriktionen des Gesetzgebers (alleine in der EU gibt es für Autos rund 100 Richtlinien und Reglementierungen, die permanent erweitert werden) sowie grundlegende strukturelle Veränderungen in den gesättigten Märkten der Triade erfordern andere technologische Lösungen als bisher.

Progressive Kundenanforderungen bezüglich Qualität und Preis in einem zunehmend internationalen Marktumfeld sowie grundsätzlich neue und bessere Technologien, die die bestehenden Lösungen substituieren werden, prägen die Branche heute. Durch Insourcing- und Outsourcingprozesse, strategische Partnerschaften und kollaborative Formen der Zusammenarbeit entstehen »*Wertschöpfungsnetzwerke*«, in denen nur durch innovative Produkte verteidigungsfähige Wettbewerbsvorsprünge realisiert werden können. Es ist die Aufgabe der Unternehmensführung, eine zielorientierte Erfolgsvoraussteuerung[48] zu betreiben, indem die Veränderungen des Marktes und der Kundenbedürfnisse analysiert und die richtigen Zukunftstechnologien vorbereitet werden, das heißt, neue Produkte und/ oder Dienstleistungen konzipiert und entwickelt werden.

Gälweiler hat die Grundsystematik der Unternehmensführung in einem integralen Steuerungssystem beschrieben, das die dauerhafte Lebensfähigkeit von Unternehmen sichert. Er beschreibt in seinem Modell, worauf es bei der Unternehmenssteuerung ankommt und an welchen Größen man sich orientieren muss, um Unternehmen erfolgreich führen zu können. Das Steuerungssystem Gälweilers benennt wesentliche Orientierungsgrundlagen, die Unternehmen auch in turbulenten Zeiten führbar machen und dabei helfen, die richtige Strategie zu formulieren und zu implementieren. Er geht dabei natürlich auch auf die zeitliche Wirkung der Steuerungsgrößen ein, stellt sie aber nicht in den Vordergrund seines Systems. Obwohl das integrale Steuerungssystem Gälweilers an dieser Stelle nicht im Detail erörtert werden soll, ist die nachfolgende Abbildung 53 wesentlich, um die Bedeutung zukünftiger Erfolgspotenziale im gesamten Wirkungsgefüge eines Unternehmens verstehen und richtig einordnen zu können.

Die Abbildung verdeutlicht die Zunahme der Anzahl und Komplexität der Orientierungsgrundlagen von der Liquidität bis zu künftigen Erfolgspotenzialen und somit die zunehmende Herausforderung in der Führung eines Unternehmens. Dieser Zusammenhang gilt sowohl für die Entwicklung neuer Märkte, wie sie in Kapitel 6 beschrieben wurde, als auch für die Substitution bestehender Technologien durch neue.

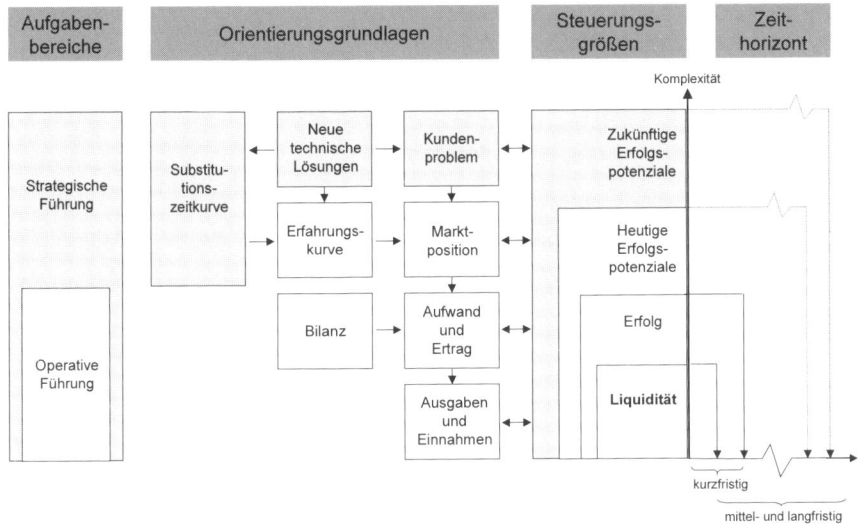

Abb. 53. Integrales Steuerungssystem nach Aloys Gälweiler, Aufgabenbereiche, Orientierungsgrundlagen, Steuerungsgrößen und zeitliche Wirkung in der Unternehmensführung

7.2 Automobiltechnik – quo vadis?

Gesättigte Märkte und Modelloffensiven, Globalisierung und neue Wertschöpfungsnetzwerke, eine steigende organisatorische und technische Komplexität haben in der Branche tiefe Spuren hinterlassen. Effizientere Produktentstehungsprozesse, Innovationsdruck von Seiten der Hersteller und verbesserte Produktivitätsstrategien stellen die Automobilzulieferer vor herausfordernde Aufgaben.

Nun wird die Automobilindustrie auch noch von der Schwäche der deutschen Wirtschaft erfasst, was den Anpassungsdruck im internationalen Wettbewerb noch einmal erhöht. Die fortschreitende Globalisierung, wie sie in Kapitel 6 für China und Brasilien beschrieben wurde, setzt die Branche kostenseitig unter enormen Zugzwang und führt unweigerlich zu einem Absenken des gesamten Preisniveaus in der Zulieferpyramide. Einer Vielzahl von Mehrwertstrategien zum Trotz wurden und werden die Preise für Neuwagen laufend gesenkt – Anzeichen eines mittelfristig existenzgefährdenden Preiskampfes zwischen den Herstellern. Break-Evens werden nicht mehr erreicht, Überkapazitäten nehmen zu und erste Marktteilnehmer geben auf. Die Zyklen der Wettbewerbskonzentration finden unter immer schärferen Bedingungen statt, da Produktivitätsstrategien aufgrund der ruinösen Preise keine Gewinnmargen mehr ermöglichen.

Eine kaum noch wahrnehmbare Differenzierung der angebotenen Marktleistungen führt zu einem neuen Turnier zwischen den Herstellern, indem das Spiel einerseits in sogenannte »*Emerging Regions*« wie Brasilien oder China verlagert wird, andererseits fieberhaft an klaren Markenbotschaften und neuen Produktmerkmalen gearbeitet wird. Die schwindende Nachfrage in den Stammmärkten kann weder durch drastische Preisnachlässe noch durch Modell- und Variantenausweitungen kompensiert werden. Es gilt, neue und echte Kaufanreize zu schaffen und Innovationen zu finden, die der Kunde als signifikanten Mehrwert im Auto wahrnimmt. Dabei geht es primär darum, *wahren* Kundennutzen zu stiften, also die »*richtige*« Qualität zum »*richtigen*« Preis anzubieten. Gesucht werden ausschließlich jene Innovationen, die den Nutzwert des Automobils tatsächlich und wahrnehmbar erhöhen und nicht solche, die der Kunde als selbstverständlich wahrnimmt.

Das nachfolgende Schreiben eines Lesers meines Wirtschaftsfachbuches »*Gewinner von morgen handeln heute*« zeigt unmissverständlich auf, welche Erwartungen an das Auto der Zukunft gestellt werden. Obwohl diese Stellungnahme sicher nicht repräsentativ für 44 Millionen PKW-Besitzer in Deutschland sein kann, so zeigt sie doch wesentliche Anforderungen an das Auto der Zukunft:

Sehr geehrter Herr Kurek,

mit großem Interesse habe ich Ihr Buch „*Gewinner von morgen handeln heute*" gelesen. Erlauben Sie mir aus meiner heutigen Sicht einige Anmerkungen zum Thema „Automobil". Als Unternehmer habe ich für meinen Außendienst vier nagelneue Autos geleast – nur so ist das heute noch bezahlbar. Die Autos sind gut: Straßenlage, Bodenhaftung (ESP: bemerkenswert), Navigationssystem, Verbrauch, usw. Mein letztes privates Automobil war zwanzig Jahre alt, und – bis auf den Verbrauch – auch nicht schlecht, dieses T-Modell.

Letztlich ist also in zwanzig Jahren nicht viel passiert. Sie sprechen in Ihrem Buch öfter von „gesättigten Märkten". Kein Wunder, wenn man zwanzig Jahre lang das fast gleiche Produkt verkauft, kann ich da nur anmerken. Eine Bremslichtverstärkung zum Beispiel, mit der zur Zeit für irgendein Modell heftigst geworben wird, macht nun wirklich kein qualitativ neues Auto. Dafür gebe ich nicht inklusive der Zinsen satte 40.000.- € aus.

Etwas anders würde es aussehen, wenn es endlich mal Autonavigation gäbe. Meinetwegen nur auf Autobahnen. Auto-Navi-Knopf gedrückt, auf die rechte Spur, Ziel im Navi gespeichert und der „Fahrer" kann bei etwa 85 km/h wahlweise arbeiten oder schlafen. Und es kann mir doch niemand erklären, dass das, was Flugzeuge seit Jahrzehnten bei hoher Geschwindigkeit im dreidimensionalen Raum können, für PKW in zweidimensionaler Fortbewegung ein unlösbares Problem darstellen soll.

Mir wäre das viel Geld wert, denn ich kalkuliere meine Arbeitszeit mit 50 € pro Stunde. Bei etwa zwanzig Stunden Autobahnfahrt im Monat wären das 1000.- €. Das heißt, ich wäre bereit, die doppelte Leasingrate zu bezahlen – das Auto könnte also doppelt so teuer sein wie bisher. Doch leider scheint mir, in der Automobilindustrie wird zu wenig gerechnet – mit dem Kundennutzen nämlich! Zu viele (Technik-)Freaks und Liebhaber, die wahrscheinlich auch die einzigen Teilnehmer an den diversen Kundenbefragungen der Industrie sind. Und prompt glauben die Hersteller an ein völlig falsches Bild!

Eine Unfall-Verhinderungs-Elektronik (kürze ich auch gleich mal unleserlich ab, macht ja jeder heutzutage, mit: UVE) erscheint mir auch sehr sinnvoll. Wenn irgendein besoffener Trottel auf mein Auto zurast: Glauben Sie, ich hätte irgendeine Ahnung, wie ich mich am besten verhalten soll? Ausweichen (und am Baum landen?) – touchieren – frontal ...? Ist eigentlich der Automobilindustrie nicht bekannt, dass die heutige Software in der Lage ist, in Nanosekunden Berechnungsschritte durchzuführen? Eine Nanosekunde verhält sich zu einer Sekunde wie eine Sekunde zu einem Jahr. Das bedeutet also: noch bevor mein Fuß auf der Bremse ist, hat die UVE bereits das optimale Verhalten zur Unfallverhinderung bzw. Unfallabschwächung berechnet und beginnt es just durchzuführen. Da ich drei Kinder habe und auch diese vor männlichen/weiblichen Trotteln (nicht vor sich selbst! Das halte ich für Overprotection) auf der Straße schützen möchte, würde ich es über kurz oder lang für meine Familie viermal bestellen. Gibt es nur in neuen Autos? Kostet erheblich? Das ist dann mein Problem. Ich kann Ihnen aber versichern: das Geld mache ich locker.

Noch ein Punkt: Liebt die Automobilindustrie eigentlich die Abhängigkeit von totalitären Regimen im arabischen Raum, die ihre Völker trotz großer Mengen schwarzen Goldes in Armut und Unfreiheit halten? Anscheinend schon, denn sonst würde sie doch endlich mal vernünftige neue Antriebstechniken entwickeln und einsetzen. Nicht irgendwelche peinlichen Solarversuche, sondern wasserstoffgetriebene Autos zum Beispiel. Das wäre auch etwas qualitativ Neues und nicht wieder alter Wein in neuen Schläuchen. Und auch für ein solches Auto wäre ich bereit, *„etwas mehr"* zu bezahlen.

Wussten Sie eigentlich, dass 60% aller Spenden aus der Industrie an industriefeindliche Vereinigungen, Verbände, Organisationen gehen? Welche Dialektik steht denn hinter diesem Vorgehen? Auf unserem Land, das derzeit unter welthistorisch einmalig positiven Bedingungen existiert (politische und persönliche Freiheit, Wohlstand aller Schichten mit längster Lebenserwartung und höchster Gesundheit, längste Friedensperiode, die es jemals in Europa gab, ...), auf diesem unseren Land liegt der Mehltau. Die

Menschen meinen angekommen zu sein, statt zu erkennen, dass es ihnen vergönnt ist mitzuerleben, an der Startlinie zu stehen. Das ist schlimm.

Aber wissen Sie, was noch schlimmer ist? Dass es in der Wirtschaft und Industrie genauso ist! Zwanzig Jahre lang das gleiche Produkt herstellen und über gesättigte Märkte klagen, ist doch wohl der Gipfel an Lähmung.

Jetzt habe ich mich fast etwas in Rage geschrieben – ich, der ewige Weltverbesserer. Ich hoffe, Sie sehen es mir nach! Aber da ich ja *„nur"* der Kunde bin und zudem kein wirklicher Autoliebhaber oder Autofachmann, musste ich mir diese Bemerkungen einmal *von* der Seele und *für* die Automobilindustrie schreiben.

Mit freundlichen Grüßen

T. Kussmaul

P.S.: Mein Außendienst wird um drei Leute erweitert. Sie bekommen (gute) gebrauchte Wagen. Aus Imagegründen mit schöner Navi-Handy-Konsole – aber das soll es dann gewesen sein. Neue Wagen lohnen sich nicht und deswegen spare ich mir das Geld lieber.

Obgleich dieses Schreiben eine Reihe äußerst interessanter sozialer, ökologischer und politischer Aspekte beinhaltet, sollen in diesem Kapitel vor allem die technologisch bedingten Inhalte analysiert werden. Diese Stellungnahme zeigt unmißverständlich, dass der Kunde neue Leistungsmerkmale wünscht, die er erleben kann. Das heißt, es müssen kaufentscheidende Kriterien verbessert oder geschaffen werden, die der Kunde als echten Mehrwert wahrnimmt und für die er dann auch bereitwillig einen höheren Preis zahlen wird. Viele der in den letzten Wochen und Monaten in verschiedenen Modellen vorgestellten neuen Technologien werden vom Kunden nicht als wirklich innovativ wahrgenommen. Zudem wurden einige Studien, Berichte und Bücher veröffentlicht, die auch nicht gerade der Klarheit dienten. So sind inzwischen viele Automobilzulieferer ratlos geworden: *Automobiltechnik – quo vadis?*

Vermutlich ist es der immense Innovationsdruck, der dazu führt, dass in diversen Studien Technologien als »neu« bezeichnet werden, die schon seit geraumer Zeit bekannt und am Markt verfügbar sind, oder Technologien geschickt als künftige Erfolgspotenziale vorgestellt werden, obwohl sie technisch auch in absehbarer Zeit für Serienproduktionen nicht verfügbar sein werden. Man präsentiert Technologien, die juristisch nicht abgeklärt sind *(Haftungsfragen/Legal regulations)* und preist Radikalinnovationen, die wohl eher das Prädikat »Science Fiction« verdienen. Verantwortlich für all diese irreführenden Missverständnisse sind nicht zuletzt Hypothesen von Autoren, die verfügbare und künftige Technologien weder technisch analysieren, noch mit Sachverstand bewerten können. In schillernden Farben präsentieren sie auf Hochglanzcharts Technologie- und Innovations-Roadmaps, die aus Branchensicht in absehbarer Zeit wenig realistisch erscheinen. Ohne Rücksicht auf technische Plausibilitäten werden Bücher verlegt, die Tendenzen, Trends und Perspektiven benennen, welche technisch noch nicht fertig entwickelt, geschweige denn erprobt wurden. Dieser Umstand ist kritisch, da viele Unternehmen der Branche – und insbesondere Automobilzulieferer, die in der Lieferpyramide einen nachgeordneten Rang einnehmen und über keinen direkten Zugang zu den Automobilherstellern verfügen – sich an diesen Studien orientieren, ihre Produktentwicklung danach ausrichten und so ihren Markterfolg ernsthaft gefährden.

Zweifellos ist ein gewisses Maß an Kreativität bei der Diskussion und Präsentation künftiger Technologien von Vorteil und oftmals sogar Ausgangspunkt für nutzbringende Innovationen. Eine Idee sollte aber erst dann als Innovation vorgestellt werden, wenn sie tatsächlich für den Markt umgesetzt und mit ihr ein entsprechendes Resultat erzielt werden kann (P. Drucker, 1955). Das funktioniert natürlich nur, wenn die Ideen auf realistischen und belastbaren Prämissen beruhen. Ist einmal eine neue Produktlösung gefunden, muss sie in der subjektiven Wahrnehmung des Kunden auch als »neuartig« empfunden werden, um als »innovativ« bezeichnet werden zu können. Schlummernde Bedürfnisse wecken, Kundenwünsche auf neue Art und Weise befriedigen und durch Kostensenkungen neue Käuferschichten erschließen, sind die Aufgaben eines richtigen Innovationsmanagements. Diese grundlegenden Zusammenhänge werden von einigen besonders phantasievollen Autoren technologischer Roadmaps entweder nicht verstanden oder fahrlässig ignoriert.

Die nachfolgenden Ausführungen unterscheiden sich dahingehend von bisher Publiziertem, dass für das *»Auto der Zukunft«* nur jene Leistungsmerkmale beschrieben werden, die für den Kunden signifikant und erlebbar sind, also von ihm bewusst wahrgenommen werden. Ferner differenzieren sich die hier beschriebenen Produktfeatures von der veröffentlichten Meinung mancher *»Spezialisten«*, dass ausschließlich für die Serienproduktion realistisch verfügbare Technologien vorgestellt und schließlich technisch bewertet werden.

7.3 Auto der Zukunft

In der nachfolgenden Übersicht zum Thema *»Auto der Zukunft«* werden für die wesentlichen Module eines Fahrzeugs künftige Leistungsmerkmale skizziert, die aus heutiger Sicht potenzielle Technologien der Zukunft darstellen. Die Zusammenstellung dieser neuen Leistungsmerkmale soll dazu dienen, das Auto der Zukunft greifbar zu machen, es in seinen wesentlichen Neuerungen zu charakterisieren sowie bestehende Irrtümer und Missverständnisse auszuräumen, die durch oberflächlich Recherchiertes und falsch Publiziertes hervorgerufen wurden. Dieses Kapitel soll somit einen Beitrag dazu leisten, Automobilzulieferer vor Schaden zu bewahren, der durch technologisch falsche Stoßrichtungen in ihrer Produktentwicklung zu entstehen droht.

Ohne den konkreten Zeitpunkt für die Markteinführung der vorgestellten neuen Technologien benennen zu können (dies wäre ein sicheres Indiz für falschen Ehrgeiz und Scharlatanerie) beinhaltet die nachfolgende Zusammenstellung von technologischen Trends und Perspektiven ausschließlich Leistungsmerkmale im Automobil, die in den nächsten fünf bis sieben Jahren zu realistisch verfügbaren Produktmerkmalen von Serienfahrzeugen werden können. Die Aufstellung der Produktmerkmale berücksichtigt unter anderem aktuelle Richtlinien und Reglementierungen der EU – auch jene, die derzeit zu Recht hinterfragt und intensiv diskutiert werden. Da führende europäische Automobilhersteller (u.a. VW, Ford of Europe, Fiat, Renault, Volvo) klarere Prioritäten für die künftigen Vorschriften der EU fordern, sind Änderungen in der nachfolgenden Zusammenstellung schon aufgrund der laufenden Diskussionen bereits kurzfristig denkbar. Kurze Innovationsplanungsperioden sind für die Automobilindustrie symptomatisch – und verdeutlichen, welch hochgradige Flexibilität von den Automobilherstellern und deren Zulieferern derzeit erwartet wird.

Die medienwirksame Forderung nach dem Drei-Liter-Auto beispielsweise steht im technischen Widerspruch zur ebenfalls geforderten Verbesserung des Fußgängerschutzes, der die Autos schwerer macht und somit eine Erhöhung des Kraftstoffverbrauchs verursacht. In Kapitel 4.2 wurde dieser Zusammenhang unter dem Aspekt »Kundennutzen« bereits ausführlich erörtert. Diesen und anderen Widersprüchen wird in den nachfolgend angeführten Leistungsmerkmalen dahingehend Rechnung getragen, als das ausnahmslos Technologien und Trends beschrieben werden, die einen echten und signifikanten Mehrwert für den Autofahrer darstellen und aus heutiger Sicht technisch widerspruchsfrei und sinnvoll machbar sind.

Auf neue und deshalb noch wenig gebräuchliche technische Fachbegriffe wird in der Zusammenstellung bewusst verzichtet, um Differenzierungsmerkmale zur bestehenden Technik klar herausarbeiten und nachvollziehbar machen zu können. Nachfolgende Abbildung 54 gibt einen Überblick über alle Leistungsmerkmale, die in diesem Kapitel vorgestellt und bewertet werden. Die Nummerierung in der Übersicht entspricht der chronologischen Reihenfolge aller im Text beschriebenen Technologien und dient somit als Orientierungshilfe:

7.3 Auto der Zukunft

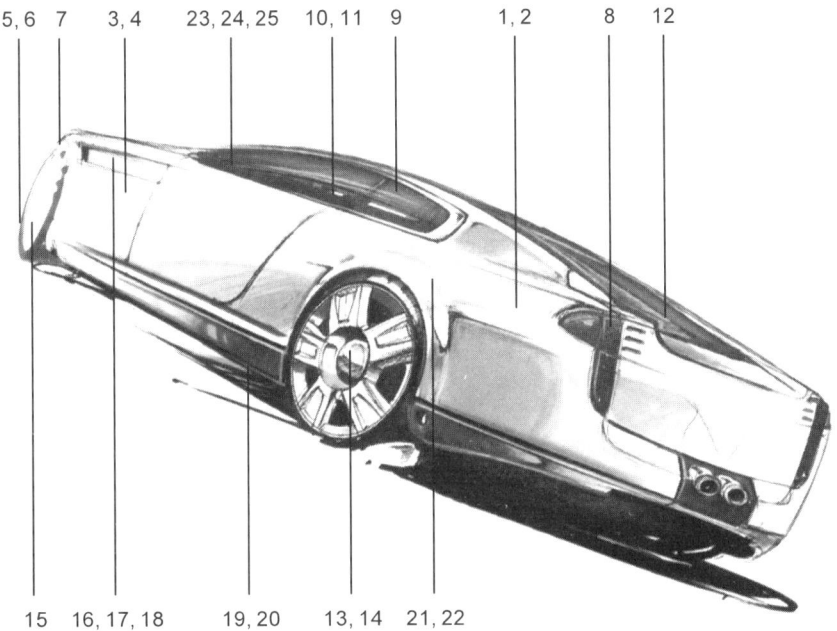

[1] Hybridbauweise
[2] Space-Frame-Strukturen
[3] Nano-Technologie
[4] Hydrophobe Lacke
[5] Flexible Stoßfänger, neue Konstruktionskonzepte
[6] Elektronische Pre-Crash-Systeme
[7] Aktives Kurvenlicht
[8] LED-Rückleuchten
[9] Vollvariable Innenraumkonzepte
[10] Kompressorbasierter Sitz
[11] Mehrzonen-Klimaanlage
[12] Smart-Sensing-Windows
[13] Elektronisch geregelte Luftfederung
[14] Einzelradaufhängung (alternative Werkstoffe)
[15] Elektrische Überlagerungslenkung
[16] Hybridantrieb
[17] Starter-Generator-Systeme
[18] Registeraufladung
[19] Direktschaltgetriebe
[20] CVT-Getriebe
[21] Flachleiter, flexible Leiterplatten, Bussyteme
[22] Intelligente Akkumulatoren, elektrisches Energiemanagement
[23] Aktiver Tempomat und Abstandsradar
[24] Intelligentes Navigationssystem
[25] Nachtsicht- und Umfelderkennung

Abb. 54. Das Auto der Zukunft mit wesentlichen technologischen Neuerungen
Quelle: MVI Group

Um die Darstellung der 25 Leistungsmerkmale übersichtlicher gestalten zu können, wird das Auto der Zukunft in folgende zwölf Fahrzeugmodule eingeteilt:

1. Karosserierohbau (Kapitel 7.3.1)
2. Lackierung (Kapitel 7.3.2)
3. Fußgängerschutz (Kapitel 7.3.3)
4. Beleuchtung (Kapitel 7.3.4)
5. Innenraum (Kapitel 7.3.5)
6. Ausstattung (Kapitel 7.3.6)
7. Fahrwerk (Kapitel 7.3.7)
8. Lenkung (Kapitel 7.3.8)
9. Motor (Kapitel 7.3.9)
10. Getriebe (Kapitel 7.3.10)
11. Elektrik (Kapitel 7.3.11)
12. Elektronik (Kapitel 7.3.12)

Diese Gliederung entspricht weder einer industrieüblichen Modulaufteilung für die Entstehung eines Automobils, noch folgt sie einer bestimmten Sachlogik im Fahrzeugaufbau. Sie resultiert lediglich aus der Auswahl wesentlich erscheinender neuer Leistungsmerkmale, die im Sinne einer besseren Übersichtlichkeit in zwölf (Fahrzeug-) Module eingeteilt wurden. Die Auswahl der hier vorgestellten Leistungsmerkmale erhebt keinen Anspruch auf Vollständigkeit; vielmehr beruht die Selektion auf einer subjektiven Einschätzung des Autors aus seiner industriellen Sicht und ist somit kontrovers diskutierbar.

Alle beschriebenen Produktmerkmale beziehen sich primär auf jene Fahrzeugklassen, die auch künftig in relativ hohen Stückzahlen produziert und verkauft werden. Technologien für individuelle Sonderanwendungen, wie man sie beispielsweise in den Segmenten der *Supersportwagen* oder der *schweren Nutzfahrzeuge* findet, werden in diesem Wirtschaftsfachbuch nicht berücksichtigt. Da auch künftig ein hoher Prozentsatz der potenziellen Neuwagenkunden vor allem Kleinwagen und Fahrzeuge der Mittelklasse beziehen wird, liegt der Fokus der vorgestellten neuen Technologien in der Verfügbarkeit für diese Fahrzeugsegmente.

Innovationspotenzial, Realisierbarkeit, Preis, Qualität und Kundennutzen waren die entscheidenden Faktoren, die die Auswahl der Leistungsmerkmale bestimmten. Alle wesentlichen Kriterien für den Kaufentscheid wie Zuverlässigkeit, Fahrspaß, aktive und passive Sicherheit, Fahrkomfort sowie die technischen Möglichkeiten für eine hohe Verarbeitungsqualität in der Serienfertigung wurden den genannten Faktoren zugeordnet und individuell bewertet.

Da eine ausschließliche Erläuterung künftiger Leistungsmerkmale des Autos der Zukunft keine belastbaren Information über die tatsächliche Bedeutung der Technologien liefert, werden die hier ausgewählten Produktfeatures auf ihre zukünftige Marktrelevanz hin analysiert und bewertet. Die Bewertung und Gewichtung (Bedeutung der einzelnen Leistungsmerkmale für den Endkunden) der beschriebenen Technologien stellt eine Momentaufnahme dar, die alle als relevant erachteten Technologien der Zukunft in ihrem Zusammenwirken für die verschiedenen Module eines Fahrzeugs beschreibt und nach Punkten bewertet:

●●●: hohe künftige Marktrelevanz (3 Punkte)
●●○: mittlere künftige Marktrelevanz (2 Punkte)
●○○: geringe künftige Marktrelevanz (1 Punkt)

1. *Innovationspotenzial:*
   ●●●: hoch (Radikalinnovation)
   ●●○: mittel
   ●○○: gering (neue technische Lösung ist kaum besser als die bestehende Technologie)

2. *Realisierbarkeit (technische Machbarkeit für Serienanwendung):*
   ●●●: hohe Marktreife
   ●●○: mittlere Marktreife
   ●○○: geringe Marktreife

3. *Preis (relativ zu bestehender Technologie):*
   ●●●: günstiger (Preisvorteil)
   ●●○: vergleichbar
   ●○○: teurer (Preisnachteil)

4. *Qualität (relativ zu bestehender Technologie):*
●●●: hoher technischer Mehrwert
●●○: mittlerer technischer Mehrwert
●○○: geringer technischer Mehrwert

5. *Kundennutzen (relativer Preis/relative Qualität):*
●●●: hoch (signifikanter Mehrwert)
●●○: mittel
●○○: gering (kein technischer Mehrwert)

6. *Summe (Addition der Punkte):*
Mischbild aus tatsächlichem Innovationspotenzial, technischer Machbarkeit in der Großserie und wahrem Kundennutzen (Preis/Qualität)

7. *Fazit:*

☺ Neue Technologien ermöglichen für das beschriebene Fahrzeugmodul ein als *hoch* einzuschätzendes Optimierungspotenzial im Sinne des Kunden *(13, 14, 15 Punkte)*

😐 Neue Technologien ermöglichen für das beschriebene Fahrzeugmodul ein als *mittel* einzuschätzendes Optimierungspotenzial im Sinne des Kunden *(10, 11, 12 Punkte)*

☹ Neue Technologien ermöglichen für das beschriebene Fahrzeugmodul ein als *geringfügig* einzuschätzendes Optimierungspotenzial im Sinne des Kunden *(weniger als 10 Punkte)*

Die zugrundegelegte Gewichtung der einzelnen Leistungsmerkmale in den verschiedenen Modulen und deren Bedeutung für den Endkunden spiegelt sich in der Reihenfolge wieder, in der die technischen Neuerungen genannt werden (von wichtig nach weniger wichtig). Selbstverständlich variiert die Bedeutung der technologischen Neuerungen für die verschiedenen Automobilzulieferer in Abhängigkeit von deren individuellem Leistungsprofil, so dass eine generelle Gewichtung der Leistungsmerkmale für die Branche insgesamt weder zielführend noch machbar wäre.

Unter Berücksichtigung der genannten Rahmenbedingungen und Prämissen sind für das Auto der Zukunft in den kommenden fünf bis sieben

Jahren folgende Technologien und Trends für die verschiedenen Module eines Fahrzeugs prognostizierbar:

7.3.1 Karosserierohbau

Relevante technische Neuerungen:

[1] Hybridbauweise (Multi-Material)
[2] Space-Frame-Strukturen (Stahl- bzw. Aluminium)

Prognose bezüglich künftiger Leistungsmerkmale:

Etwa 35% des Leergewichtes eines PKWs entfallen auf die Karosserie. Deshalb können im Karosserierohbau die größten Gewichteinsparungen im gesamten Fahrzeug realisiert werden. Ein geringeres Fahrzeuggewicht bewirkt bei vergleichbaren Fahrleistungen einen reduzierten Kraftstoffverbrauch und daraus resultierend geringere Schadstoffemissionen (Kohlenmonoxid, Kohlendioxid, Kohlenwasserstoffe, Stickoxide, ...). Umwelt und natürliche Ressourcen werden geschont. Darüber hinaus reduziert sich über ein geringeres Gewicht der Abroll-, Antriebs- und Bremswiderstand eines Fahrzeugs. Aus diesen Gründen ist der Einsatz von Leichtbauwerkstoffen in der Karosserieentwicklung zu einer Schlüsseltechnologie geworden, die auch neue Füge- und Verbindungstechniken (Laserschweißen, Klebetechnologien, ...) im Karosseriebau erfordert.

Neben dem Vorteil einer geringeren Masse haben alle potenziellen Leichtbau-Werkstoffe für den Karosseriebau auch signifikante Nachteile. Aluminiumlegierungen, Magnesiumlegierungen oder faserverstärkte Hochleistungskunststoffe (z.B. CFK) verfügen entweder über keine ausreichende Steifig- bzw. Festigkeit oder erreichen keine befriedigende Oberflächengüte, haben ein schlechtes Crashverhalten oder sind bisher noch nicht serientauglich. Ziel ist es deshalb, die verschiedenen Werkstoffe so intelligent miteinander zu verknüpfen, dass die jeweiligen Vorteile genutzt und Nachteile eliminiert werden können.

Um diese sogenannte Hybrid- oder Mischbauweise aus verschiedenen Werkstoffen konstruktiv zu vereinfachen, geht man dazu über, Space-Frame-Strukturen (aus Stahl bzw. Aluminium) zu entwickeln, die als hochfeste Rahmenstrukturen die verschiedenen Elemente der Karosserie (Türen, Klappen, Seitenteile, Dach, ...) aufnehmen. Diese modular einsetzbaren Karosserieelemente können nun in Abhängigkeit ihrer Funktion aus unterschiedlichen Grundwerkstoffen hergestellt und als dünne Außenbeplankung integriert werden.

Im Gegensatz zur konventionellen, selbsttragenden Stahlschalenbauweise zeichnen sich Space-Frame-Strukturen vor allem durch eine sehr viel höhere Steifigkeit aus. Ein verbessertes Crash-Verhalten, optimierte Fahreigenschaften (verbessertes Handling), beherrschbare Füge- und Fertigungsverfahren sowie geringere Investitionskosten für Werkzeuge charakterisieren dieses Karosseriekonzept, das in Zukunft an Bedeutung gewinnen wird. Bei Strukturschäden sind allerdings äußerst aufwendige Reparaturverfahren nötig, da gegebenenfalls Teile der Gitterstruktur des Space-Frames repariert bzw. ersetzt werden müssen.

Bewertung der künftigen Leistungsmerkmale
(als Mittelwert aus den technischen Neuerungen):

Innovation	Realisierbarkeit	Preis	Qualität	Kundennutzen	Summe	Fazit
●●○	●○○	●●○	●●●	●●○	10 Punkte	☺

Weitere technologische Trends:

☐ Aluminium Monocoque (hoher Preis in der Serienfertigung)

☐ Faserverstärkte Hochleistungskunststoffe und andere Verbundwerkstoffe mit neuen Materialeigenschaften (eingeschränkte Tauglichkeit für eine automatisierte Serienfertigung in hohen Stückzahlen)

☐ Metallschäume (relativ geringer technologischer Reifegrad)

☐ Verstellbare Crashstrukturen (hohe technische Komplexität)

☐ Sandwichstruktur (hohe Komplexität durch die Verknüpfung von Werkstoffen mit unterschiedlichen Eigenschaften)

7.3.2 Lackierung

Relevante technische Neuerungen:

[3] Nano-Technologie
[4] Hydrophobe Lacke (easy-to-clean: Lotus-Effekt)

Prognose bezüglich künftiger Leistungsmerkmale:

Die sogenannte Nano-Lacktechnologie kommt bereits heute für einige Serienfahrzeuge zur Anwendung. Durch eine außerordentlich dichte Oberflächenstruktur mit einer äußerst geringen Rauhigkeit wird mit der Nano-Technologie die Kratzfestigkeit des Lacks signifikant erhöht. Als konsequente Weiterentwicklung der neuen Nano-Technologie werden künftig vermehrt sogenannte *schaltbare Farben* zum Einsatz kommen, die über eine hydrophobe, also extrem wasserabweisende Oberfläche verfügen. Regen kann Schmutzpartikel rückstandslos von der Oberfläche abwaschen (easy-to-clean: Lotus-Effekt), so dass Fahrzeuge nur noch in großen Abständen gewaschen werden müssen. Diese selbstreinigende Lacktechnologie bewirkt somit nicht nur Zeitersparnis und geringere Pflegekosten, sondern ist zudem auch umweltfreundlicher und lackschonender.

Bewertung der künftigen Leistungsmerkmale
(als Mittelwert aus den technischen Neuerungen):

Innovation	Realisierbarkeit	Preis	Qualität	Kundennutzen	Summe	Fazit
●○○	●●●	●●○	●●●	●●●	12 Punkte	☺

Weitere technologische Trends:

☐ Interferenzfarben für unterschiedliche Tönungen (geringes Innovationspotenzial)

☐ Color Matching (geringer Kundennutzen)

7.3.3 Fußgängerschutz

Relevante technische Neuerungen:

[5] Mechanische Energieabsorption durch flexible Stoßfänger und neue Konstruktionskonzepte an der Fahrzeugfront

[6] Elektronische Fußgängerschutzsensorik als integraler Bestandteil der Pre-Crash-Systeme zur Erhöhung der passiven Sicherheit im Fahrzeuginnenraum

Prognose bezüglich künftiger Leistungsmerkmale:

Die Reduzierung des Verletzungsrisikos von Fußgängern ist eine wesentliche Herausforderung in der heutigen und künftigen Karosserieentwicklung. Die Erhöhung der passiven Sicherheit durch unbewegliche, aber nachgiebige Bauteile (Energieabsorption durch elastische Werkstoffe) sowie der aktiven Sicherheit durch bewegliche und schutzfördernde Karosseriekonstruktionen charakterisieren das Auto der Zukunft. Von diesen Sicherheitsbestrebungen ist insbesondere die Fahrzeugfront betroffen, das heißt Stoßfänger, Motorhaube, Kotflügel, Kühlergrill und Scheibenwischeraufnahmen.

Reversible Scharniere, hochschnellende Motorhauben und weitere Maßnahmen (z.B. Außenairbags) zur Verringerung des Verletzungsrisikos von Fußgängern beim Aufprall werden bereits realisiert, indem Sensoren an den aufprallgefährdeten Bauteilen des Frontends angeordnet werden. Kontakt-, Druck- und/oder Beschleunigungssensoren unterstützen darüber hinaus die sogenannten *Pre-Crash-Systeme*, indem sie Informationen bezüglich eines herannahenden Aufpralls analysieren und die richtigen Maßnahmen für den Unfallschutz der Insassen schnell und präzise einleiten. Da alle Sicherheitssysteme vor dem ersten Kontakt mit dem Kollisionsobjekt aktiviert werden müssen, kann die Sensierung nur über Laser, Radar oder spezielle Kameras erfolgen. Die Informationen eines drohenden Aufpralls müssen vor der Kollision an alle Rückhaltesysteme im Fahrzeug weitergeleitet werden, so dass mehrstufig auslösende Airbags (smarte Airbags) und Gurtstraffer die Insassen beim Aufprall schützen. Der Insassenschutz wird weiter erhöht, indem alle verletzungsrelevanten Einstellungen im Fahrzeug, wie geöffnete Seitenscheiben, Schiebedächer oder Rückenlehnen, automatisch in eine sichere Unfallposition verstellt und somit der Aufprall entschärft werden kann.

Bewertung der künftigen Leistungsmerkmale
(als Mittelwert aus den technischen Neuerungen):

Innovation	Realisierbarkeit	Preis	Qualität	Kundennutzen	Summe	Fazit
●●●	●○○	●●○	●●●	●●●	12 Punkte	☺

Weitere technologische Trends:

☐ Closing Velocity (CV)-Sensor zur optischen Früherkennung eines Aufpralls durch infrarot-kodiertes Laserlicht (hohe technische Komplexität)

7.3.4 Beleuchtung

Relevante technische Neuerungen:

[7] Aktives Kurvenlicht zur Nachtsichtoptimierung
[8] LED-Rückleuchten

Prognose bezüglich künftiger Leistungsmerkmale:

Das aktive Kurvenlicht basiert auf den heutigen (Bi-) Xenonscheinwerfern und steuert über einen Lenkwinkel- und einen Geschwindigkeitssensor die über Elektromotoren schwenkbaren Scheinwerfer. Es arbeitet in der Abblend- und Fernlichtfunktion und passt sich an den jeweiligen Lenkradeinschlag sowie an die Fahrtgeschwindigkeit an. In späteren Entwicklungsstufen kann die aktive Beleuchtung zusätzlich durch die GPS-Position und externes Kartenwerk gesteuert werden.

Durch die Eigenschaft des menschlichen Auges, sich bei Dunkelheit stets am hellsten Punkt im Raum zu orientieren, erhöht sich durch das aktive Kurvenlicht die Nachtsichtfähigkeit des Fahrers und somit seine Sicherheit. In Abhängigkeit der Geschwindigkeit und des Kurvenradius verbessert sich die Fahrbahnausleuchtung um bis zu 90% gegenüber statischer Scheinwerferkonfigurationen. Im Zuge der stärkeren Verbreitung des aktiven Kurvenlichts in Volumenmodellen wird sich auch der bisher kalkulierte Preis reduzieren, wodurch sich die Technologie endgültig am Markt durchsetzen wird.

LED *(Light Emitting Diodes)*-Rückleuchten nutzen Leuchtdioden anstelle von Glühlampen als Lichtquelle und haben vor allem den Vorteil, dass sie kürzere Ansprechzeiten beim Bremsen und geringeren Energieverbrauch haben sowie größere konstruktive Freiheitsgrade in der Entwicklung erlauben. Die LED-Technologie für Rückleuchten wird in der gehobenen Mittel- und Oberklasse bereits erfolgreich eingesetzt.

Bewertung der künftigen Leistungsmerkmale
(als Mittelwert aus den technischen Neuerungen):

Innovation	Realisierbarkeit	Preis	Qualität	Kundennutzen	Summe	Fazit
●●○	●●●	●○○	●●●	●●●	12 Punkte	☺

Weitere technologische Trends:

☐ LED-Scheinwerfer (geringe Marktreife weißer LEDs)

7.3.5 Innenraum

Relevante technische Neuerungen:

[9] Vollvariable Innenraumkonzepte

Prognose bezüglich künftiger Leistungsmerkmale:

Im Zuge der Neuorientierung im Fahrzeugaußendesign und immer voluminöserer Modelle, wie SUVs, Mini- und Großraumvans, gewinnt auch die Gestaltung des Innenraums zunehmend an Bedeutung. Ziel ist es, durch vollvariable Innenraumkonzepte den zur Verfügung stehenden Raum im Fahrzeuginneren flexibel nutzbar zu machen sowie durch neuartige Belade- und Befestigungskonzepte (z.B. für Fahrräder, Surfbretter, ...) die Variationsmöglichkeiten im Innenraum und somit den Freizeitwert des Fahrzeugs zu erhöhen.

Stufenlos verstellbare Sitze, wegklappbare Armlehnen sowie in den Fahrzeugboden versenkbare Sitzreihen unterstützen die Anforderung, das Ladevolumen den Bedürfnissen der Passagiere besser anzupassen, ohne Ausbauten von Innenraumkomponenten vornehmen zu müssen. Ausformungen im Fahrzeugboden zur Versenkung von Sitzen beispielsweise erhöhen das Komfort- und Nutzungspotenzial von Fahrzeugen enorm, so dass diese Entwicklung künftig verstärkt auch in kleineren Fahrzeugklassen zur Anwendung kommen wird. Cross-over-Konzepte und Microvans profitieren bereits heute von diesen vollvariablen Innenraumkonzepten.

Darüber hinaus geht es darum, den Komfortaspekt des Fahrzeuginnenraums durch neue Materialien weiter zu erhöhen und das Fahrzeug bewusst zum Lebensraum des Benutzers zu machen, der so »wohnlich« wie möglich sein sollte (»Cocooning«).

Bewertung der künftigen Leistungsmerkmale
(als Mittelwert aus den technischen Neuerungen):

Innovation	Realisierbarkeit	Preis	Qualität	Kundennutzen	Summe	Fazit
●○○	●●● *	●●○	●○○	●●○	9 Punkte	☹

* in Abhängigkeit des Fahrzeugmodells

Weitere technologische Trends:

☐ Soft-Touch-Oberflächen und alternative Grundwerkstoffe sowie Fertigungsverfahren (z.B. In-Mould-Assembly) zur Erhöhung des Komforterlebens (geringes Innovationspotenzial)

7.3.6 Ausstattung

Relevante technische Neuerungen:

[10] Kompressorbasierter Sitz mit biometrischer Sensor-Individual-Erkennung
[11] Physiologisch geregelte Mehrzonen-Klimaanlage (Thermomanagement)
[12] Smart-Sensing-Windows

Prognose bezüglich künftiger Leistungsmerkmale:

Der kompressorbasierte Sitz ermöglicht gegenüber konventionellen Sitzkonzepten eine optimale Anpassung an die ergonomischen Gegebenheiten des Fahrers, indem sich der Sitz durch regelbare Luftkissen der Kontur des menschlichen Körpers anpasst. Im Gegensatz zu herkömmlichen Sitzen, die nach der individuellen Einstellung einen statischen Zustand einnehmen, passt sich der kompressorbasierte Sitz permanent an veränderte Fahrsituationen an (z.B. Schlechtwegestrecken), was zu einem erheblichen Zugewinn an Komfort führt. In Kombination mit einer biometrischen Sensor-Individual-Erkennung (rechnergestützte Erkennung von Objekten und Personen über Kontur, Größe, Gewicht, ...) entfällt auch die Feinjustierung bei wechselnden Fahrern, da der Sitz die spezifischen Einstellungen des Fahrers bereits erlernt hat (Memory-Funktion).

Die physiologisch geregelte Mehrzonen-Klimaanlage sorgt für eine optimale Temperierung des Fahrzeuginnenraums (Thermomanagement). Dies erfolgt durch einen sensorischen Abtastvorgang der Insassen, indem deren Hautoberflächentemperatur und Hautoberflächenfeuchtigkeit mehrmals in der Minute gemessen wird. Die gemessenen Werte dienen dazu, die Mehrzonen-Klimaanlage zu regeln. Weitere Umfeldeinflüsse, wie der Einfallwinkel der Sonne oder die Qualität der Außenluft, werden ebenfalls erfasst und für die Regelung der Innenraumtemperatur genutzt, so dass ein elementarer Komfortgewinn für die Insassen entsteht.

In Verbindung mit physiologisch geregelten Mehrzonen-Klimaanlagen werden vermehrt auch sogenannte *Smart-Sensing-Windows* eingesetzt, die sich durch eine selbst tönende Verglasung auszeichnen. Dieses Prinzip, das man von Brillengläsern bereits kennt, blockt Sonnenlicht bei starker Helligkeit ab und wird bei reduziertem Lichteinfall komplett transparent.

Bewertung der künftigen Leistungsmerkmale
(als Mittelwert aus den technischen Neuerungen):

Innovation	Realisierbarkeit	Preis	Qualität	Kundennutzen	Summe	Fazit
●●●	●●○	●○○	●●●	●●●	12 Punkte	☺

Weitere technologische Trends:

☐ Regelbare Innenraumbeleuchtungen/automatisch abblendende Rückspiegel (geringes Innovationspotenzial)

☐ Head-Up-Display (geringer Kundennutzen)

☐ LED-Technik im Fahrzeuginnenraum (geringer Kundennutzen)

☐ Internet im Fahrzeug und Unterhaltungselektronik (hoher Preis im Verhältnis zum Mehrwert)
   Anmerkung: Infotainment wurde bewusst in »Unterhaltung« und »intelligente Navigation« (vgl. 7.3.12) getrennt

☐ Autopilot (hohe Komplexität, ungeklärte Haftungsfragen)

7.3.7 Fahrwerk

Relevante technische Neuerungen:

[13] Elektronisch geregelte Luftfederung
[14] Einzelradaufhängung aus alternativen Werkstoffen

Prognose bezüglich künftiger Leistungsmerkmale:

Die elektronisch geregelte Luftfederung bietet gegenüber konventionellen Fahrwerken mit Stahlfedern und hydraulischen Dämpfereinheiten den Vorteil, dass durch eine adaptive Kennfeldsteuerung für jeden Fahrer und jedes Fahrbahnprofil eine individuell optimierte Einstellung vorgenommen werden kann. Das Fahrwerk passt sich automatisch an wechselnde Fahrweisen und Fahrbahnzustände an, so dass neben rein sportlicher oder rein komfortabler Fahrwerksabstimmung auch beide Varianten in einen homogenen Einklang gebracht werden können. Darüber hinaus sorgt ein dynamischer Wankausgleich dafür, dass sich das Fahrzeug bei Kurvenfahrt nur noch minimal neigt und somit die Fahrsicherheit steigt. Die variierbare Bodenfreiheit ist eine zusätzlicher Vorteil der Luftfederung, da sich die Karosserie bei Autobahn- und Überlandfahrten senkt, was zu einer erheblichen Aerodynamik- und damit zu einer Verbrauchsoptimierung führt. Obwohl elektronisch geregelte Luftfederfahrwerke bereits heute in der Luxusklasse Anwendung finden, sind die Kosten für ein solches System noch sehr hoch. Der Einsatz in unteren Fahrzeugkategorien ist deshalb bisher nur begrenzt möglich.

Neuartige Rahmenkonstruktionen, wie die beschriebenen Space-Frame-Konzepte aus Stahl oder Aluminiumlegierungen ermöglichen heute einen sehr viel konsequenteren Einsatz von Einzelradaufhängungen. Einzelradaufhängungen, die im Automobilbau bereits seit Jahrzehnten bekannt sind, bewirken ein verbessertes Fahrverhalten (insbesondere bei sportlicher Fahrweise und in Gefahrensituationen). In Verbindung mit leichteren Grundwerkstoffen – wie beispielsweise Magnesium- oder Aluminiumlegierungen – lassen sich die ungefederten Massen der Radaufhängung (Bremsen, Achsschenkel, Radträger, ...) deutlich reduzieren. Eine Reduzierung der ungefederten Massen um bis zu 30% für jedes Bauteil führt zu einem verbesserten Abroll- und Geräuschkomfort sowie zu einer reduzierten Reifenabnutzung. In einem weiteren Entwicklungsschritt sind auch Radaufhängungskomponenten aus hochfesten Verbundwerkstoffen denkbar.

Bewertung der künftigen Leistungsmerkmale
(als Mittelwert aus den technischen Neuerungen):

Innovation	Realisierbarkeit	Preis	Qualität	Kundennutzen	Summe	Fazit
●●○	●●○	●○○	●●○	●●○	9 Punkte	☹

Weitere technologische Trends:

- Elektrohydraulische Bremse (hohe Komplexität durch Zusatzfunktionen wie Differenzialsperre, adaptive Geschwindigkeitsregelung, Bremsassistent usw., hohe Kosten)
- Keramikbremsscheiben (hoher Preis, nur für Sportwagen sinnvoll einsetzbar)
- Elektronische Reifendruckkontrolle (relativ geringer technischer Mehrwert wegen äußerst seltenem Druckverlust im Reifen und der fehlenden Möglichkeit, im Fahrbetrieb die Reifen zu befüllen)
- Radnabenantrieb (hohe Komplexität, geringe Marktreife)
- Elektronische Parkbremse (geringes Innovationspotenzial, geringer technischer Mehrwert)
- Reibwerterkennung (relativ geringer technischer Mehrwert, da bestehende Systeme wie ABS, ASR, ESP usw. den Fahrer bereits aktiv unterstützen; weitere Infrarotsensoren zur Reibwerterkennung erhöhen zudem die Komplexität)

7.3.8 Lenkung

Relevante technische Neuerungen:

[15] Elektrische Überlagerungslenkung

Prognose bezüglich künftiger Leistungsmerkmale:

Die elektrische Überlagerungslenkung ist eine Weiterentwicklung der konventionellen Servolenkung, indem der Fahrer automatische Lenkhilfe erhält. Der Lenkbefehl des Fahrers und der Lenkeinschlag werden entkoppelt, was insbesondere bei Seitenwind oder anderen Gefahrensituationen (glatte Fahrbahn) von elementarer Bedeutung sein kann, da richtiges Gegenlenken nun vom Fahrzeug selbständig und vom Fahrer unabhängig durchgeführt werden kann.[49]

Im Gegensatz zur konventionellen Lenkung verfügt die elektrische Überlagerungslenkung über eine variable Übersetzung, die in Abhängigkeit der Fahrsituation geregelt wird. Je langsamer das Auto fährt, desto stärker ist die Lenkhilfeunterstützung und desto direkter ist die Übersetzung, was den Lenkaufwand im Stadtverkehr oder auf kurvigen Bergstrecken erheblich reduziert. Bei der elektrischen Überlagerungslenkung ist nach wie vor eine gesetzlich vorgeschriebene starre mechanische Verbindung zwischen Lenkrad und Rädern vorhanden und somit – im Gegensatz zum Steer-by-wire – eine mechanische Rückfallebene gegeben. Mittelfristig wird sich diese Technologie durchsetzen, da sie in Verbindung mit einem elektronischen Stabilitätsprogramm (ESP) die Fahrstabilität und somit die Sicherheit nachhaltig erhöht.

Bewertung der künftigen Leistungsmerkmale
(als Mittelwert aus den technischen Neuerungen):

Innovation	Realisierbarkeit	Preis	Qualität	Kundennutzen	Summe	Fazit
●●●	●●○	●●○	●●●	●●○	12 Punkte	☺

Weitere technologische Trends:

☐ Steer-by-wire, in Verbindung mit Break-by-wire: X-by-wire
(hohe Komplexität, ungelöste Haftungsfragen aufgrund fehlender Lenksäule zwischen Lenkrad und Vorderachse im Fall eines Unfalls)

7.3.9 Motor

Relevante technische Neuerungen:

[16] Hybridantrieb (Verbrennungsmotor/Elektromotor)
[17] Starter-Generator-Systeme (milder Hybrid)
[18] Registeraufladung

Prognose bezüglich künftiger Leistungsmerkmale:

Alternative Antriebstechnologien zum Otto- bzw. Dieselmotor sind seit jeher ein vieldiskutiertes Technologiethema in der Branche. Ob Solarantrieb, Gas-Kreiskolbenmotor, Flüssiggasantrieb, Wasserstoff-Antrieb, Brennstoffzelle oder andere Antriebskonzepte – keines konnte sich bisher in der industriellen Praxis für Serienproduktionen durchsetzen. Obwohl die Automobilhersteller alle mehr oder weniger intensiv an verschiedenen Konzepten arbeiten, ist die Umsetzung für die Großserie noch nicht in Sicht. Ein erster Vorstoß gelang Toyota im Jahr 2003, indem sie für das Serienmodell *Prius* einen Hybridmotor entwickelten und erstmals für ein Serienmodell einsetzen, der einen Verbrennungsmotor mit einem Elektromotor kombiniert. Durch ein aufwendiges Motormanagement ist es gelungen, freiwerdende Energie, die beim Bremsen entsteht, in Strom umzuwandeln und in Akkus zu speichern. Mit Hilfe dieser Akkus wird ein Elektromotor angetrieben, der das Auto bei langsamer Fahrt und Kurzstreckenfahrten ohne größeren Leistungsbedarf antreibt. Darüber hinaus unterstützt der Elektromotor den konventionellen Verbrennungsmotor, sobald sich der Energieaufwand erhöht. So kann der Elektromotor beim Beschleunigen oder bei Steigungen den Verbrennungsmotor durch seine füllige Drehmomentcharakteristik ergänzen. Davon profitiert nicht nur das Durchzugsvermögen, sondern auch der Verbrauch, da beide Motoren in ihren jeweils optimalen Bereichen arbeiten können. Durch die Verschiebung der Betriebspunkte beider Motoren in den jeweils optimalen Bereich ergibt sich vor allem im Stadtverkehr eine positive Energiebilanz.

Ob in Europa, wo überwiegend im Leistungsbereich oberhalb der Möglichkeiten des Elektromotors gefahren wird, ein höheres Fahrzeuggewicht durch den zusätzlichen Elektromotor gerechtfertigt ist, muss nach Ansicht vieler Experten weiter intensiv untersucht werden. Fest steht allerdings, dass die zunehmend strengeren Emissionsauflagen der Gesetzgeber die Anwendungen von derartigen Hybridantrieben forcieren.

Eine Zwischenlösung auf dem Weg zum Elektro-Hybridantrieb liegt in der Nutzung von Starter-Generator-Systemen, die in ihrer Anordnung zwischen Motor und Getriebe sowohl die Funktion des Antriebs als auch die Funktion der Lichtmaschine übernehmen können. Analog zum Elektro-Hybridantrieb wird auch hier die Bremsenergie des Verbrennungsmotors in Strom umgewandelt, der nicht nur den gewichtsoptimierenden Entfall der Nebenaggregate Lichtmaschine und Anlasser ermöglicht, sondern auch Leistung für den Antrieb zur Verfügung stellt (sogenannter milder Hybrid). Die Integration des Starter-Generators in das Schwungrad bedingt aber auch eine deutlich höhere Schwungmasse (Zentrifugal-/Zentripedalkräfte), was das Ansprechverhalten des Fahrzeugs grundsätzlich verschlechtert.

Ein seit langem bekanntes Funktionsprinzip, das aber bisher noch kaum in Serienfahrzeugen Anwendung findet, ist die Registeraufladung von Verbrennungsmotoren, die vor allem für Dieselmotoren ein hohes Potenzial bietet. Bei der Registeraufladung unterstützen mehrere Turbolader unterschiedlicher Baugröße in sequenzieller Anordnung den Verbrennungsprozess, was eine signifikante Erhöhung der Motorleistung zur Folge hat. Um dieselbe Leistung zu erreichen, können Motoren kleiner dimensioniert werden, was Kosten- und Gewichtsvorteile bewirkt. Im Gegensatz zu nur einem Turbolader bewirkt die Registeraufladung eine harmonischere Leistungsentfaltung in allen Drehzahlbereichen *(»kein Turboloch«)*. Die verschieden großen Turbolader operieren in ihrem jeweils optimalen Drehzahlbereich.

Bewertung der künftigen Leistungsmerkmale
(als Mittelwert aus den technischen Neuerungen):

Innovation	Realisierbarkeit	Preis	Qualität	Kundennutzen	Summe	Fazit
●●●	●●○	●○○	●●○	●○○	9 Punkte	☹

Weitere technologische Trends:

☐ Brennstoffzellenantrieb (elektrochemisches Prinzip: hohe Komplexität)

☐ Wasserstoffantrieb (hohe Komplexität, hohes Gefahrenpotenzial bei Befüllung und Evakuierung)

☐ Elektrohydraulische und -mechanische Ventiltriebe (geringer wahrnehmbarer Kundennutzen)

☐ Elektrischer Kühler und elektrische Kühlung (geringer wahrnehmbarer Kundennutzen)

☐ CO_2-Klimaanlage (geringer wahrnehmbarer Kundennutzen)

☐ Partikelfilter zur Reinigung von Dieselabgasen (geringes Innovationspotenzial)

7.3.10 Getriebe

Relevante technische Neuerungen:

[19] Direktschaltgetriebe
[20] CVT-Getriebe (Continuous Variable Transmission)

Prognose bezüglich künftiger Leistungsmerkmale:

Im Gegensatz zu konventionellen Schaltgetrieben verfügt das Direktschaltgetriebe über eine zweiteilige Getriebewelle. Diese besteht aus einer

Innenwelle, die beispielsweise die Gänge 1, 3 und 5 schaltet sowie einer hohlen Außenwelle, die die Gänge 2, 4 und 6 bedient. Eine Doppelkupplung überträgt die Motorleistung stets auf eine der beiden Wellen. Im Fahrbetrieb ist somit stets ein Gang eingekuppelt und ein weiterer vorgewählt, so dass am Schaltpunkt in Zehntelsekunden eines der Kupplungssegmente geöffnet und das andere geschlossen wird. Der Schaltvorgang ist damit kaum spürbar und ermöglicht eine bessere Beschleunigung. Das Direktschaltgetriebe stellt eine relevante Übergangslösung zwischen dem konventionellen Schaltgetriebe und dem sogenannten CVT-Getriebe dar.

Das CVT-Getriebe ist ein komplett stufenloses Getriebe, mit dem unendlich viele Übersetzungen realisiert werden können. Eine Kraftübertragende Stahl-Laschenkette läuft im Ölbad zwischen zwei variablen Kegelscheibenpaaren und überträgt dabei ein Drehmoment von bis zu 300 Nm. Im selben Gehäuse sitzt auch das Differential mit Tellerrad und Triebling, das die Zugkraft der Stahl-Laschenkette auf die Gelenkwellen und schließlich auf die Räder überträgt. Die hohe Übersetzungsspreizung des Getriebes ermöglicht ein ruckfreies und kraftvolles Beschleunigen ohne Zugkraftunterbrechung und somit einen höheren Fahrkomfort. Darüber hinaus kann der Motor bei konstanter Drehzahl im jeweils optimalen Betriebspunkt arbeiten und somit die höchste Leistungsausbeute erzielen, was den Kraftstoffverbrauch und den Verschleiß deutlich reduziert. Zudem sind CVT-Getriebe bauartbedingt leichter als konventionelle Schalt- oder Automatikgetriebe, was der Reduzierung des Kraftstoffverbrauchs ebenfalls entgegenkommt.

Bewertung der künftigen Leistungsmerkmale
(als Mittelwert aus den technischen Neuerungen):

Innovation	Realisierbarkeit	Preis	Qualität	Kundennutzen	Summe	Fazit
●●○	●●○	●○○	●●●	●●○	10 Punkte	☺

Weitere technologische Trends:

- Leichtbaugetriebe mit Magnesiumgehäuse (geringes Innovationspotenzial)

7.3.11 Elektrik

Relevante technische Neuerungen:

[21] Flachleiter, flexible Leiterplatten und Bussysteme
[22] Intelligente Akkumulatoren und elektrisches Energiemanagement

Prognose bezüglich künftiger Leistungsmerkmale:

Aufgrund des enorm gestiegenen Elektronikeinsatzes im Fahrzeug gewinnt die Verkabelung zunehmend an Bedeutung. Das Bordnetz eines modernen Mittelklassewagens verfügt etwa über 1.500 Meter Kabel. Ziel ist es deshalb, die konventionellen Rundleiter durch neue Technologien zu ersetzen. Gewicht- und raumsparende Flachleiter sowie flexible Leiterplatten sind ein erster Trend, das herkömmliche Kabel zu ersetzen. Flexible, extrudierte Flachleiter bestehen aus folienartigen Kupferbändern unterschiedlicher Breite, die mittels einer dünnen, kleberfreien Kunststoffschicht elektronisch isoliert und zu einem Band verbunden werden. Als Substitut oder Ergänzung zu konventionellen Rundleitern erschließen sich bereits heute vielfältige Einsatzgebiete (Türen, Himmel, Hinterwagen, Cockpit, ...) durch geometrisch flexibler gestaltbare Bauräume und engere Radien bei der Verlegung im Fahrzeug. Kostenvorteile durch eine Reduzierung des Montageaufwandes und weniger Steckverbindungen sowie ein niedrigerer Rohstoffbedarf bei hundertprozentiger Recyclebarkeit sprechen für diese Technologie.

Zusätzlich ermöglichen flexible Leiterplatten als konsequente Weiterentwicklung der bestehenden, festen Leiterplatten eine leichtere geometrische Anpassung an konstruktive Vorgaben im Fahrzeug und somit eine bessere Raumnutzung. Um eine erhöhte Leistungsfähigkeit im Datentransfer sicherzustellen, werden Flachleiter darüber hinaus mit sogenannten Feldbussystemen wie CAN (Controller Area Network) oder LIN (Local Interconnect Network) verknüpft, die das Fahrzeug mit »*elektronischer Intelligenz*« versehen. Im Motormanagement wurde mit der Feldbustechnologie eine Applikationsform entwickelt, die Motordaten in Echtzeit bearbeitet, analysiert und bewertet. Die Folge ist ein besserer Wirkungsgrad des Motors und geringere Abgasemissionen.

Leere Akkumulatoren sind laut ADAC die mit Abstand häufigste Pannenursache. Grund ist die bislang mangelnde Bewertbarkeit der gespeicherten Energiemenge im Akkumulator sowie die fehlende Diagnostizierbarkeit der komplexen elektrochemischen Vorgänge in den Blei-Säure-Akkumulatoren. Ein intelligenter Akkumulator *(»smarte Batterie«)* zeichnet sich dadurch aus, dass er seinen Ladezustand und seinen Verschleißgrad selbst ermitteln kann. Zudem erhöht sich seine nutzbare Leistung signifikant gegenüber herkömmlichen Blei-Säure-Akkumulatoren. Mikroelektronik und Software steuern den intelligenten Akkumulator, dessen Gewicht um rund 35% unter dem vergleichbarer, konventioneller Akkumulatoren liegt. Ein plötzlicher Ausfall durch Energiemangel tritt nicht mehr ein, weil sich der intelligente Akkumulator selbst überwacht und sich stets ein optimaler Betriebszustand einstellt. Dies ist insbesondere bei den heute üblichen 14-Volt-Blei-Säure-Akkumulatoren von Bedeutung, weil hierdurch ihre Leistungsgrenze deutlich nach oben verschoben werden kann und die Notwendigkeit eines teuren 42-Volt-Bordnetzes vorerst entfällt.

Die Besonderheit des neuen Akkumulator-Systems ist die Verknüpfung von preiswerter Mikroelektronik und Software unmittelbar am Akkumulator. Dadurch ist ein zuverlässiges sensieren und berechnen der nutzbaren elektrischen Energie im Akkumulator möglich. Weil Akkumulator und Elektronik als System untrennbar miteinander verbunden sind, bleiben Historie und Verschleißgrad (Alterung) des Akkumulators bekannt. Die Elektronik kann den Fahrer frühzeitig warnen, wenn der Energiezustand kritisch wird. Intelligente Akkumulatoren sind systemisch in sich geschlossene Einheiten, die signifikante Vorteile gegenüber heutigen Akkumulatoren erzielen. Smarte Akkumulatoren können über ihre eigene Elektronik direkt mit dem Generator Informationen austauschen, um situationsabhängig den jeweils für den Akkumulator schonendsten Ladestrom zu realisieren.

Vorteile für das Gesamtfahrzeug ermöglicht eine Kombination von intelligenten Akkumulatoren mit einem Energiemanagement für das Bordnetz. In kritischen Zuständen lassen sich Verbraucher nach Bedarf abschalten oder im Verbrauch reduzieren (hierarchische Abschaltung). Die elektrische Energiebilanz im Bordnetz bleibt so unter Kontrolle, Ausfälle des Fahrzeugs wegen Energiemangels werden erheblich kleiner sein. Darüber hinaus können Ruhestandspotenziale gemessen werden, um durch Anpassungen im Bordnetz das Entladen des Akkumulators zu verhindern.

Bewertung der künftigen Leistungsmerkmale
(als Mittelwert aus den technischen Neuerungen):

Innovation	Realisierbarkeit	Preis	Qualität	Kundennutzen	Summe	Fazit
●●○	●●○	●●●	●●○	●●●	12 Punkte	☺

Weitere technologische Trends:

- 42V-Bordnetz (hohe Komplexität, hoher Preis, kleinere Ströme, geringere Leistungsquerschnitte)
- Brennstoffzelle als Auxiliary Power Unit (elektrochemisches System: hohe Komplexität)
- Smart Power Distribution (geringer wahrnehmbarer Kundennutzen)

7.3.12 Elektronik

Relevante technische Neuerungen:

[23] Aktiver Tempomat und Abstandsradar
[24] Intelligentes Navigationssystem
[25] Nachtsicht- und Umfelderkennung

Prognose bezüglich künftiger Leistungsmerkmale:

Der Einzug der Elektronik im Fahrzeug betrifft heute alle wesentlichen Komponenten des Automobils, so dass eine saubere Abgrenzung zu allen bereits beschriebenen Modulen unmöglich ist. Nahezu jede mechanische Neuerung im Auto basiert auf elektronischen Systemen, weshalb man heute vielfach von *Mechatronik* spricht. Die nachfolgend beschriebenen technischen Neuerungen sind Leistungsmerkmale, die aufgrund ihres bestimmenden Elektronikumfangs diesem Unterkapitel zugeordnet wurden und letztendlich eine in sich geschlossene Einheit darstellen können.

Analog zum bereits beschriebenen Pre-Crash-System analysiert der aktive Tempomat über einen Sensor an der Fahrzeugfront Umfelddaten, die er zur Ansteuerung weiterer Systeme im Fahrzeug nutzt. Ein im Kühlergrill integrierter Radarsensor misst die Geschwindigkeit des eigenen und des vorausfahrenden Fahrzeugs (Adaptive Cruise Control). Verlangsamt das vorausfahrende Fahrzeug seine Fahrt, so übermittelt der Radarsensor die Informationen zum veränderten Abstand an das Bremssystem sowie an das Motormanagement und das eigene Fahrzeug verlangsamt sich automatisch. Bei Beschleunigung gleicht das eigene Fahrzeug die Geschwindigkeit an das vorausfahrende Fahrzeug wieder an. Mit diesem Prinzip werden Kolonnenfahrten mehrerer Verkehrsteilnehmer möglich, wodurch Verbrauchsoptimierungen durch den Windschatteneffekt erzielt werden. Darüber hinaus werden Schlechtwetterfahrten bei Nebel oder Schneefall sicherer, da der Abstand der Verkehrsteilnehmer automatisch geregelt wird.

In Verbindung mit einem intelligenten Navigationssystem, das sich dynamisch an die aktuelle Verkehrssituation anpasst, ergibt sich die Möglichkeit einer erheblich effizienteren Nutzung des bestehenden Verkehrsraumes. Intelligente Navigationssysteme können Staus, Baustellen und andere Hindernisse erkennen und dem Fahrer alternative Fahrtrouten benennen, die lange Verzögerungen vermeiden. Darüber hinaus bewirkt eine Sprachsteuerungstechnologie, dass mittels verbaler Eingabe eine direktere und somit schnellere Kommunikation zwischen Navigationssystem und Fahrer möglich wird. Die Benutzung des oftmals komplizierten Eingabe-Menüs wird damit obsolet. Nicht zuletzt ist es Aufgabe des intelligenten Navigationssystems, im Falle eines Unfalls den Standort des Fahrzeugs und wesentliche Unfallcharakteristika an die Notrufzentrale zu senden.

Um Unfälle, vor allem nachts und bei schlechtem Wetter, zu verhindern, wird man künftig vermehrt Night-Vision-Systeme (NVS) in Fahrzeuge einbauen. Das NVS unterstützt das menschliche Auge, das bei Dunkelheit signifikant schlechter sieht als bei Tageslicht, in der Umfelderkennung. Eine Hochleistungskamera und zwei Laser in den Vorderlichtern, die genau auf die kurzen Lichtblitze des für das menschliche Auge unsichtbaren Infrarot-Lasers synchronisiert sind, erzeugen eine Schwarzweiß-Darstellung der aktuellen Straßensituation, die in der Instrumententafel oder in einem Head-up-Display eingeblendet wird. Die Umsetzung von Laser- und Infrarot-Technologie aus der Luft- und Raumfahrt für das Automobil ermöglicht signifikante Vorteile bei Nacht- und Schlechtwetterfahrten.

In Kombination mit dem eingangs beschriebenen Tempomat lassen sich erhebliche Sicherheitspotenziale erschließen. Die Verknüpfung der Fähigkeiten des aktiven Tempomats mit einem intelligenten Navigationssystem und einer Nachtsicht- und Umfelderkennung (NVS) ist unter dem Aspekt der Fahrzeugsicherheit als echte Radikalinnovation zu bezeichnen.

Bewertung der künftigen Leistungsmerkmale
(als Mittelwert aus den technischen Neuerungen):

Innovation	Realisierbarkeit	Preis	Qualität	Kundennutzen	Summe	Fazit
●●●	●●○	●●● *	●●●	●●●	14 Punkte	☺

* Nicht vergleichbar, neue Technologie

Weitere technologische Trends:

☐ Software-Update für Antriebs- und Fahrwerkskomponenten (geringer tatsächlicher Kundennutzen)

☐ Ferndiagnose und Therapie (hohe Kosten, geringe Marktreife der externen Vernetzung)

☐ Optische Bussysteme aus elektronischen Bauelementen und Lichtleitern (geringer Kundennutzen)

7.4 Conclusio

Eine Vielzahl empirischer Untersuchungen hat die These bestätigt, dass die Substitution von bisherigen Technologien durch neue technologische Lösungen einem nahezu gleichmäßigen Verlaufsmuster folgt. Der Substitutionsverlauf ergibt grafisch eine typische S-Kurve, die zunächst exponentiell bis zum Wendepunkt ansteigt, dann in einem ähnlichen Verlauf abflacht und schließlich einem Sättigungswert zustrebt. Gälweiler interpretiert die Erkenntnisse aus der Substitutionszeitkurve so, dass selbst intensivste Marketinganstrengungen – sei es zur Verlängerung von Lebenszyklen oder zur positiven Beeinflussung des Marktwachstums – den vorgegebenen Substitutionsverlauf nicht wesentlich beeinflussen können.[50] Im Unterkapitel 7.3 wurden 25 Leistungsmerkmale und weitere 35 Trends skizziert, die das Auto der Zukunft prägen werden.

Ziel erfolgreicher Automobilzulieferer muss es sein, diese oder andere neue Leistungsmerkmale für das eigene Unternehmen zu analysieren, zu bewerten und konkrete technologische Stoßrichtungen in ihrer Produktentwicklung vorzusehen. Das heißt nicht, dass nun eine Vielzahl moderner High-Tech-Projekte initiiert oder neue Erfindungen aus dem Boden gestampft werden sollen. Nein, es sollen lediglich Überlegungen angestellt werden, wie Bestehendes tatsächlich verbessert und wie im Sinne »*zukünftiger Erfolgspotenziale*« der Markterfolg langfristig gesichert werden kann.

Zukünftige Erfolgspotenziale für das Unternehmen definieren zu können, setzt voraus, dass sich die Unternehmensführung intensiv mit der Marktentwicklung, den Kundenanforderungen und den Zukunftstechnologien auseinandersetzt. Abbildung 55 fasst die wesentlichen Aspekte dieser Überlegungen zusammen:

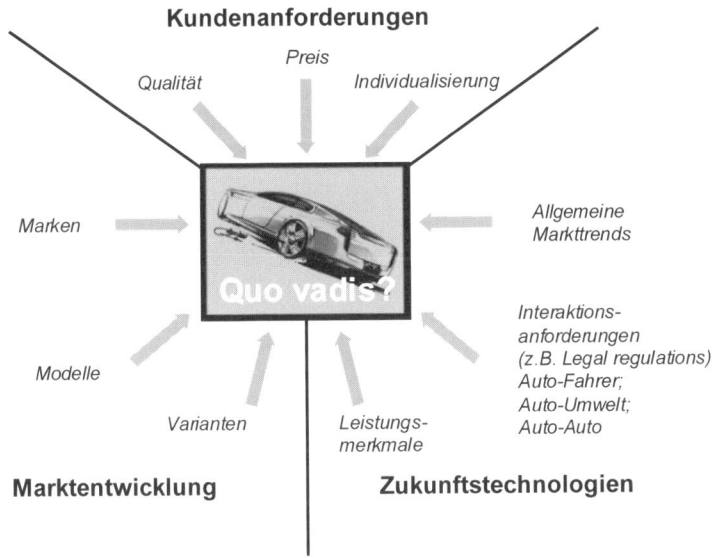

Abb. 55. Wesentliche Aspekte zur Entwicklung zukünftiger Erfolgspotenziale

Um neue Dinge tun und im Unternehmen strategisch verankern zu können, ist es erforderlich, die Chancen und Risiken neuer Technologien im Markt sowie die Stärken und Schwächen der eigenen Unternehmung zu kennen. Die veränderten Spielregeln in der Automobilindustrie müssen verstanden werden, um die richtigen strategischen Anpassungsleistungen im eigenen Unternehmen erbringen zu können.

Strategische Anpassungsleistungen wie die zielorientierte Entwicklung internationaler Standorte, die Integration in neue Wertschöpfungsnetzwerke oder die Entwicklung neuer Produkte mit einem klaren Fokus auf den tatsächlichen Kundennutzen setzen voraus, dass alle Restriktionen aus Umwelt und Gesellschaft genau analysiert werden und die geänderten strategischen Ziele dem Wertesystem des Unternehmens entsprechen. Nur wenn das Unternehmen erkennt, dass die veränderte Marktsituation strategische Anpassungsleistungen erfordert, ist es sinnvoll, neue strategische Ziele zu vereinbaren und mit entsprechenden Maßnahmen zu hinterlegen. Wird Handlungsbedarf gesehen, so sind entsprechende Mittel einzusetzen, die eine konsequente Zielverfolgung ermöglichen. Die eindeutige Formulierung neuer strategischer Ziele, resultierend aus den dynamischen Veränderungen des Marktes, ist entscheidend, um überhaupt die richtigen Maßnahmen vereinbaren und die erforderlichen Mittel festlegen zu können. Die Erarbeitung von Handlungsoptionen, die oftmals weitreichende Auswirkungen auf die Organisation, auf Unternehmensprozesse und auf Führungskonzepte haben, setzen klare strategische Ziele voraus. Alle Handlungsoptionen müssen sorgfältig analysiert und bewertet werden, um die richtigen Entscheidungen für die Umsetzung treffen zu können. Da die neuen, zukünftigen Erfolgspotenziale – unabhängig davon, ob nun neue Märkte erschlossen oder neue Produkte entwickelt werden – das letztlich entscheidende Kriterium für die dauerhafte Überlebensfähigkeit eines Unternehmens darstellen, sollte der Erarbeitung von Handlungsoptionen die entsprechende Aufmerksamkeit gewidmet werden. Abbildung 56 zeigt den beschriebenen Weg von der Strategieanpassung bis zur Umsetzung:

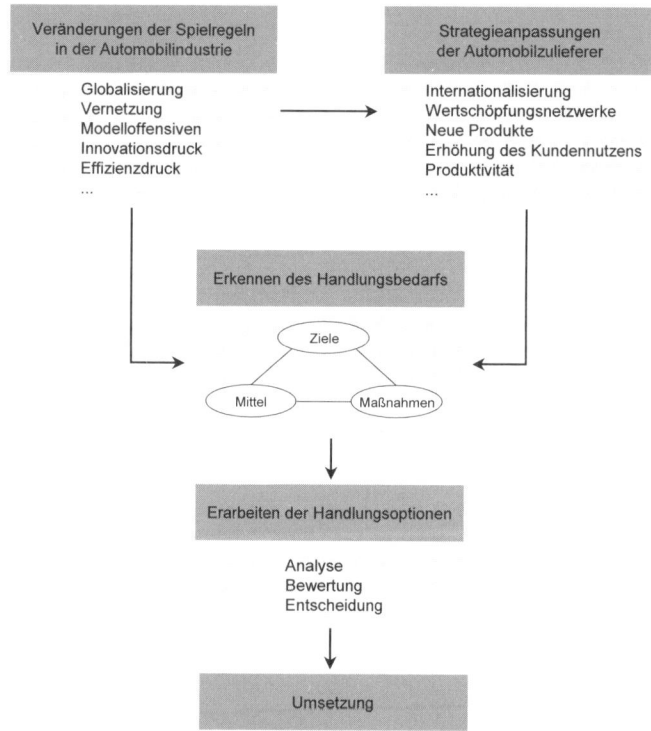

Abb. 56. Von der Strategieanpassung bis zur Umsetzung

Erfahrungen aus anderen Wirtschaftszweigen haben gezeigt, dass es einfacher ist, in sich dynamisch verändernden Branchen einen strategischen Gestaltungsprozess umzusetzen als in stabilen Industrien. Der Gestaltungswille zukünftiger Erfolgspotenziale beinhaltet auch den bewussten Willen zur Gestaltung der Zukunft und setzt grundsätzlich Veränderungsbereitschaft voraus. In der Automobilindustrie erfordert die Gestaltung der Zukunft heute eine neue Sicht der Wirklichkeit, losgelöst von bestehenden Strukturen, und die Einsicht, dass Veränderungen nicht nur Risiko, sondern vor allem Chance bedeuten – Chancen für Automobilzulieferer, durch wirksames Management die dynamischen Veränderungen in der Automobilindustrie erfolgreich zu bewältigen.

Epilog

Mehr denn je benötigt die Automobil-Zulieferindustrie Orientierungshilfe, braucht sie Unterstützung für ein wirksames Management in einem dynamischen Umfeld. Die Automobil-Zulieferbranche besteht zu 70-80 Prozent aus mittelständischen Unternehmen mit jeweils rund 200 bis 400 Mitarbeitern. Viele dieser Unternehmen sind inhabergeführt. Und viele dieser Unternehmen stehen heute vor der Unternehmensnachfolge. Zusammen mit der allgemein nur dünnen Eigenkapitaldecke in der Branche sind dies zusätzliche Schwierigkeiten in einem Umfeld, das geprägt ist von Finanzierungsrestriktionen seitens der Banken (Basel II) bis hin zur Globalisierung vor der Haustür durch die EU-Osterweiterung.

Die schwierigste Frage dürfte derzeit jedoch sein: Wohin bewegt sich die Branche? Schließlich setzen sich die Konzentrationsprozesse in der Automobilindustrie fast ungebremst fort. Doch welche Auswirkungen hat die Markenausprägung der Automobilhersteller auf die nachgelagerten Unternehmen und haben die neuen Formen der Zusammenarbeit, die Bildung von strategischen Netzwerken, neue Verrechnungsmodelle oder Risikobeteiligungen? Und wie findet und behält das jeweilige Unternehmen seinen sicheren Platz in den künftigen Supply Chains?

Ich halte es für eine Stärke kleiner und mittelständischer Unternehmen – wie sie für die Automobilzulieferindustrie typisch sind – mehr als die Großen in der Branche Visionen zu verfolgen, Risiken einzugehen und beweglicher zu sein und nicht nur nach schönen Quartalsbilanzen und Szenarien kurzfristiger Managementperioden zu entscheiden. Denn in Zeiten großer dynamischer Veränderungen kommt den kleinen Unternehmen gerade diese hohe Flexibilität zu Gute sowie die Chance, sich rasch den Marktgegebenheiten anpassen zu können.

Als geschäftsführende Gesellschafterin der heutigen MVI Group blicke ich auch auf den Verkauf der deutschen Entwicklungssparte der IVM Engineering Gruppe zurück, der IVM Automotive. Nach über 30-jähriger Erfahrung in der Automobil-Entwicklungsdienstleistung war dies unsere logische und konsequente Reaktion auf die sich abzeichnende Verlagerung der Entwicklungsaktivitäten im Markt hin zu den großen Systemlieferanten, die nun – wie unser Erwerber – ihrerseits nach erfahrenen Engineeringressourcen am Markt Ausschau hielten. Bei der Umstrukturierung der verbliebenen Unternehmensgruppe – der heutigen MVI Group – erkannten wir zugleich die attraktive Chance, den neuen Bedarf im Markt nach erfahrenen Prozessintegratoren besser erfüllen zu können. Nachträglich gesehen überrascht auch uns das Tempo, mit der sich diese Veränderungen im Markt mittlerweile vollziehen.

Um so eindringlicher unterstütze ich die Forderung des Autors, die jeweils eigene Marktposition kontinuierlich mit dem Wettbewerb zu vergleichen und eine Bewertung des wahren Kundennutzens als Maxime für die strategische Planung zu nehmen sowie die Strukturen und Kompetenzen des eigenen Unternehmens entsprechend immer wieder anzupassen.

Dabei zeigt sich, wie wichtig für alle Unternehmen in der Zulieferpyramide unter dem Druck der Professionalisierung die Kenntnis und der routinierte Umgang mit fundierten Managementmethoden ist. Hinzu kommt die Handhabung erprobter Werkzeuge zur Optimierung der technischen und kaufmännischen Unternehmenssteuerung. Das vorliegende Buch ist da hilfreich. Der darin entwickelte Management-Navigator ermöglicht zudem auf einfache Weise, alle wichtigen Stellgrößen und deren Auswirkung auf das Unternehmen im Auge zu behalten.

Trotz allem bleibt die Erkenntnis: Alle Zahlen, alle Daten und Fakten aus derartigen Werkzeugen und Analysen sind stets nur Ausgangspunkt oder Hilfsmittel, nicht jedoch die eigentliche Antwort auf die Entscheidungen, die es zu treffen gilt. Hier zählt die Expertise und die unternehmerische Weitsicht und nicht zuletzt auch der Mut neue Wege zu gehen. Und wie erfolgreich die eingeschlagene Richtung wird, darüber entscheiden letztendlich Werte und Faktoren, die bei aller rationaler Betrachtung nur zu oft übersehen werden: Es sind die Menschen, die dahinter stehen. Es sind die qualifizierten und engagierten Mitarbeiter, die ein Unternehmen auch – oder gerade – in rauen wirtschaftlichen Zeiten zum Erfolg führen.

Diese Erkenntnis ist nicht neu. Dennoch rangieren Investitionen in den Faktor Mensch oft an letzter Stelle. Der notwendige Schutz und die Pflege von wertvollem Humankapital, von fachlicher und sozialer Kompetenz, von Netzwerken und Know-how werden in vielen Unternehmen zu oft verkannt oder übersehen. Denn die Qualifikation und Motivation engagierter Mitarbeiter sind keine bilanzierungsfähigen Größen. Um so mehr gilt es, die Stärken des so gerne zitierten „Produktionsfaktors" Mensch in maximaler Weise und für das Unternehmen ergebnisorientiert zur Entfaltung zu bringen. Wer dies außer Acht lässt, bekommt die Auswirkungen früher oder später in der Bilanz zu spüren.

Zugleich erfordert die zunehmende Verflechtung von Unternehmen in Netzwerken und Partnerschaften ein Umfeld, das auf gelebter Fairness beruht und sich an expliziten Leitwerten und verbindlichen Spielregeln orientiert. Dies ist eine klare Managementaufgabe und bedarf vermehrter Vorbildfunktion bei den Führungskräften.

Der dringende Bedarf hierfür wird besonders klar erkennbar, wenn die Zulieferer in der Zusammenarbeit mit den Automobilherstellern eine mangelnde Vertrauenskultur und das Fehlen verlässlicher Kooperationsstrategien beklagen. Deutlich belegt dies eine umfangreiche Studie des Fraunhofer Instituts für Arbeitswirtschaft und Organisation IAO zusammen mit PROMIND, einem Unternehmen der MVI Group. Je stärker die gegenseitigen Abhängigkeiten innerhalb der Supply Chains ausgebildet sind, desto wichtiger werden Kooperation und Kommunikation auf Augenhöhe. Hier besteht Handlungsbedarf, um gemeinsam die sich daraus ergebenden neuen Chancen besser zu nutzen.

Denn der massive Umbruch in der Branche bietet neben den hohen Risiken immer auch neue Möglichkeiten. Diese Chancen gilt es zu ergreifen und aktiv zu gestalten. Hierzu gibt das vorliegende Buch über Erfolgsstrategien für die Automobilzulieferindustrie ausreichend unterstützende, praktische Hilfe.

München, im März 2004

Dr. Elke Kiss-Preußinger
Geschäftsführende Gesellschafterin der MVI Group

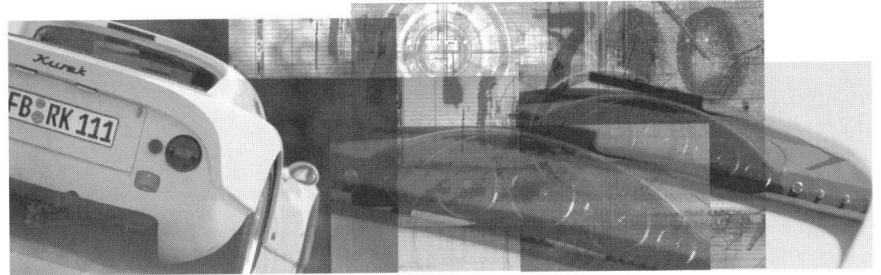

Fallstudien

Die nachfolgenden Fallstudien dienen dazu, die theoretischen Ausführungen zu den Themen »*Kundennutzen*« (Kapitel 4.2) und »*Industrielles Projektmanagement*« (Kapitel 5.1) anhand praktischer Beispiele zu vertiefen.

Die erste Fallstudie »*KE-Partner*« basiert auf einem authentischen Beratungsprojekt, wobei Namen sowie Angaben zu Ort und Zeit selbstverständlich geändert wurden. Im Gegensatz dazu handelt es sich bei der zweiten Fallstudie »*Entwicklung eines Konzeptfahrzeuges*« um ein rein fiktives, aber realitätsnahes Beispiel für Aufgaben im automotiven Projektmanagement. Beide Fallstudien wurden bereits auszugsweise publiziert – unter anderem in »*Gewinner von morgen handeln heute*« (DVA, 2002) – und sind Lernzielkontrollen der Vorlesung »*Business Modelling und Simulation II, Supply Chain Management in der industriellen Praxis*« im Studiengang Internationales Logistikmanagement an der FH Steyr.

Ziel ist es, mit den Fallstudien Inhalte des Buches zu konkretisieren und dargestellte Zusammenhänge praxisorientiert anzuwenden. Musterlösungen zu den Aufgaben finden Sie nur dort, wo sie für die Weiterbearbeitung der Folgeaufgaben notwendig sind. Alle Fragen sind unter Zuhilfenahme der Inhalte aus den Kapiteln »*Kundennutzen*« und »*Industrielles Projektmanagement*« lösbar.

Fallstudie Kundennutzen: »KE-Partner«

Die Gründung der Firma *KE-Partner* im Jahr 1999 war das Ergebnis eines »*Spin Offs*« der Abteilung Karosserieentwicklung eines etablierten deutschen Entwicklungsdienstleisters. Heutiger Geschäftsführer von *KE-Partner* ist der ehemalige Abteilungsleiter Herr König. Das Unternehmen beschäftigt etwa 20 hochqualifizierte Ingenieure. Sie sind in der Karosserieentwicklung hauptsächlich für einen süddeutschen Automobilhersteller tätig. Das stetige Umsatzwachstum in diesem strategischen Geschäftsfeld (SGF) zeigt, dass der Markt die Karosseriekompetenz von *KE-Partner* sehr schätzt und in immer umfangreicheren Projekten nutzt.

Um die Wettbewerbsposition langfristig zu sichern und strategischer Industriepartner zu bleiben, beabsichtigt Herr König, in Folgeprojekten mit einem kompetenzergänzenden Unternehmen zu kooperieren. Die Kooperation mit einem renommierten Engineeringpartner verfolgt das Ziel, Defizite im Projekt- und Prozessmanagement zu kompensieren und die wirtschaftlichen Rahmenbedingungen in Volumenprojekten zu verbessern. Herr König macht sich diese Entscheidung nicht leicht, und so beschließt er, Sie als externen Berater heranzuziehen, um genau prüfen zu lassen, wie sinnvoll die geplante strategische Allianz für die Zukunft seines Unternehmens ist. Er erwartet eine möglichst realistische Analyse.

Sie erläutern Herrn König, dass Sie zur Beurteilung der Ausgangslage seines Unternehmens und zur Festlegung strategischer Stoßrichtungen eine Kundennutzenanalyse durchführen werden, die die Qualität und den Preis der Leistungen seines Unternehmens relativ zum Leistungsniveau der Konkurrenz beurteilt. Um mit Hilfe von PIMS (vgl. Kapitel 4) ein »*Value Map*« (Qualitätsblatt) und ein »*Attribute Chart*« (Beurteilungskriterien im Vergleich zur Konkurrenz) erstellen zu können, gilt es zunächst, ein Erhebungsformular zu entwickeln, das alle Informationen zur Erstellung der PIMS-Analyse zusammenfasst.

Ziel ist es, ein möglichst objektives Bild bezüglich der Leistungsfähigkeit von *KE-Partner* zu erhalten und so entscheidet man sich, ein intersubjektives Mischbild zu erstellen. Das Mischbild ergibt sich aus dem Eigenbild (Beurteilung der Leistungsfähigkeit durch die eigenen Mitarbeiter) und Fremdbild (Beurteilung der Leistungsfähigkeit durch die Kunden). Eine Kombination von Eigen- und Fremdbild bewahrt davor, eine *»rosarote«* Sichtweise zu haben bzw. durch ein *»überkritisches«* Messniveau Kriterien zu einseitig zu gewichten und zu bewerten.

Durchführung der PIMS-Analyse

Um die Analyse marktorientiert durchführen zu können, schlagen Sie Herrn König vor, neben *KE-Partner* auch noch die drei direkten Mitbewerber A, B und C zu beurteilen. Aus den Erfahrungen der letzten Anfragen weiß man, dass der Kunde das Produkt *»Technische Entwicklung«* und alle *»dienstleistungsbezogenen Merkmale«* etwa gleich gewichtet.

Bei der Durchführung der Analyse werden zunächst die produktbezogenen Merkmale in der technischen Entwicklung definiert, anschließend werden *KE-Partner* und die konkurrierenden Unternehmen A, B und C bewertet. Die produktbezogenen Merkmale sind:

1. Technische Kompetenz (Hard-/ Software, Entwicklungsfähigkeit, fertigungstechnisches Know-how)
2. Umsetzungskompetenz (Termintreue, Flexibilität: z.B. 7d 24h, Supply Chain Management-Kompetenz)
3. Kundenspezifische Erfahrung in der Konstruktion

Technische Kompetenz ist mit 20% das für den Kunden wichtigste Kriterium, die beiden anderen zählen zu gleichen Teilen. Die Mitarbeiter von *KE-Partner* sind seit über zehn Jahren in verschiedenen Projekten des Kunden tätig. Sie verfügen über eine ausgezeichnete Erfahrung in seinen konstruktionsrelevanten Eigenheiten. Die Mitbewerber A und B besitzen eine gute Erfahrung, C hingegen wird aufgrund oberflächlicher Kontakte in diesem Bereich eine Stufe niedriger bewertet. Ähnlich verhält es sich mit der technischen Kompetenz.

A, B und C werden in diesem Kriterium analog der Erfahrung eingestuft. *KE-Partner* hat vor allem in aktuellste Soft- und Hardware investiert, um fertigungstechnische Machbarkeiten bestmöglich berücksichtigen zu können, und ist in Bezug auf die selbständige Entwicklungsfähigkeit als exzellent einzustufen. Sehr gut ist auch die Realisierungskompetenz im Hinblick auf eine termingerechte Serienreife, da an jedem Tag der Woche rund um die Uhr gearbeitet werden kann und somit neben technischer Kompetenz ein höchstes Maß an Flexibilität besteht. Zudem unterstützen langjährige Erfahrungen nicht nur mit dem Kunden, sondern auch mit seinen Lieferanten die Fähigkeit, zielgerecht Konstruktionen für Prototypen und Serie umzusetzen. Das gleiche gilt für den Mitbewerber B. A und C haben sich ganz gut entwickelt, noch fehlt aber der Anschluss zu den Vorreitern.

Die dienstleistungsbezogenen Merkmale werden ihrer Bedeutung nach in folgenden Hauptgruppen zusammengefasst, wobei die Wichtigkeit für den Kunden von 1. bis 4. kontinuierlich abnimmt:

1. Strategische Bedeutung (Zuverlässigkeit, Unabhängigkeit, Kontinuität)

2. Managementfähigkeiten (Organisation, Entwicklungsprozesse, PM)

3. Kultur (vertraute Ansprechpartner, Erfahrung in der Kundenorganisation, Konstanz in der Vorgehensweise)

4. Angebotskompetenz (hohe Transparenz, *value for the money*)

Die Rolle des strategischen Partners erfüllt der Mitbewerber A ausgezeichnet. Als börsennotiertes Unternehmen ist A wirtschaftlich stark und somit für großvolumige Projekte mit den erforderlichen Vorleistungen bestens geeignet. Das Image des europaweit tätigen Unternehmens und die Zuverlässigkeit in der Projektabwicklung bilden eine ausgezeichnetes Fundament für eine strategische Zusammenarbeit. B und C hingegen sind lediglich ganz gut in diesem Punkt, *KE-Partner* ist etwas besser, aber noch nicht sehr gut.

Als sehr gut ist *KE-Partner* hingegen in allen unternehmenskulturellen Kriterien einzuordnen. In den Jahren gemeinsamer Entwicklungsaktivitäten hat man vertraute Ansprechpartner in der Kundenorganisation gewonnen, die vor allem die personelle Kontinuität bei *KE-Partner* sehr schätzen. Fehlende Erfahrung in der Organisation des Kunden sind ausschlaggebend für die um eine Stufe in der Skala niedriger ausfallende Bewertung der Firmen A und B. Nur als zufriedenstellend einzustufen ist hingegen C, da das Unternehmen in der Vergangenheit wenig Konstanz in seiner Vorgehensweise zeigte.

Die Managementkompetenz von A ist sehr gut und somit deutlich besser als die von *KE-Partner*, B und C, die jeweils nur als ganz gut einzustufen sind. Die Forderung des Hauptkunden nach qualifizierten Projektmanagern, die technisch, terminlich und wirtschaftlich gleichermaßen in der Lage sind, Projekte zu steuern, wird weder von *KE-Partner* noch von B und C gut erfüllt.

Die zunehmende Komplexität in den Projektanfragen, die für Module der Karosserie durchgängige Prozessketten in der Entwicklung fordern, hat in der letzten Zeit dazu geführt, dass eine hohe Transparenz in den Angeboten an Bedeutung gewonnen hat.

Der Einkauf muss in der Lage sein, die Angebote der Mitbewerber vergleichen zu können. *KE-Partner* und Mitbewerber A sind aufgrund ihrer Erfahrung fähig, dem Anforderungsprofil des Kunden zu folgen und sehr gute Angebote abzugeben. Die Angebote von B werden als ganz gut erachtet, die von C bestenfalls als zufriedenstellend eingestuft.

Im Rahmen einer Kaufentscheidung werden die Qualitätsmerkmale mit einer Gewichtung von 60 Prozent etwas höher eingeschätzt als der Preis, dem im Engineering-Sektor nur 40 Prozent Bedeutung eingeräumt werden. Trotzdem muss dieser zur Ermittlung der relativen Qualität aus Kundensicht selbstverständlich berücksichtigt werden. *KE-Partner* hat derzeit einen Preis von 76,70 Euro pro Entwicklungsstunde. A mit 65,20 Euro und B mit 69 Euro pro Entwicklungsstunde liegen etwas günstiger. C hingegen hat in der Rahmenvereinbarung mit dem Kunden einen Preis von 84,40 Euro pro Entwicklungsstunde fixiert:

Werteskala:

10: exzellent
9: ausgezeichnet
8: sehr gut
7: gut
6: ganz gut
5: zufriedenstellend
4: halbwegs zufriedenstellend
3: schwach
2: sehr schwach
1: ungenügend
0: nicht vorhanden

Vervollständigung des Erhebungsformulars

Bitte vervollständigen Sie das nachfolgende Erhebungsformular, indem Sie Aufgabe 1 - 7 bearbeiten und die ermittelten Werte eintragen:

Aufgabe 1:

Ermitteln Sie die wichtigsten Kriterien, um das Produkt und die Dienstleistungen des Unternehmens zu beurteilen. Der Preis wird vorläufig nicht beachtet. Ordnen Sie die erhobenen Kriterien den beiden Kategorien »*produktbezogene Merkmale*« und »*dienstleistungsbezogene Merkmale*« zu. Bringen Sie die Kriterien in eine Rangfolge. Was sind aus Kundensicht die wichtigen bzw. weniger wichtigen Kriterien? Tragen Sie diese in das Erhebungsformular ein.

Aufgabe 2:

Legen Sie fest, wie aus Kundensicht das Produkt gegenüber der Dienstleistung gewichtet wird. Sie haben 100 Punkte zu verteilen. Je nach Verhältnis

»produktbezogene Merkmale« zu *»dienstleistungsbezogene Merkmale«* ergibt sich nun die Summe der Punkte, die Sie auf die Produktkriterien und die Dienstleistungskriterien verteilen können.

Aufgabe 3:

Gewichten Sie die einzelnen Kriterien in Abhängigkeit der Bedeutung für den Kunden.

Aufgabe 4:

Bewerten Sie nun *KE-Partner* anhand der Werteskala (0-10). Es ist jedes Kriterium zu bewerten.

Aufgabe 5:

Anschließend bewerten Sie die Konkurrenzunternehmen A, B, C und vergeben ebenfalls anhand der beigefügten Werteskala die entsprechenden Punkte.

Aufgabe 6:

Bei den bisher erhobenen Merkmalen spielte der Preis keine Rolle. Geben Sie nun den Preis an. Das Preisniveau von *KE-Partner* liegt dabei bei 100. Der relative Preisindex der Konkurrenten ist entsprechend anzupassen und einzutragen.

Aufgabe 7:

Abschließend legen Sie bitte die Gewichtung zwischen Qualität und Preis aus Sicht des Kunden bei einem Kaufentscheid fest.

Erhebungsformular:

SGF	Karosserie
Marktsegment	Süddeutschland
Beurteilt aus Sicht	GL / kfm. Ltg. / Kunde

Qualitätsmerkmale aus Kundensicht (für die Kaufentscheidung, nicht preisbezogen)	Gewichtung Wichtigkeit für Kunden	Bewertung KE-P	Bewertung Konkurrenten Vorgabe A	B	C
Produktbezogene Merkmale					
1.					
2.					
3.					
Summe					
Dienstleistungsbezogene Merkmale		KE-P	A	B	C
4.					
5.					
6.					
7.					
Summe					

Marktanteil (MA) in %	20	30	20	10
Relativer Einstandspreis (Index)	100			

Anzahl der Konkurrenten	
A.	
B.	
C.	

Gewichtete Kaufentscheidung	
Qualität	
Preis	
Summe	

Musterlösung: Vervollständigtes Erhebungsformular

SGF	Karosserie
Marktsegment	Süddeutschland
Beurteilt aus Sicht	GL / kfm. Ltg. / Kunde

Qualitätsmerkmale aus Kundensicht (für die Kaufentscheidung, nicht preisbezogen)	Gewichtung Wichtigkeit für Kunden	Bewertung KE-P	Konkurrenten Vorgabe		
Produktbezogene Merkmale			A	B	C
1. Technische Kompetenz (Werkzeuge : Hard-/ Software, selbständige Entwicklungsfähigkeit, fertigungstechnische Machbarkeit)	20%	10	7	7	6
2. Umsetzungskompetenz (termingerechte Serienreife, Flexibilität : z.B. 7d 24h, Betreuung / Aussteuerung Supply Chain)	15%	8	6	8	6
3. Erfahrung in der Konstruktion (kundenspezifisch)	15%	9	7	7	6
Summe	50%				
Dienstleistungsbezogene Merkmale		KE-P	A	B	C
4. Strategische Partnerrolle (wirtschaftliche Unabhängigkeit, Zuverlässigkeit, Image, Volumenprojekte)	20%	7	9	6	6
5. Managementkompetenz	15%	6	8	6	6
6. Kultur (vertraute Ansprechpartner, Erfahrung in OEM-Organisation, Konstanz in der Vorgehensweise)	10%	8	7	7	5
7. Angebotskompetenz (hohe Transparenz, realisierbarer value for money, Unterstützung des Einkaufes)	5%	8	8	6	5
Summe	50%				

Marktanteil (MA) in %	20	30	20	10
Relativer Einstandspreis (Index)	100	85	90	110

Anzahl der Konkurrenten	3
A. Konkurrent A	
B. Konkurrent B	
C. Konkurrent C	

Gewichtete Kaufentscheidung	
Qualität	60
Preis	40
Summe	100

216 Fallstudien

Aufgabe 8:

Betrachten Sie nun die Auswertungen im Value Map: Welche wesentlichen Aussagen lesen Sie hier ab?

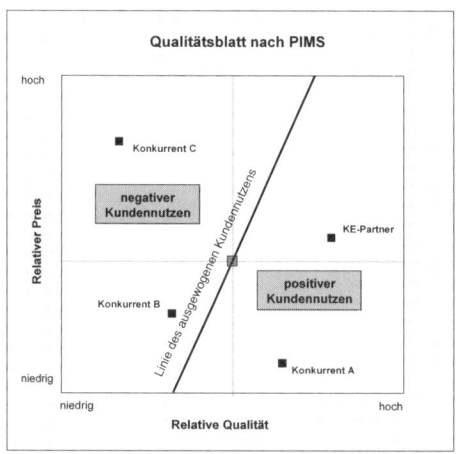

Aufgabe 9:

Nennen Sie abschließend vor dem Hintergrund der Auswertungen im Attribute Chart die fünf wichtigsten Maßnahmen, die Herr König treffen sollte, um die Position von *KE-Partner* gegenüber den Mitbewerbern zu verbessern.

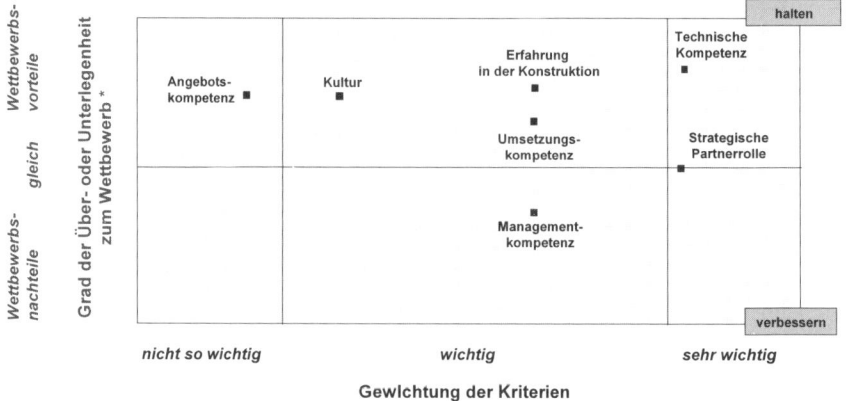

* Bewertungsdifferenz zum Durchschnitt der Wettbewerber A, B, C

Aufgabe 10:

Macht Ihrer Meinung nach eine Kooperation Sinn? Begründen Sie Ihre Aussage.

Fallstudie Projektmanagement: *»Entwicklung eines Konzeptfahrzeuges«*

Die Firma *Motor Car Division (MCD)* ist ein unabhängiger Personenkraftwagenhersteller aus Nordamerika. Als eigenständig operierendes Unternehmen fertigt es die Fahrzeugtypen Magician C15 und Gentlex D25, Modelle der oberen Mittelklasse bzw. der Oberklasse, und vertreibt diese auf den Weltmärkten. MCD denkt über eine Erweiterung des bestehenden Modellangebotes nach, um damit den langfristigen Erfolg des Unternehmens abzusichern. Man prüft die Produktionsmöglichkeiten und führt eine Marktuntersuchung durch, um herauszufinden, welche Modellergänzungen sinnvoll wären. Nach Analyse der Ergebnisse entscheidet sich die Unternehmensführung für die Präsentation einer Sportwagenstudie. Sie verfolgt damit zwei Ziele: Untersuchung der Marktakzeptanz für ein solches Fahrzeug und Nachweis der technischen Kompetenz des Unternehmens.

MCD möchte eine *fahrfähige Konzeptstudie* bereits nach zehn Monaten *(45 Kalenderwochen)* auf einem internationalen Automobilsalon vorstellen und es im Anschluss der Fachpresse für erste Tests zur Verfügung stellen.

MCD besitzt weder die Ressourcen für die Entwicklung dieser Konzeptstudie, noch über entsprechende technische Fähigkeiten in diesem Marktsegment. Deshalb vergibt das Unternehmen das Projekt an den langjährigen Engineering-Partner *Design & Development (D&D)*. D&D ist zwar als qualifizierter Spezialist für die Konstruktion, den Prototypenbau und die Erprobung von Rohkarosserien und Innenausstattungen in der Branche bekannt, hat aber bisher keine fundierte Erfahrung in der Konzeption und Entwicklung von fahrfähigen Studien. Da man das Projekt des langjährigen Kunden *MCD* nicht ablehnen möchte, sucht *D&D* einen weiteren Partner, der über die Kreativität und die Entwicklungskompetenz verfügt, den Sportwagen kostenoptimal zu konzipieren und als fahrfähige Studie zu entwickeln. *D&D* wird fündig und verständigt sich mit der Firma *ENGINEERING-KOMPETENZ (EK)*, dass diese das Konzeptfahrzeug anbietet, entwickelt und die Studie baut.

Ziel dieser Fallstudie ist es, einen typischen Projektmanagement-Prozess beispielhaft zu durchleben. Sie sind Mitarbeiter der Firma *EK*. Orientieren Sie sich bei der Bearbeitung der nachfolgenden Aufgaben nicht ausschließlich an den Ausführungen zur Fallstudie, sondern nutzen Sie zur Lösung auch die Inhalte aus dem Kapitel *»Industrielles Projektmanagement«*.

Aufgabe 1: Anfrage analysieren

Formulieren Sie sieben mögliche Projektziele Ihres Unternehmens EK für die Konzeption, Entwicklung und den Aufbau der Sportwagenstudie:

Projektziele
1. _____
2. _____
3. _____
4. _____
5. _____
6. _____
7. _____

Aufgabe 2: Strukturierung/Grobplanung des Projektes

Nach der Definition konkreter Projektziele muss die Aufgabe systematisch strukturiert werden. Abb. 1 zeigt ein vorstrukturiertes, aber unvollständiges Kalkulationsschema, das Sie ergänzen sollen, um die Gesamtkosten für das Projekt zu ermitteln.

Vervollständigung des Kalkulationsschemas

Abb. I: Kalkulationsschema

Konzeptfahrzeug	Konstruktion Phase 1					Prototypenbau (Exponate) Phase 2					Erprobung / Homologation Phase 3				
Entwicklungszeitraum	KW 01 - KW 15 = 15 KW					KW 06 - KW 40 : 35 KW					KW 36 - KW 45 : 5 KW				
Leistung	MA	h/w	hges.	€/h	Kosten (T€)	MA	h/w	hges.	€/h	Kosten (T€)	MA	h/w	hges.	€/h	Kosten (T€)
1. Spaceframe	0,3	50	225	100	22,5	0,4	50	700,0	100	70,00	0,2	50	50	100	5,0
2. Karosserieaufbau (Handlaminat)	0,5	50	375	100	37,5	1,0	50		100		0,2	50	50	100	5,0
3. Fahrwerk (Bremsen, Räder...)	0,4	50	300	100	30,0	0,3	50	525,0	100	52,50	0,2	50	50	100	5,0
4. Motor / Antriebsstrang (COP)	0,2	50	150	100		0,3	50	525,0	100	52,50	0,4	50		100	
5. Elektrik / Elektronik	0,1	50	75	100	7,5	0,3	50	577,5	100	57,75	0,2	50	50	100	5,0
6. Innenausstattung	0,3	50	225	100	22,5	0,3	50	577,5	100	57,75	0,1	50	25	100	2,5
7. Anbauteile	0,2	50	150	100	15,0	0,3	50	577,5	100	57,75	0,2	50	50	100	5,0
8. Projektkoordination	0,3	50	225	100		0,3	50	525,0	100	52,50	0,3	50	75	100	7,5
9. Techn./Allgemeine Dokumentation	0,2	50	150	100	15,0	0,2	50	350,0	100	35,00	0,2	50	50	100	5,0
Zwischensumme/ Projektphase	T€					T€					T€				
Gesamtkosten	T€														

Legende:

- KW: Kalenderwoche
- MA: Anzahl der Mitarbeiter
- h/w: kalkulierte Arbeitsstunden / Woche
- hges.: Gesamtaufwand in Stunden
- COP: Carry Over Parts (Adaptierung)

Musterlösung: Vervollständigtes Kalkulationsschema

Konzeptfahrzeug	Konstruktion Phase 1					Prototypenbau (Exponate) Phase 2					Erprobung / Homologation Phase 3				
Entwicklungszeitraum	KW 01 - KW 15 = 15 KW					KW 06 - KW 40 : 35 KW					KW 36 - KW 45 : 5 KW				
Leistung	MA	h/w	hges.	€/h	Kosten (T€)	MA	h/w	hges.	€/h	Kosten (T€)	MA	h/w	hges.	€/h	Kosten (T€)
1. Spaceframe	0,3	50	225	100	22,5	0,4	50	700,0	100	70,00	0,2	50	50	100	5,0
2. Karosserieaufbau (Handlaminat)	0,5	50	375	100	37,5	1,0	50	1750,0	100	175,00	0,2	50	50	100	5,0
3. Fahrwerk (Bremsen, Räder...)	0,4	50	300	100	30,0	0,3	50	525,0	100	52,50	0,2	50	50	100	5,0
4. Motor / Antriebstrang (COP)	0,2	50	150	100	15,0	0,3	50	525,0	100	52,50	0,4	50	100	100	10,0
5. Elektrik / Elektronik	0,1	50	75	100	7,5	0,3	50	577,5	100	57,75	0,2	50	50	100	5,0
6. Innenausstattung	0,3	50	225	100	22,5	0,3	50	577,5	100	57,75	0,1	50	25	100	2,5
7. Anbauteile	0,2	50	150	100	15,0	0,3	50	577,5	100	57,75	0,2	50	50	100	5,0
8. Projektkoordination	0,3	50	225	100	22,5	0,3	50	525,0	100	52,50	0,3	50	75	100	7,5
9. Techn./Allgemeine Dokumentation	0,2	50	150	100	15,0	0,2	50	350,0	100	35,00	0,2	50	50	100	5,0
Zwischensumme/ Projektphase	187,5 T€					610,75 T€					50 T€				
Gesamtkosten	848,25 T€														

Aufgabe 3: Plausibilitätsprüfung

Prüfen Sie: Entspricht das vorliegende Kalkulationsschema dem Anforderungsprofil des Kunden MCD? Wurden aus Ihrer Sicht alle wesentlichen Leistungsumfänge für ein solches Fahrzeug erfasst? Schlagen Sie für die kalkulierte Leistung einen konkreten Preis im Angebot vor. Begründen Sie Ihren Preis und entwickeln Sie einen möglichen Zahlungsplan des Kunden, der sich an der tatsächlichen Leistungserbringung orientiert.

Aufgabe 4: Feinplanung

Erarbeiten Sie nun auf der Basis des Kalkulationsschemas die Termine und Ressourcen für das Projekt. Nutzen Sie dazu Abb. II und III und vervollständigen Sie den Arbeitsterminplan sowie den Kapazitätsplan.

Fallstudie Projektmanagement: »Entwicklung eines Konzeptfahrzeuges« 221

Vervollständigung des Arbeitsterminplans und des Kapazitätsplans

Abb. II: Arbeitsterminplan

Konzeptfahrzeug	KW 1-5	KW 6-10	KW 11-15	KW 16-20	KW 21-25	KW 26-30	KW 31-35	KW 36-40	KW 41-45	KW 46-50
Phase 1 : Konstruktion										
Phase 2 : Prototypen (Exponate)										
Phase 3 : Erprobung/ Homologation										

Abb. III: Kapazitätsplan

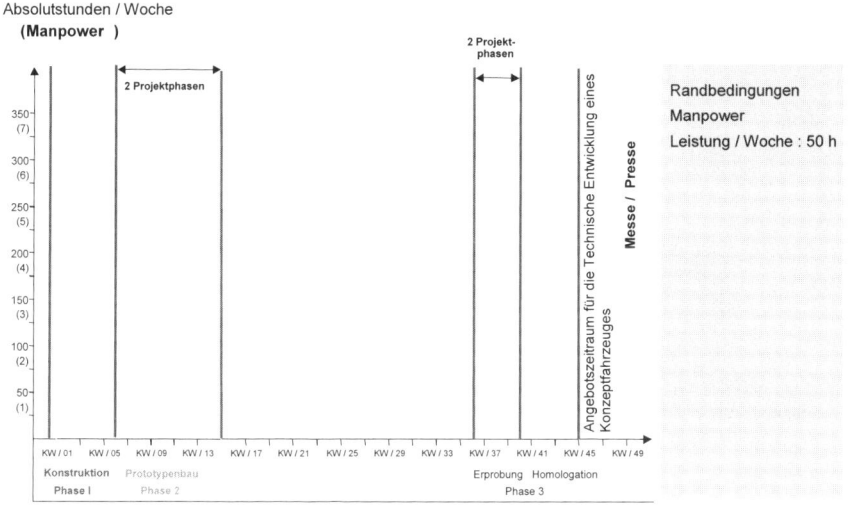

Musterlösung: Vervollständigter Arbeitsterminplan und Kapazitätsplan

Arbeitsterminplan

Konzeptfahrzeug	KW 1-5	KW 6-10	KW 11-15	KW 16-20	KW 21-25	KW 26-30	KW 31-35	KW 36-40	KW 41-45	KW 46-50
Phase 1 : Konstruktion										
Phase 2 : Prototypen (Exponate)										
Phase 3 : Erprobung/ Homologation										

Kapazitätsplan

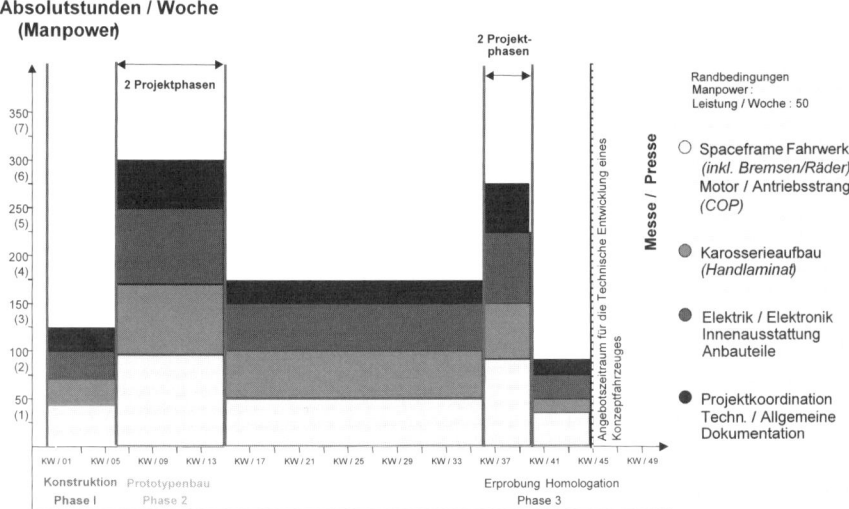

Aufgabe 5: Risikoanalyse

Sie erhalten eine Anfrage von Ihrem Geschäftsführer, der Sie bittet, eine Risikoanalyse zu erstellen. Nennen Sie fünf mögliche Risiken im Projektablauf und bewerten Sie aus Ihrer Sicht Tragweite und Eintrittswahrscheinlichkeit. Nennen Sie entsprechende Gegenmaßnahmen.

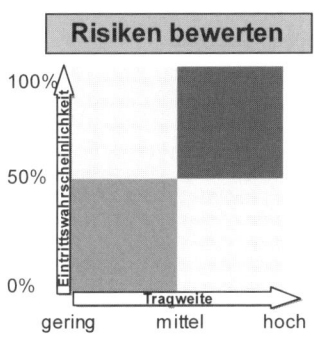

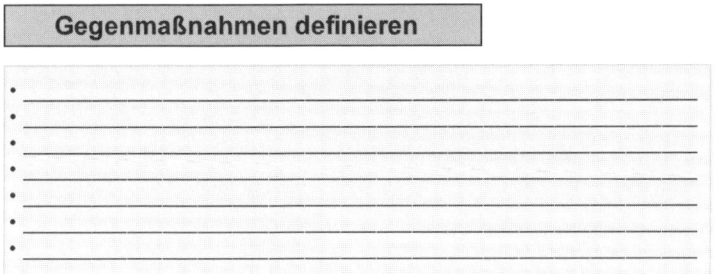

Erstellung einer Organisationsstruktur

Aufgabe 6: Organisationsstruktur

Stellen Sie bitte eine mögliche Organisationsstruktur dar:
a) für die Entwicklung des angefragten Konzeptfahrzeuges
b) für die Produktion einer möglichen späteren Kleinserie.

Musterlösung: Mögliche Organisationsstruktur

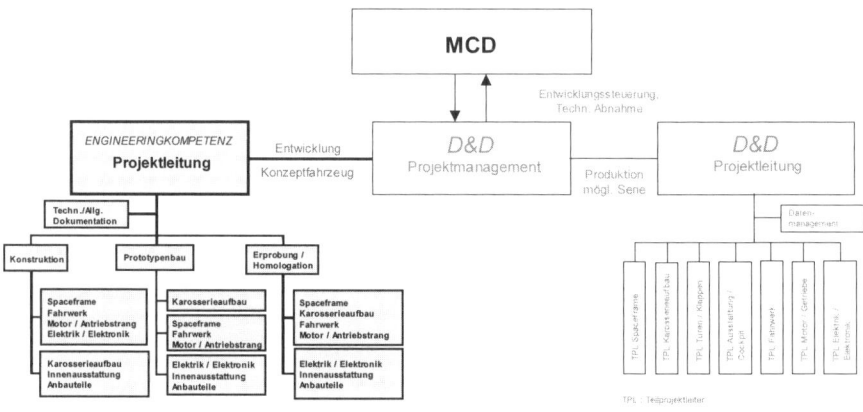

Aufgabe 7: Projektreview (nach der erfolgreichen Umsetzung)

Nachdem die Sportwagenstudie realisiert wurde und Sie einen Abschlussbericht für Ihren Auftraggeber *D&D* erstellt haben, erhalten Sie den Auftrag, drei weitere Fahrzeuge der Sportwagenstudie zu bauen. Allerdings fordert *MCD*, dass das neue Projekt 30% effizienter (also schneller und günstiger) realisiert werden soll.

Was können Sie tun, um dem Anforderungsprofil gerecht zu werden?

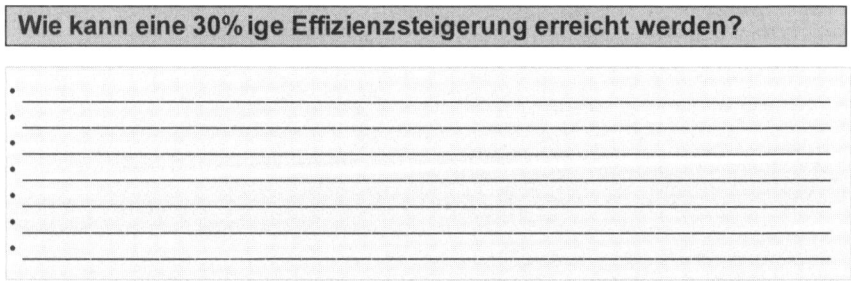

Anmerkungen

1 Vgl. Studie »*Future Automotive Industry Structure (FAST) 2015«*, Mercer Management Consulting/Fraunhofer Gesellschaft (Hrsg.), 2003.

2 Vgl. Präsentation von Becker, Wilhelm (BMW-Bereichsleiter Produktlinie Kleine Modelle), »*Network of Automotive Excellence als Lösungsansatz für den Wandel in der Entwicklung/Produktion und Markenpolitik«,* 2nd European Engineering User Conference, Brüssel/Belgien, 29. Oktober 2002 (engineering workflow europe).

3 Vgl. Präsentation von Kurek, Rainer (Geschäftsführer MVI Group), »*30% Effizienzsteigerung in der Produktentstehung«,* 2nd European Engineering User Conference, Brüssel/Belgien, 29. Oktober 2002 (engineering workflow europe).

4 Vgl. Präsentation von Kurek, Rainer (Geschäftsführer MVI Group), »*30% Effizienzsteigerung in der Produktentstehung«,* 2nd European Engineering User Conference, Brüssel/Belgien, 29. Oktober 2002 (engineering workflow europe).

5 Vgl. Kurek, Rainer, »*Gewinnerstrategien in der Automotive Supply Chain – worauf es ankommt und wie man sie umsetzt«,* in: AUTOMOTIVE ENGINEERING PARTNERS, Vieweg Verlag, Ausgabe 4/2001, S. 46ff.

6 Historischer Abriss zur Engineeringbranche als Resultat zahlreicher persönlicher Gespräche mit Herrn Dipl.-Ing. Julius G. von Kiss, Pionier in der Entwicklungsdienstleistung der deutschen Automobilin-

dustrie und Unternehmensgründer der IVM Engineering-Gruppe (1968).

7 Vgl. Studie *»Future Automotive Industry Structure (FAST) 2015«*, Mercer Management Consulting/Fraunhofer Gesellschaft (Hrsg.), 2003.

8 Vgl. Kurek, Rainer/Schindler, Sabine, *»Gewinner von morgen handeln heute«*, Deutsche Verlags-Anstalt 2002, Stuttgart/München, S. 30ff.

9 Vgl. Kurek, Rainer, *»Gewinnerstrategien in der Automotive Supply Chain – worauf es ankommt und wie man sie umsetzt«*, in: AUTOMOTIVE ENGINEERING PARTNERS, Vieweg Verlag, Ausgabe 4/2001, S. 46ff.

10 Vgl. Ackerhans, Stefan, *»Ermittlung eines Konzeptes zur 30%-igen Effizienzsteigerung in der Fahrzeugentwicklung«*, München, eingereicht an der Technischen Universität Clausthal, Institut für Maschinelle Anlagentechnik und Betriebsfestigkeit, S. 1ff.

11 Vgl. Kurek, Rainer, *»Die Janusplanung«*, Formulierung der Janusplanung in Zusammenarbeit mit Siegfried Neubauer, Management Zentrum St. Gallen/Wien, 2001.

12 Vgl. Produktflyer *»System Audit«* des Management Zentrums St. Gallen, 2002.

13 *Effektivität:* Die richtigen Dinge tun (Wirkung/Erfolg)
Effizienz: Die Dinge richtig tun (Wirksamkeit)

14 Vgl. Studie *»Automobilentwicklung in Deutschland – wie sicher in die Zukunft?«*, Automotive Management Consulting-München/ Fraunhofer IAO-Stuttgart / hab.project.coaching-Augsburg / PROMIND-München, 2003.

15 ifb, Institut für Betriebswirtschaft an der Hochschule St. Gallen.

16 Vgl. Kurek, Rainer, *»Business Modelling und Simulation II, Supply Chain Management in der industriellen Praxis«*, in: Handout zur

Lehrveranstaltung an der FH Steyr, Lehrstuhl »Internationales Logistikmanagement«, 2003.

17 Vgl. Studie *»Automobilentwicklung in Deutschland – wie sicher in die Zukunft?«*, Automotive Management Consulting-München/ Fraunhofer IAO-Stuttgart / hab.project.coaching-Augsburg / PROMIND-München, 2003.

18 Management Zentrum St. Gallen, Internes Ausbildungsprogramm, Block C, *»Moderation und Instrumente«* vom 26.-30. Juni 2000, Grafik basiert auf dem Viable System Model von Stafford Beer.

19 Vgl. Kurek, Rainer/Schindler, Sabine, *»Gewinner von morgen handeln heute«*, Deutsche Verlags-Anstalt 2002, Stuttgart/München, S. 117ff.

20 Vgl. Kurek, Rainer, *»30 Prozent mehr Effizienz in der Produktentstehung – Fiktion oder greifbare Realität?«*, in: AUTOMOTIVE ENGINEERING PARTNERS, Vieweg Verlag, Ausgabe 3/2003 (Titelstory), S. 6ff.

21 Vgl. Studie *»Automobilentwicklung in Deutschland – wie sicher in die Zukunft?«*, Automotive Management Consulting-München/ Fraunhofer IAO-Stuttgart / hab.project.coaching-Augsburg / PROMIND-München, 2003.

22 Vgl. Kurek, Rainer/Schindler, Sabine, *»Gewinner von morgen handeln heute«*, Deutsche Verlags-Anstalt 2002, Stuttgart/München, S. 30ff.

23 Vgl. Kurek, Rainer/Schindler, Sabine: *»Prädikat „gesamtfahrzeugfähig"«*, in: AUTOMOTIVE ENGINEERING PARTNERS, Vieweg Verlag, Ausgabe 2/2002, S. 44ff.

24 Vgl. u.a. Koch, Michael, *»Gelb regiert die Welt«*, in: Auto-Service-Praxis, Ausgabe B 43; Jungmann, Thomas, *»Der Kurek GT 6: exklusive Handarbeit«*, in: all4engineers, 22. Juli 2001; Kittler, Eberhard, *»Garagenwagen«*, in: mot, Ausgabe 24/2001.

25 Vgl. Kurek, Rainer, »*Projektmanagement in der industriellen Praxis*«, in: Handout zur Lehrveranstaltung an der FH Steyr, Lehrstuhl »Internationales Logistikmanagement«, 2003.

26 Vgl. Kurek, Rainer, »*30per cent more efficiency in product development*«, in: Challenges between Competition and Collaboration« ewf-Kongressband, 1. Auflage, Springer-Verlag 2003.

27 Vgl. Produktflyer »*System Audit*« des Management Zentrums St. Gallen, 2002.

28 Vgl. Rose, Bernhard, »*Die Prozess-Manager*«, in: AUTOMOBIL INDUSTRIE, Vogel Medien, Ausgabe 11-2003, S. 40f, Interview mit Rainer Kurek.

29 Vgl. Malik, Fredmund, »*Die Orientierung – Management Systeme*«, 6. Auflage, Bern 1994, S. 5ff.

30 Vgl. Management Zentrum St. Gallen, Internes Ausbildungsprogramm, Block B, »*Präsentation und Grundlagen*« vom 15.-19. Mai 2000.

31 Vgl. Malik, Fredmund, »*Die Orientierung – Management Systeme*«, 6. Auflage, Bern 1994, S. 47.

32 Vgl. Krainer, Johannes, »*Chancen und Risiken der europäischen Automobilzulieferindustrie in China am Beispiel der VENTREX*«, Graz 07/2003, eingereichtes Diplomarbeitskonzept.

33 Vgl. Kiss, Julius G., »*Konzeption, Entwicklung und Realisierung eines Dieselmotors mittlerer Baugröße (300-600 PS) für den chinesischen Markt*«, Präsentation der IVM Technical Consultants Wien Ges.m.b.H, 07/2003.

34 Vgl. Belmer, Arne/Kiefer, Thomas, diverse Beiträge zum Titelthema in AUTOMOBIL INDUSTRIE; Vogel Medien, Ausgabe 10-2003, S. 26ff.

35 Vgl. Belmer, Arne/Kiefer, Thomas, diverse Beiträge zum Titelthema in AUTOMOBIL INDUSTRIE; Vogel Medien, Ausgabe 10-2003, S. 26ff.

36 Vgl. Belmer, Arne/Kiefer, Thomas, diverse Beiträge zum Titelthema in AUTOMOBIL INDUSTRIE; Vogel Medien, Ausgabe 10-2003, S. 26ff.

37 Vgl. Drucker, Peter/Nakauchi Isao, »*Die globale Herausforderung*«, aus dem Amerikanischen von Bergfort, Ines und Vogel, Ralf; Econ, S. 113.

38 Vgl. Vortrag von Meyer, Dirk, »*Notwendigkeit von Partnerschaften in Emerging Markets am Beispiel Brasilien*« im Rahmen der Zulieferkonferenz »*Supplier Relationship Management*«, Arbeitswelt Steyr, 05./06. Juni 2003 (AC Oberösterreich).

39 Vgl. Eschenbach, Rolf/Eschenbach, Sebastian/Kunesch, Hermann, »*Strategische Konzepte*«; Schäffer Poeschel, 4. Auflage, S. 9ff.

40 Vgl. Eschenbach, Rolf/Eschenbach, Sebastian/Kunesch, Hermann, »*Strategische Konzepte*«; Schäffer Poeschel, 4. Auflage, S. 9ff.

41 Vgl. Eschenbach, Rolf/Eschenbach, Sebastian/Kunesch, Hermann, »*Strategische Konzepte*«; Schäffer Poeschel, 4. Auflage, S. 42f.

42 Vgl. Broschüre »*Pioniere Partner Publikationen*« des Management Zentrum St. Gallen zum 30 Jahr-Firmenjubiläum, 2003, S. 16.

43 Vgl. Eschenbach, Rolf/Eschenbach, Sebastian/Kunesch, Hermann, »*Strategische Konzepte*«; Schäffer Poeschel, 4. Auflage, S. 9.

44 Vgl. Eschenbach, Rolf/Eschenbach, Sebastian/Kunesch, Hermann, »*Strategische Konzepte*«; Schäffer Poeschel, 4. Auflage, S. 10.

45 Vgl. Broschüre »*Pioniere Partner Publikationen*« des Management Zentrum St. Gallen zum 30 Jahr-Firmenjubiläum, 2003, S. 19.

46 Vgl. Management Zentrum St. Gallen, Internes Ausbildungsprogramm, Block B, *»Präsentation und Grundlagen«* vom 15.-19. Mai 2000.

47 Vgl. Malik, Fredmund, *»Management Perspektiven«*, 2. korrigierte Auflage, Paul Haupt Verlag, 1999, S. 146.

48 Vgl. Malik, Fredmund, *»Management Perspektiven«*, 2. korrigierte Auflage, Paul Haupt Verlag, 1999, S. 148.

49 Vgl. Radke, Philipp/Abele, Eberhard/Zielke, Andreas E., *»Die smarte Revolution in der Automobilindustrie«*, Redline Wirtschaft bei ueberreuter, S. 197.

50 Vgl. Eschenbach, Rolf/Eschenbach, Sebastian/Kunesch, Hermann, *»Strategische Konzepte«;* Schäffer Poeschel, 4. Auflage, S. 18f.

Abbildungsverzeichnis

Abb. 1. Konzept zum Buch und Inhalte (S. 4)

Abb. 2. Der Management-Navigator: von der Unternehmenspolitik zu konkreten, messbaren Ergebnissen (S. 6)

Abb. 3. Vom T-Modell zum Konzern mit 64 Modellen (S. 18)

Abb. 4. Produktlebenszyklen früher und heute bei derselben Stückzahl/Modell (S. 20)

Abb. 5. Kaskade der Aufgabendelegation in Entwicklung und Produktion (S. 21)

Abb. 6. Unabhängige Lieferanten werden zu strategischen Partnern in definierten Supply Chains (S. 23)

Abb. 7. Management im Spannungsfeld von strategischen Zielen, Struktur und Fähigkeiten (S. 25)

Abb. 8. Strategische Kernaufgaben vor der operativen Planung (S. 29)

Abb. 9. Von der Business Mission zur Janusplanung (S. 32)

Abb. 10. Janusplanung in Vertrieb und Betrieb (S. 35)

Abb. 11. Marktpotenzialanalyse, Vertriebs- und Betriebsplanung (S. 36)

Abb. 12. Die Zusammenführung von Vertriebs- und Betriebsplanung: Abstimmungsprozess mit dem Management (S. 37)

Abb. 13. Von der Zielvereinbarung zur erfolgsabhängigen Vergütung (S. 38)

Abb. 14. Die in Kapitel 2 erörterten Handlungsfelder
im Wirkungsgefüge des Management-Navigators (S. 44)

Abb. 15. Beispiel eines Projekthauses (S. 47)

Abb. 16. Daten- und Informationsmanagement im Projekthaus (S. 48)

Abb. 17. Beispiel eines einstufigen Funktionendiagramms (S. 52)

Abb. 18. Das mehrstufige Funktionendiagramm
Quelle: Management Zentrum St. Gallen (S. 52)

Abb. 19. Matrixorganisation mit Vor- und Nachteilen (S. 54)

Abb. 20. Koordinationsfunktion des Entwicklungsdienstleisters
im Fahrzeugentstehungsprozess (S. 57)

Abb. 21. Klassischer Fahrzeugentstehungsprozess von der Idee bis zur
Serie (S. 58)

Abb. 22. Koordinationsfunktion des neutralen Prozessintegrators (S. 61)

Abb. 23. Steuerungsaufgabe des neutralen Prozessintegrators
In Anlehnung an: Viable System Model von Stafford Beer
(S. 62)

Abb. 24. Die in Kapitel 2 **und 3** erörterten Handlungsfelder
im Wirkungsgefüge des Management-Navigators (S. 69)

Abb. 25. Kundennutzen
Quelle: Management Zentrum St. Gallen und PIMS (S. 81)

Abb. 26. Rückrufaktionen in Deutschland (S. 84)

Abb. 27. Der GT 6 – Paradigma für übergreifende Technikkompetenz
(S. 87)

Abb. 28. Entwicklungsprozesskette, Module und Fertigungstiefe des GT 6
(S. 91)

Abb. 29. Klassisches Design und moderne Technik in hoher
Verarbeitungsqualität (S. 92)

Abb. 30. Die in Kapitel 2, 3 **und 4** erörterten Handlungsfelder im Wirkungsgefüge des Management-Navigators (S. 102)

Abb. 31. »Magisches Dreieck« des Projektmanagements (S. 105)

Abb. 32. Kosten, Kostenbeeinflussungspotenzial sowie Aufmerksamkeitsprofil des Managements in der Projektarbeit (S. 106)

Abb. 33. Projektphasen
Quelle: R. Wagner, PROMIND/MVI Group (S. 107)

Abb. 34. Planungskaskade von der Zielvereinbarung bis zum Projektstart (S. 110)

Abb. 35. 4-Felder-Methode zur Risikoanalyse (S. 112)

Abb. 36. Projektorganisationen bei einem zunehmenden Projektvolumen und zunehmenden Projektmanagementanforderungen
Quelle: In Anlehnung an R. Wagner, PROMIND/MVI Group (S. 113)

Abb. 37. Regelkreis der Projektsteuerung
Quelle: In Anlehnung an R. Wagner, PROMIND/MVI Group (S. 114)

Abb. 38. Typischer Projektkostenverlauf (S. 116)

Abb. 39. Komplementärstrategie in der Fahrzeugentstehung – Verknüpfung von technischen Fähigkeiten und Methoden-Know-how (S. 119)

Abb. 40. Produktentstehungsprozess des Karosserierohbaus (S. 120)

Abb. 41. Architektur eines beliebigen Karosserierohbaus (S. 121)

Abb. 42. Die in Kapitel 2, 3, 4 **und 5** erörterten Handlungsfelder im Wirkungsgefüge des Management-Navigators (S. 134)

Abb. 43. Das Integrierte Management-System nach Prof. Dr. Fredmund Malik (S. 137)

Abb. 44. Kraftfahrzeugproduktion deutscher Hersteller nach
Regionen 2002
Quelle: VDA-Statistiken (S. 142)

Abb. 45. Absatz von Personenkraftwagen in China:
Trend und saisonbereinigte monatliche Werte
Quelle: VDA (S. 144)

Abb. 46. Entwicklung von Produktion und Verkauf in der chinesischen
Automobilindustrie
Quelle: In Anlehnung an KPMG Transaction Services (S. 145)

Abb. 47. Prozentuale Marktanteile in China von Januar bis August 2003
(S. 146)

Abb. 48. Absatz von Personenkraftwagen in Brasilien: prozentuale
Marktanteile nach Marken (S. 149)

Abb. 49. Erfolgsvoraussetzungen in marktorientierten Strategiekonzepten
Quelle: Vgl. Harvard Business Model,
in: Strategisches Management (S. 153)

Abb. 50. Meilensteine erfolgreicher Start-up-Geschäfte
Quelle: MZSG (S. 156)

Abb. 51. Wachstumspotenziale für die Automobilzulieferindustrie
Quelle: CAR, VDA (S. 157)

Abb. 52. Das Harvard-Modell (S. 161)

Abb. 53. Integrales Steuerungssystem nach Aloys Gälweiler,
Aufgabenbereiche, Orientierungsgrundlagen, Steuerungsgrößen
und zeitliche Wirkung in der Unternehmensführung (S. 165)

Abb. 54. Das Auto der Zukunft mit wesentlichen technologischen
Neuerungen (S. 173)

Abb. 55. Wesentliche Aspekte zur Entwicklung zukünftiger
Erfolgspotenziale (S. 199)

Abb. 56. Von der Strategieanpassung bis zur Umsetzung (S. 200)

Tabellenverzeichnis

Tabelle 1. Verteilung der Experteninterviews nach Unternehmenskategorien (S. 74)

Tabelle 2. Neuzulassungen in Brasilien für die Zeiträume Januar bis Februar 2002 und 2003 (S. 150)

Zitierte und ergänzende Literatur

Becker, Wolfgang (1998): *Strategisches Management,* Bamberger Betriebswirtschaftliche Beiträge, 4. Auflage, Bamberg.

Beer, Stafford (1979): *The Heart of Enterprise,* John Wiley & Son Ltd., London.

Beer, Stafford (1981): *Brain of the Firm,* John Wiley & Son Ltd., New York.

Bullinger, H.-J./Kiss-Preußinger, E./Spath, D. (Hrsg.) (2003): Studie: *Automobilentwicklung in Deutschland – wie sicher in die Zukunft? Chancen, Potenziale und Handlungsempfehlungen für 30 Prozent mehr Effizienz.*

Bullinger, H.-J./Warschat, J. (Hrsg.) (1997): *Forschungs- und Entwicklungsmanagement,* B. G. Teubner, Stuttgart.

Buzze, Robert/Gale, Bradley (1989): *Das PIMS-Programm, Strategien und Unternehmenserfolg,* Gabler-Verlag, Wiesbaden.

Drucker, Peter F. (1995): *Managing in a time of great change,* First Printing, Truman Tally Books, Dutton, New York.

Drucker, Peter F. (1997): *Sinnvoll wirtschaften,* Econ, Düsseldorf/ München.

Drucker, Peter F. (1999): *Management im 21. Jahrhundert,* Econ, München.

Drucker, Peter F./Nakaudi Isao (1996): *»Die globale Herausforderung«,* Econ, Düsseldorf.

Ebel, B./Hofer, M.B./Al-Sibai, J. (Hrsg.) (2003): *Automotive Management – Strategie und Marketing in der Automobilwirtschaft,* Springer, Berlin.

Eschenbach, Rolf/Eschenbach, Sebastian/Kunesch, Hermann, *»Strategische Konzepte«;* Schäffer Poeschel, 4. Auflage.

Gomez, P./Probst, G. (1999): *Die Praxis des ganzheitlichen Problemlösens,* Paul Haupt, Wien.

Iacocca, Lee/Novak, William (1985): *Iacocca – eine amerikanische Karriere,* Econ, Düsseldorf/Wien.

Jungmann, Thomas (2001): *Der Kurek GT 6: exklusive Handarbeit,* in: all4engineers, 22. Juli 2001.

Kittler, Eberhard (2001): *Garagenwagen,* in: mot, Ausgabe 24/2001.

Koch, Michael (1989): *Gelb regiert die Welt,* in: Auto-Service-Praxis, Ausgabe B 43.

Kurek, Rainer (2001): *Gewinnerstrategien in der Automotive Supply Chain – worauf es ankommt und wie man sie umsetzt,* in: AUTOMOTIVE ENGINEERING PARTNERS, Ausgabe 4/2001, Vieweg Verlag.

Kurek, Rainer (2003): *30 Prozent mehr Effizienz in der Produktentstehung – Fiktion oder greifbare Realität?,* in: AUTOMOTIVE ENGINEERING PARTNERS, Ausgabe 3/2003 (Titelstory), Vieweg Verlag.

Kurek, Rainer (2003): *30 per cent more efficiency in product development,* in: Sachsenmeier, P./Schottenloher, M. (Hrsg.) (2003): *Challenges Between Competition and Collaboration – The Future of the European Manufacturing Industry,* Springer, Berlin.

Kurek, Rainer/Schindler, Sabine (2002): *Gewinner von morgen handeln heute – Erfolgsstrategien für Zulieferunternehmen,* Deutsche Verlags-Anstalt, Stuttgart/München.

Kurek, Rainer/Schindler, Sabine (2002): *Prädikat »gesamtfahrzeugfähig«,* in: AUTOMOTIVE ENGINEERING PARTNERS, Ausgabe 2/2002, Vieweg Verlag.

Malik, Fredmund (1984*): Strategie des Managements komplexer Systeme,* 6. Auflage, Paul Haupt, Bern/Stuttgart.

Malik, Fredmund (1993): *Management – Perspektiven,* Paul Haupt, Bern/Stuttgart.

Malik, Fredmund (1994): *Die Orientierung – Management Systeme,* 6. Auflage, Bern.

Malik, Fredmund (1997): *Wirksame Unternehmensaufsicht,* FAZ-Verlag, Frankfurt.

Malik, Fredmund (2000*): Führen-Leisten-Leben,* 7. Auflage, Deutsche Verlags-Anstalt, München/ Stuttgart.

Mercer Management Consulting/Fraunhofer Gesellschaft (Hrsg.) (2003): Studie: *Future Automotive Industry Structure (FAST).*

Radke, Philipp/Abele, Eberhard/Zielke, Andreas E. (2004): *Die smarte Revolution in der Automobilindustrie,* Redline Wirtschaft bei ueberreuter.

Rose, Bernhard (2003): *Die Prozess-Manager,* in: AUTOMOBIL INDUSTRIE; Ausgabe 11/2003, Vogel Medien.

Sachsenmeier, P./Schottenloher, M. (Hrsg.) (2003): *Challenges Between Competition and Collaboration – The Future of the European Manufacturing Industry,* Springer, Berlin.

Womack, James P./Jones, Daniel T./Roos, Daniel (1997): *Die zweite Revolution in der Automobilindustrie,* Heyne, München.

Womack, James P./Jones, Daniel T./Roos, Daniel (1996): *Lean Thinking,* Simon & Schuster, New York.

Autor

Rainer Kurek ist Geschäftsführer der internationalen MVI Group. Als Dienstleister der Automobilindustrie agiert die Unternehmensgruppe mit ca. 1000 Mitarbeitern an zwanzig Standorten weltweit.

Vor seiner Tätigkeit als MVI-Geschäftsführer verantwortete Kurek als Geschäftsleitungsmitglied den Vertrieb der IVM Automotive Gruppe. Darüber hinaus war er von 1998 bis 2000 bei IVM Automotive für die Karosserie-Entwicklung einer deutschen Großserienlimousine verantwortlich. Die für diese Aufgabe erforderliche technische Kompetenz erarbeitete sich der studierte Maschinenbauingenieur im Rahmen der Konzeption, Planung und Fertigung des »KUREK GT 6«. Das ultraleichte Mittelmotorfahrzeug ist ein eigenständiges Projekt seines Vaters Dipl.-Ing. Heinz Kurek, Automobilentwickler seit den frühen 70er Jahren.

Von 1994 bis 1998 verantwortete Kurek die Produktentwicklung der VENTREX Automotive, Graz, für die er 1997 den steirischen Innovationspreis gewann (»Klimaanschlussventile für den Kraftfahrzeugbereich«). Seit 2001 fungiert er als Aufsichtsrat der Industrieholding-Beteiligungs-AG, Muttergesellschaft der VENTREX Automotive.

Als Bereichsleiter »Automotive« des Management Zentrums St. Gallen entwickelte Kurek das Seminar »Gewinnerstrategien in der Automotive Supply Chain«, das Ausgangspunkt für sein Wirtschaftsfachbuch »Gewinner von morgen handeln heute« gewesen ist (DVA, 2002; mit S. Schindler).

Rainer Kurek ist Gründer der AUTOMOTIVE MANAGEMENT CONSULTING GmbH, die neben Beratungsprojekten auch überbetriebliche Seminare durchführt. Als Referent auf zahlreichen Kongressen und Autor vieler praxisrelevanter Veröffentlichungen lehrt Kurek als Lektor im Studiengang Internationales Logistikmanagement an der FH Steyr.

Erste Stimmen zum Buch

»Wir befinden uns in der Automobilbranche am Beginn einer tiefgreifenden Umbruchphase, in der gerade die Automobilzulieferer eine wachsende Rolle spielen. Veränderte Wertschöpfungsketten und neue Spielregeln in der Zusammenarbeit mit den Automobilherstellern werden für uns zu zentralen Herausforderungen der nächsten Jahre.

"Erfolgsstrategien für Automobilzulieferer" ist nicht nur eine fundierte Bestandsaufnahme – treffsicher auf den Punkt gebracht; Rainer Kurek nennt auch ganz konkret die wichtigsten Erfolgskriterien, um am Ende zu den Gewinnern zu zählen.«

Dr.-Ing. Wolfgang Ziebart
Deputy Chairman of the Executive Board, Continental AG

»Gerade in Phasen des Umbruchs und dynamischer Veränderungen – Entwicklungen, die auf die Automobilindustrie exakt zutreffen – zählen richtige Strategien und effektives Management zu den wichtigsten Erfolgsfaktoren für Unternehmen der Zulieferindustrie. Das vorliegende Buch von Rainer Kurek liefert fundierte Handlungsempfehlungen, Werkzeuge und Ideen, die bei der erfolgreichen Bewältigung der tagtäglichen Herausforderungen in der Automobilindustrie wirksam unterstützen.«

Siegfried Wolf
Executive Vice-Chairman von Magna International Inc.

»Der Autor hat es geschafft, allen an der Automobilentwicklung Beteiligten einen Leitfaden an die Hand zu geben, der zeigt, wie der Zielkonflikt aus einem wachsenden Kostendruck in der Branche und den hohen Qualitätsansprüchen an Produkte „made in Germany" zu lösen ist.

Rainer Kurek ist in der Lage, anwendbare Handlungsempfehlungen zu formulieren und komplexe Zusammenhänge so klar und präzise darzustellen, wie es nur jemand kann, der beide Seiten gleichermaßen kennt und lebt – das Automobil an sich und modernes Management.«

Thomas Jungmann,
Verantwortlicher Redakteur all4engineers.com

»Dieses Buch ist eine fundierte Grundlage für die notwendige strategische Neuausrichtung von Automobilzulieferern in diesen wirtschaftlich schwierigen Umbruchzeiten. Aus eigener, äußerst positiver Erfahrung kann ich die hohe Relevanz der Inhalte des Buches nachdrücklich bestätigen. Rainer Kurek vermittelt auf eindringliche Weise Strategien und Werkzeuge, die klare und messbare Erfolgswege aufzeigen.

Zu Beginn seiner erfolgreichen Karriere war Rainer Kurek viele Jahre lang Entwicklungschef meines Unternehmens. Die innovativen Produkte, die unter seiner Leitung entwickelt wurden, bestimmen bis heute unseren Unternehmenserfolg.«

Mag. Christian Planegger,
Geschäftsführender Gesellschafter Ventrex Automotive GmbH

»Die Automobilbranche hat die Entwicklung von lokalen Steuerungseinheiten hin zu logistischen Netzwerken vollzogen. Die Netzwerkpartner stehen jetzt vor der Herausforderung, die in großem Umfang vorhandenen Potenziale in wirtschaftlichen Erfolg zu transformieren. Rainer Kurek macht diese Potenziale transparent. Er zeigt, dass 30%ige Effizienzsteigerungen realistisch sind, wo diese Potenziale liegen und wie sie in der Praxis erschlossen werden können. Dieser Inhalt und dessen pragmatische Zusammenführung in einen „*Management-Navigator*" ist für die Leser sicher eine Bereicherung beim Gestalten des eigenen Weges im Netzwerk.«

Prof. (FH) Dipl.-Ing. Franz Staberhofer,
Leiter Studiengang Internationales Logistik Management, FH Steyr

»Gerade in der Automobilindustrie hat sich in den letzten Jahren der Trend zu neuen Kooperations-Modellen und damit neuen Rollen der OEMs, Entwicklungsdienstleister und Automobilzulieferer verstärkt. Der Wertschöpfungsanteil des OEMs sinkt mit zunehmender Verlagerung der Entwicklungstätigkeiten von Systemen und Komponenten auf die Automobilzulieferer. So entstehenden neue Effizienzpotenziale, die aber erst durch die koordinative Einbindung von Prozessintegratoren vollumfänglich nutzbar werden. Dies bringt Rainer Kurek in seinem Buch „*Erfolgsstrategien für Automobilzulieferer*" neben anderen wesentlichen Erkenntnissen sehr anwendungsnah und umsetzungsorientiert auf den Punkt.«

Dipl.-Päd., Dipl.-Ing. Wolfgang Sczygiol,
Leiter Geschäftsbereich Automotive, Mitglied der Geschäftsleitung
ESG Elektroniksystem- und Logistik-GmbH

»As a managing director of an engineering service provider, I am at present confronted with dismal prospects for the future. „*Erfolgsstrategien für Automobilzulieferer*" offers grounds for hope, in perhaps the most difficult times that engineering companies have had to face, as it conveys substantial recommendations for a course of action. Kurek demonstrates not only his knowledge of the market and technology in this book, knowledge which he acquired while we were working together on a huge body-in-white project for a german OEM, but also indicates new trends for the future and identifies successful strategies for the industry.«

Martin Whitcombe,
Geschäftsführer MW Engineering & Management GmbH

»Insbesondere die Engineeringunternehmen wurden von der Umstrukturierung in der Automobilindustrie erfasst und befinden sich in einer Phase der Konsolidierung. Die rasant zunehmende Komplexität in Entwicklungsprojekten einerseits und andererseits der Druck, Globalisierungsstrategien der OEMs und Systemlieferanten mitgehen zu müssen, stellen Manager von Entwicklungsdienstleistungsunternehmen vor immense Herausforderungen. Als ein Vertreter dieser Manager hole ich mir wertvolle Hilfestellungen und Anregungen für das *„daily Business"* aus Rainer Kureks Buch.«

Peter Süß,
Leiter Gesamtfahrzeugerprobung, Mercedes-Benz technology

»Rainer Kurek ist in der Automobilindustrie großgeworden und ist heute zu Recht gefragter Fachexperte mit fundierter Beratungserfahrung. In seinem Buch weist er in einigen Passagen auf die inhaltlich mangelhafte Expertise mancher externer Beratungsunternehmen hin. So warnt er richtigerweise vor dem äußerst schädlichen Einfluss von ungenügend plausibilisierten Prognosen und fehlendem Szenariodenken.

Um Unternehmen auf ihrem Weg zu richtigem und gutem Management zu begleiten, gilt es im Besonderen, herrschende Modeströmungen und Prognosen kritisch zu hinterfragen. Unternehmen und Berater können nur dann eine fruchtbringende Symbiose eingehen, wenn beide verantwortungsvoll die langfristige Lebensfähigkeit des Unternehmens als oberstes Ziel sehen.«

DI Siegfried Neubauer,
Projectmanager am Management Zentrum St. Gallen, Wien

»Noch nirgendwo habe ich so deutlich und gebündelt schlagende Argumente dafür gelesen, dass es in der Automobilindustrie in Zukunft viel mehr auf Partnerschaft zwischen den Beteiligten ankommt als auf bloße Abhängigkeit. Nämlich die vom Zulieferer, etwa einem Ingenieursdienstleister, zum Hersteller. Das ist bislang anders, jedenfalls nach meiner Wahrnehmung.

Rainer Kurek ist es in dem Buch sehr gut gelungen, klar zu machen, dass ein Zulieferer kein Sklave mit entsprechendem Lohn sein kann. Denn der ist in hohem Maße unmotiviert und fühlt sich ausgebeutet. So geht es heute vielen Zulieferern. Wer jedoch zu Recht Engagement, Qualität und Leistung verlangt, der darf dies andererseits auch nicht nur mit Hilfe der Kostenschraube versuchen zu erreichen. Genau dies passiert jedoch seit Jahren. Die unselige Herrschaft der Controller ist es, die in der Autobranche immer und immer wieder zu Qualitätsproblemen führt. Strategische Partnerschaften vielmehr, wie sie in Kureks Buch verlangt und präzise beschrieben werden, sind der einzig mögliche Steuermechanismus für diese Industrie, langfristig nicht von der Straße abzukommen. Ich befürchte jedoch, dass die Herren Kostenpeitscher und Pfennigfuchser die wahre Lage intellektuell nicht überreißen und vor allem dies tun werden: eitel und egoistisch entscheiden.«

Harald Kaiser
Ressortleiter Auto, Redaktion stern

Druck: Krips bv, Meppel
Verarbeitung: Stürtz, Würzburg